家庭养花大全

孙健◎编著

天津出版传媒集团

天津科学技术出版社

本书具有让你"时间耗费少，养生知识掌握好"的方法

免费获取专属于你的《家庭养花大全》阅读服务方案

循序渐进式阅读？省时高效式阅读？深入研究式阅读？由你选择！
建议配合二维码一起使用本书

◆ 本书可免费获取三大个性化阅读服务方案
1、轻松阅读：为你提供简单易懂的辅助阅读资源，每天读一点，简单了解本书知识；
2、高效阅读：为你提供高效阅读技巧，花少量时间掌握方法，专攻本书核心知识，快速掌握本书精华；
3、深度阅读：为你提供更全面、更深度的拓展阅读资源，辅助你对本书知识进行深入研究，透彻理解，牢固掌握本书知识。

◆ 个性化阅读服务方案三大亮点

时间管理　　　　　阅读资料　　　　　社群共读
科学时间计划　　　精准资料匹配　　　阅读心得交流

微信扫描二维码
免费获取阅读方案

★不论你只是想循序渐进，轻松阅读本书，还是想掌握方法，快速阅读本书，或者想获取丰富资料，对本书知识进行深入研究，都可以通过微信扫描【本页】的二维码，根据指引，选择你的阅读方式，免费获得专属于你的个性化读书方案，帮你时间花的少，阅读效果好。

图书在版编目（CIP）数据

家庭养花大全 / 孙健编著 . －－天津：天津科学技术
出版社，2018.1（2020.9 重印）
ISBN 978 − 7 −5576 −3408 −7

Ⅰ.①家… Ⅱ.①孙… Ⅲ.①花卉－观赏园艺 Ⅳ.
①S68

中国版本图书馆 CIP 数据核字（2017）第 169174 号

家庭养花大全
JIATING YANGHUA DAQUAN
责任编辑：李荔薇
出　　版：天津出版传媒集团
　　　　　天津科学技术出版社
地　　址：天津市西康路 35 号
邮　　编：300051
电　　话：(022) 23332390
网　　址：www. tjkjcbs. com. cn
发　　行：新华书店经销
印　　刷：唐山富达印务有限公司

开本 670×960　1/16　印张 16　字数 300 000
2020 年 9 月第 1 版第 2 次印刷
定价：58.00 元

前　言

　　花卉的概念有狭义和广义之分。狭义的花卉是指具有观赏价值的草本植物；广义的花卉不仅包括具有观赏价值的草本植物，还包括草本或木本的地被植物、花灌木、开花乔木以及盆景等。

　　花卉作为绿化、美化和香化环境的重要材料，在人们生活中的作用越来越受到重视。花卉尤其是草本花卉，繁殖系数高，生长快，花色艳丽，装饰效果强，可用来布置花坛、花境、花丛、花台等，不仅可以美化环境，活跃节日气氛，还有助于消除快节奏的工作所导致的身体和精神疲劳，有利于身心健康。草坪及地被植物不仅能够覆盖地面，美化环境，还有除尘、杀菌、吸收有害气体等防护功能。大面积的地被植物可以有效防止水土流失，维护生态平衡。

　　花卉是大自然赋予人类社会的一种有生命、有情趣的精美艺术品，是最美丽的自然产物。花卉以其艳丽的色彩、多变的造型、诱人的清香和怡然的风韵，给人以美的享受。

　　养花是广大群众比较喜爱的一种家庭休闲活动，在我国有着悠久的历史。养花不仅可以改善生活环境，还能增添生活情趣，陶冶情操，从而提高生活质量，促进身心健康。

　　花是大自然的精华，它以其绰约的风姿、艳丽的色彩、馥郁的香气，点缀着人们的生活环境，给人们带来无限的温馨和惬意。闲暇之时，养花种草，美化自己的居室和庭院，已成为现代人生活中不可缺少的内容。

　　现代人的生活节奏快，工作压力大，这很容易造成人们的身心疲惫，而养花是缓解紧张、调节情绪的最好办法。因此，美化我们的生活环境、建设绿色的生活区已成为广大群众的迫切要求。随着物质、文化生活水平的不断提高，家庭养花爱好者越来越多，都渴望有一本养花的技术资料。为了满足广大家庭养花爱好者的需求，我们精心编写了本书。

　　本书对养花技术、花卉繁殖、花卉栽培、家庭插花等进行了科学、全面、系统的阐述，通俗易懂。可为你的养花活动排忧解难，让你在枝繁叶茂、花香色艳的优美环境中舒心地生活。

前 言

目　录

第一章　养花的常识

花卉为什么具有五彩缤纷的颜色…………………………………… 1

花卉为什么会散发香味……………………………………………… 2

花卉的叶片为什么会有不同的颜色………………………………… 2

了解花卉原产地对养花有什么好处………………………………… 3

如何从市场上选购花卉……………………………………………… 5

购买花苗时如何辨真伪……………………………………………… 6

长途旅行怎样携带花苗……………………………………………… 6

初学养花者开始养什么花合适……………………………………… 7

家庭养花品种如何搭配……………………………………………… 8

哪些花卉可以清除室内有害气体…………………………………… 9

哪些花卉对人体有毒害……………………………………………… 9

花卉的分类………………………………………………………… 10

花卉的结构………………………………………………………… 15

家庭养花的简易工具、设备……………………………………… 16

第二章　花卉繁殖技术

种子繁殖…………………………………………………………… 20

分株繁殖…………………………………………………………… 22

压条繁殖…………………………………………………………… 23

扦插繁殖…………………………………………………………… 24

嫁接繁殖…………………………………………………………… 27

第三章　花卉的日常管理

土壤和培养土 …………………………………………… 30

肥料的种类及作用 ……………………………………… 32

花卉的浇水 ……………………………………………… 36

栽植和换盆 ……………………………………………… 38

修剪和整形 ……………………………………………… 39

防治病虫害 ……………………………………………… 41

木本花卉 ………………………………………………… 45

草本花卉 ………………………………………………… 74

宿根及水生花卉 ………………………………………… 91

球根花卉 ………………………………………………… 104

观果花卉 ………………………………………………… 123

多肉类花卉 ……………………………………………… 130

藤本花卉 ………………………………………………… 135

第四章　花卉的四季养护

室内植物何时休眠 ……………………………………… 138

休眠期怎样养护 ………………………………………… 138

盆花何时进房好 ………………………………………… 138

盆花出房要适时过渡 …………………………………… 139

二三月春寒谨防花木"感冒" …………………………… 139

室内植物忌冷风直吹 …………………………………… 140

春季养护要点 …………………………………………… 140

夏季养护要点 …………………………………………… 143

秋季养护要点 …………………………………………… 146

冬季养护要点 …………………………………………… 148

第五章　实用养花新技术

无土栽培 ………………………………………………… 151

花期控制 ……………………………………………… 156

切花保鲜技术 …………………………………………… 160

第六章　家庭插花制作

插花的器皿 ……………………………………………… 163

插花的工具 ……………………………………………… 164

中国传统插花的特点 …………………………………… 164

插花材料的选择及处理 ………………………………… 165

插花的构图形式 ………………………………………… 166

插花配置的要领 ………………………………………… 167

家庭插花的常见形式 …………………………………… 168

盆式插花和瓶式插花的特点 …………………………… 168

花枝的整理和固定 ……………………………………… 170

延长插花观赏时间的方法 ……………………………… 170

第七章　人与花卉

花卉种植与日常家居 …………………………………… 174

花卉种植与人体健康 …………………………………… 179

观赏花卉的怡情作用 …………………………………… 207

第八章　养花的技巧

瓶花延寿 13 法 ………………………………………… 233

花卉浇水 6 法 …………………………………………… 234

浇花巧用 5 种水 ………………………………………… 235

用啤酒养花 ……………………………………………… 236

养花换盆须知 …………………………………………… 236

土壤春季消毒 2 法 ……………………………………… 236

光照与植物的夏季养护 ………………………………… 237

盆花秋季施肥与修剪要点 ……………………………… 238

观叶植物室内巧越冬 …………………………………… 238

茉莉花的栽种……………………………………239

盆栽月季复壮更新法……………………………240

秋菊冬养护2法…………………………………241

防止吊兰叶尖枯萎………………………………241

如何使茶花在室内多开花………………………242

夜丁香的养护……………………………………242

栀子的选购和养护………………………………242

夏天养好君子兰…………………………………243

君子兰的秋季分株………………………………243

扶桑花的管理……………………………………244

文竹怎样整形……………………………………244

冬天巧防文竹叶黄………………………………245

如何使文竹结子…………………………………246

盆栽铁树管理法…………………………………246

让梅花在节日开放………………………………247

让花卉多开花的诀窍……………………………247

第一章 养花的常识

花卉为什么具有五彩缤纷的颜色

花瓣万紫千红，绚丽多彩，这是因为在花瓣细胞液里含有花青素和类胡萝卜素等物质的缘故。

花青素是水溶性物质，分布于细胞液中，这类色素的颜色随细胞液的酸碱度变化而变化。有这样一个小试验：把一朵红色的牵牛花泡在碱性的肥皂水中，它的颜色很快变成了蓝色；再把这朵变成蓝色的牵牛花泡在醋里，它又变成红色了。由此可见，花青素在碱性溶液中呈蓝色，在酸性溶液中呈红色，而在中性溶液中则呈紫色。因此，凡是含有大量花青素的花瓣其颜色都在红、蓝、紫三色之间变化着，这主要取决于不同植物细胞液的酸碱度。

在黄色、橙黄色、橙红色的花里含有一种色素叫类胡萝卜素。类胡萝卜素约有80余种，是脂溶物质，分布在细胞内的杂色体内，这就导致了颜色上的差别。如黄玫瑰含有类胡萝卜素，则显出黄色；金盏花含有另一种类胡萝卜素，使花瓣变成为橘黄色；郁金香花中的类胡萝卜素，则使花瓣显现出美丽的橘红色。植物细胞中含黄酮色素或黄色油滴的也能使花瓣呈现黄色。细胞液中含有大量叶绿素的则呈绿色。

白色的花儿是因为细胞中不含任何色素，花瓣细胞间隙藏着许多由空气组成的微小气泡，它能把光线全部反射出来，所以花呈白色。

复色的花儿是由于含有不同种类的色素，它们在花儿上出现的部位不同，花瓣由各种含色素不同的细胞镶嵌而成，因此，在一朵花上呈现出多种颜色，使其格外绚丽多彩。

人们常见的一些花卉从开花到衰败，花色不断变化，如牵牛花初开时为红色，快败时变成紫色；杏花含苞时是红色，开放时逐渐变淡，最后近白色。这些变化都和花瓣中细胞液的酸碱度及温度的变化有关。

自然界中哪种颜色的花最多呢？据资料介绍，白色花最多，依次是黄、红、蓝、紫、绿、橙和茶色的花。而黑色花最为稀少，其原因是在生物进化过程中自然选择的结果。因为白、黄、红色的花在绿叶衬托下很醒目，易被昆虫所辨认，蜜蜂对白、黄两色最敏感，蝴蝶善于分辨红色，所以在自然选择中，白、黄、红色的花就变多了。黑色花稀少的原因是因为黑色能吸收光波，易受光波照射的伤害，因而被自然界逐渐淘汰。

花卉为什么会散发香味

有些花卉之所以会散发出香气是因为花瓣里含有油细胞，这种油细胞能分泌出各种芳香油类物质，这种芳香物质叫作精油，有挥发性。当精油分子挥发出来时人们就会闻到香气。由于不同香花花瓣里所含精油的化学成分不同，所以不同种类的花散发出的香气也不同。如白兰、茉莉香气浓郁；兰花、栀子清香四溢；玫瑰、桂花香气浓烈；米兰、晚香玉香气浑厚；蜡梅、水仙香气淡雅；含笑、夜合甜香远溢。不同的芳香对人会引起不同的反应，同一种花香对不同的人其感受也不一样，有的起兴奋作用，有的却会引起反感。

人们所闻到的香气常常是由多种具有香气的化合物组成的。例如茉莉花的香气是由 80 多种化合物组成的；玫瑰花的香气由 280 多种化合物组成的。在香料生产中，常将不同香花散发出的不同香气确定为各种香型，如白兰香型、茉莉香型、栀子香型、玫瑰香型等，并把不同香型的花瓣加工提炼出不同类型的香料，用于化妆品和食品工业。

在众多的开花植物中，哪种花色中香花最多呢？有人对 4000 多种不同颜色的花进行鉴别，在 1265 种白色花中，香花占 20%；在 922 种红花中，香花占 17%；在 954 种黄花中，香花占 14%；在 600 种蓝花中，香花占 9%；在 309 种紫花中，香花占 13%。从上述统计结果可以看出，白色花中香花所占比重最大，其次是红色、黄色，而蓝色花中香花最少。

花卉的叶片为什么会有不同的颜色

花卉叶片的颜色主要是由叶片细胞中所含有的叶绿素、叶黄素、类胡萝卜素、花青素等植物色素决定的。叶绿素 A 呈蓝绿色，叶绿素 B 呈黄绿色，由于它们在不同花卉的叶绿体内含量不同，所以有的叶片呈现深绿色，有的则呈现淡绿色或草绿色。类胡萝卜素是使叶片呈现橙色的色源，花青素是使叶片呈现红色和蓝色的色源，叶黄素是使叶片呈现黄色的色源。绝大部分花卉的叶片表皮细胞中只含有叶绿素，所以叶片多呈现绿色。绿色是植物叶子的基本颜色，但详细观察则有嫩绿、浅绿、鲜绿、浓绿、黄绿、赤绿、褐绿、蓝绿、墨绿、暗绿等差别。而有些花卉叶片表皮细胞里含有大量的类胡萝卜素、花青素及叶黄素等色素，或者在叶片的某一部分含量很大，因此形成了彩叶。例如红叶茱蕉、红叶甜菜等观叶花卉，在它们的叶肉细胞内都含有花青素，因而整个叶片呈现红色；南天竹、红桑等的叶片在弱光下叶绿素合成多，在强光或低温条件下类胡萝卜素和花青素合成多，故放在半阴处培养叶色发绿，放在强光下养护或是在春秋季，则叶片呈紫红色或橙红色；金边吊兰、金边龙舌兰叶片的不同部位上细胞内分别含有叶绿素和叶黄素，所以叶片呈现出黄绿相间的两种颜色。此外，叶片具有多种颜色的变叶木等观叶植物，叶片呈现出多种色彩，其原因也是如此。

同理，果实的变色，也是色素变化的结果。幼果时果皮的绿色主要是由叶绿素所致，随着果实成熟，叶绿素含量减少，类胡萝卜素和花青素增加，因而使果实呈现黄色、橘红色或红色。

了解花卉原产地对养花有什么好处

目前栽培的花卉种类繁多，除原产于我国的外，还有许多是来自世界各地的。由于原产地自然环境条件相差很大，这些花卉形成了适应地条件的生态习性，在异地栽培时，必须采取措施，提供与原产地气候条件相似的环境，才能满足其生长发育的需要。书刊上介绍每一种花卉时，都要提及它的原产地，目的就是要求养花者根据原产地的气候特征，采取一定的措施，创造一个适合它生长发育的环境。只有掌握了花卉原产地的气候特征，在引进一种新花卉时，才能做到心中有数，有的放矢地采取相应的养护管理措施，才不会导致引种或栽培的失败。例如龟背竹，如果知道它原产于热带雨林中，就可以掌握它喜温暖湿润环境、不喜强烈的光照、耐寒性差的习性，据此进行养护培育，则容易成功。因此说，了解花卉的原产地对养好花是十分必要的。

依据 Miller 及日本塚本氏对花卉原产地气候型的分区，分述各气候型地区及代表花卉。

（1）中国气候型：又称大陆东岸气候型，中国的华北及华东地区属于这一气候，此气候型的气候特点是冬寒夏热，年温差较大。属于这一气候型的地区还有日本、北美洲东部、巴西南部、大洋洲东部、非洲东南部。中国与日本受季风的影响，夏季雨量较多，这一点与美洲东部不同。这一气候型又依冬季的气温高低不同，分为温暖型与冷凉型。

①温暖型（低纬度地区）：包括中国长江以南（华东、华中及华南）、日本西南部、北美洲东南部、巴西南部、大洋洲东部、非洲东南角附近等地区。原产该气候型地区的花卉有中国水仙、石蒜、山茶、杜鹃、南天竹、报春、凤仙、矮牵牛、美女樱、三角花、福禄考、非洲菊、马蹄莲、一串红、银边翠、麦秆菊、松叶菊、半支莲、天人菊等。

②冷凉型（高纬度地区）：包括中国华北及东北南部、日本东北部、北美洲东北部等地区。主要原产花卉有菊花、芍药、翠菊、荷包牡丹、荷兰菊、飞燕草、花毛茛、乌头、侧金盏、鸢尾、百合、铁线莲、紫菀、蛇鞭菊、醉鱼草、贴梗海棠、金光菊等。

（2）欧洲气候型：又称大陆西岸气候型，冬季气候温暖，夏季温度不高，一般不超过 15～17℃，雨水四季均有，而西海岸地区雨量较少。属于这一气候型的地区有欧洲大部分地区、北美洲西海岸中部、南美洲西南角及新西兰南部。该气候型地区原产的著名花卉有三色堇、雏菊、矢车菊、霞草、勿忘草、喇叭水仙、紫罗兰、宿根亚麻、花羽衣甘蓝、洋地黄、锦葵、剪秋罗、铃兰等。

（3）地中海气候型：以地中海沿岸气候为代表，自秋季至翌年春末为降雨期，夏季极少降雨，为干燥期，冬季最低温度为 6～7℃，夏季温度为 20～25℃，因夏季气候干燥，多年生花卉常成球根形态。与此气候型相似的地区有南非好望角附近、大洋洲东南和西南部、南美洲智利中部、北美洲加利福尼亚等地。原产该地区的花卉有风信子、郁金香、水仙、鸢尾、仙客来、白头翁、花毛茛、小苍兰、番红花、天竺葵、龙面花、花菱草、羽扇豆、智利喇叭花、唐菖蒲、香豌豆、金鱼草、金盏菊、蒲包花、君子兰、鹤望兰、网球花、酢浆草等。

（4）墨西哥气候型：又称热带高原气候型，常见于热带及亚热带高山地区，周年温度近于 14～17℃，温差小，降雨量因地区不同而异。原产这一气候型的花卉耐寒性较弱，喜夏季冷凉。此气候型除墨西哥高原之外，还有美洲的安第斯山脉、非洲中部高山地区、中国云南省等地。主要代表花卉有大丽花、晚香玉、百日草、波斯菊、一品红、万寿菊、藿香蓟、球根秋海棠、旱金莲、云南山茶、报春花、杜鹃、月月红、香水月季等。

（5）热带气候型：此型气候周年高温，温差小，雨量充沛，分为雨季和旱季。包括亚洲、非洲、大洋洲及中美洲、南美洲热带地区。原产该气候型地区的花卉，在温带需要在温室内栽培，一年生草花可以在露地无霜期时栽培。原产亚洲、非洲及大洋洲热带著名花卉有鸡冠花、虎尾兰、蟆叶秋海棠、彩叶草、蝙蝠蕨、非洲紫罗兰、变叶木、红桑、猪笼草、万带兰、凤仙花等。原产中美洲和南美洲热带的著名花卉有紫茉莉、长春花、美人蕉、花烛、大岩桐、竹芋、牵牛花、秋海棠、水塔花、朱顶红、卡特兰等。

（6）沙漠气候型：该气候型地区周年降雨量稀少，气候干旱，多为不毛之地。这些地区只有多浆类植物分布。属于这一气候型的地区有非洲、阿拉伯、黑海东北部、大洋洲中部、墨西哥西北部、秘鲁与阿根廷部分地区及我国海南岛西南部。仙人掌科多浆植物主产墨西哥东部及南美洲东部。其他科多浆植物主产在南非，如芦荟、十二卷、伽蓝菜等。我国海南岛所产多浆植物主要有仙人掌、光棍树、龙舌兰、霸王鞭等。

（7）寒带气候型：该气候型地区冬季漫长而寒冷，夏季短促而凉爽。植物生长期只有 2~3 个月。夏季白天长，风大。植物低矮，生长缓慢，常成垫状。此气候型地区包括阿拉斯加、西伯利亚、斯堪的纳维亚等寒带地区及高山地带。主要花卉有细叶百合、绿绒蒿、龙胆、雪莲、点地梅、仙女木等。

如何从市场上选购花卉

从市场上选购花苗，主要应注意花卉质量的优劣和品种的真假。

缺乏养花经验的初学养花者，最好不要买花卉小苗和落叶苗木。因为一不易养活，二容易上当，买回来假品种。在选购观叶植物时，要挑选株形端正，叶色浓绿繁茂，有光泽，叶片没有黄斑、病斑的植株，同时还要看长势是否旺盛，有没有徒长枝和秃脚等。选购盆栽花卉，以购上盆时间较长的盆花为好。上盆不久的花卉，根系因受到损伤，容易受到细菌的侵入，如果养护不当，会影响花卉的生长和成活。

在市场上出售的花卉，常有以次充好、以假当真的现象，因此购买时要特别注意。有的卖花人把断枝和无根苗木当作盆花出售；有的人把南方的常绿树苗当作名花出售；有的人把野生兰草当作兰花出售。

　　为了运输方便，花商从外地买进的花木，多不带土球或土球很小。若买带土球的花卉，要注意土球是否过小，是不是泥土包的假土球。一般随花带的土球土壤不太板结，土内的根系发达，有幼嫩根，这样的花卉才能买。若发现土球松散，花卉根部发黑，须根少，这样的花苗栽下很难成活，千万不要买。在买常绿花木如橡皮树、白兰、含笑、米兰、五针松等时，一定要带土球，否则买回去也很难栽活。凡不带土球的花木，一般都是落叶花卉。买时要挑选裸根根系好、须根多、颜色呈浅黄色的，最好不要带叶或带花蕾的，因为已发叶或形成花的植株栽种后并不容易成活。

购买花苗时如何辨真伪

　　有些不法小商贩常常将从南方倒购来的常绿苗木或地下球根等，在北方城镇市场上或路旁当作"名花"出售，并配有漂亮诱人的彩色照片（如果仔细观察，会发现照片上的花朵和植株不是长在一起的，纯属拼凑而成的），致使一些花卉爱好者上当受骗，造成不必要的经济损失。

长途旅行怎样携带花苗

　　有些花卉爱好者不论到什么地方出差或旅游，闲暇之时总要到花市转一转，如果发现自己所喜爱的花卉幼苗或从未莳养过的珍奇花木，总想带回家种它一下。那么，长途旅行怎样携带花苗才能保证栽植成活，这的确要讲究携带方法，通常要注意以下几个环节。

　　第一，花木根部要尽量多带原土，以选购根部有紧密土球，并保持完整不散的为好。小苗不必整枝，大苗或树桩一定要适当整根。根部应用湿草或废棉絮等保湿，外层再加报纸包好，并经常向纸上喷些水，以保持湿润。

　　第二，对不需带土的花木，可用山泥加水搅拌成浓稠的泥浆进行蘸根处理，也称"上浆"。当泥浆稍干时，即可用湿棉布进行包扎，在根茎处扎紧。也可将湿锯末或砻糠灰撒在花木根须上，再用草帘或报纸将根部包扎好。

　　第三，花木的最外层可用塑料薄膜或草包等包扎，包扎时应向塑料薄膜内喷些水，以保持一定湿度。但不要使根部积水，以免花木受害。

第四，携带过程中要注意防挤压、防热、防冻。夏季温度高，在途中要经常将薄膜打开，或在不同的方位剪几个透气孔，以利花卉呼吸和通风换气。冬季自南向北携带花木时，其包装应酌情适当加厚，尤其是下车时要保护好，以免受冻。

初学养花者开始养什么花合适

随着人们生活水平的不断提高，养花已成为人们日常生活中一个不可缺少的组成部分。在家里或办公室摆上几盆青枝绿叶，花朵绚丽的盆花，能使人赏心悦目，情趣盎然。人们利用余暇养花种草，美化环境，陶冶情操。可以说，养花作为一种时尚，正在流行。

那么，对于初学养花者来说，养什么样的花合适呢？这是家庭养花必须首先解决的问题。我们常看到，很多初学养花的人，总是"有心栽花花不发"，这是什么原因呢？原因就在于他们还没有掌握养花的基本常识和花木的习性，更谈不上养花经验。他们很想多养花，养好花，但又不得其法，甚至急于求成。他们不是浇水过多，把花苗淹死，就是施肥过量，把花苗烧死。所以，在开始养花之前，要多学习一点养花知识，包括各种不同的花卉品种、习性、特性及其培育的方法，然后，用科学的方法去加以实践，要在实践中总结经验，吸取教训。

名目繁多的各类花木，其习性千差万别。有的喜温畏寒，有的喜阳忌阴，有的则喜阴忌阳，有的耐旱忌湿，有的则喜欢较大的空气湿度。因此，初学养花者在选择养什么花时，应从以下几个方面考虑。

（1）居住环境：要看居住环境的光照条件、温度等能否满足其生长要求，这是家庭养好的先决条件。

（2）因地制宜：要掌握因地制宜的原则，选择一些能适应当地土质和气候条件的种类及品种。

（3）品种选择：选择易成活、不需特殊管理、植株常绿、易开花的品种。选择能净化室内空气、对人体无害的种类。选择占地面积小、又能收到良好美化装饰效果的品种。

在考虑了上述因素后，如果你想美化庭院，且光照条件充足的话，可选择月季、菊花、茉莉、石榴、四季桂、南天竹、葡萄等，这样可以做到四季见花或见果，具有较高的观赏价值。如果光照条件较差的话，应选择喜阴或者既喜阳又耐阴的花木，如玉簪、一叶兰、万年青、八仙花、常春藤、吊兰、龟背竹、蕨类植物等。这类花木，可供赏花的虽不多，但其绿叶葱郁，别具特色。

阳台和晒台上种植花卉，应根据阳台的朝向选择适宜的品种。朝南或西向的可选择月季、扶桑、天竺葵、茉莉、长春花、牵牛花、半支莲等喜阳花卉；朝阴向的可选择四季秋海棠、文竹、吊兰、花叶芋、冷水花等耐阴花卉。

假如需要净化室内夜间空气，应选择多浆植物，如仙人掌、仙人球、山影拳、蟹爪兰等，这些植物夜间能吸收二氧化碳，放出氧气，且耐干旱，四季常青，但不耐寒。只要夏季避免烈日暴晒，冬季保暖防寒，盆土保持偏干些，均可正常生长。

假如室内空间较小，可选择小型盆花及悬垂植物，如文竹、仙客来、微型月季、非洲紫罗兰、条纹十二卷、虎耳草、吊竹梅等，既美化了家庭环境，又不占用过多的空间面积。这些植物养护起来都比较容易。

家庭养花品种如何搭配

常言道：雅室何须大，花香不在多。放一些花草在室内，绿叶繁花，四季常青，真是春意盎然，生机勃勃。

家庭种养花卉，一般以盆栽为主。由于受条件限制，不要种得太多，以10~15盆为适宜。所选种的花中最好是观叶花卉、观花花卉、观果花卉、香花植物、观姿花卉等能兼顾到，这样品种就丰富多样。

家庭种植花卉，若是以装饰居室为主的，可多种些适合室内种植的观叶植物，如巴西木、鹅掌柴、龟背竹、绿巨人、散尾葵、棕竹、一叶兰、吊兰、绿萝、文竹、君子兰等，这些花木较耐阴，只需弱光或散射光就能正常生长。若是以观赏为目的的，可多种些观花类、观果类、观茎类花卉和盆景，如月季、山茶、杜鹃、米兰、扶桑、石榴、金橘、佛肚竹、富贵竹、苏铁、五针松、榆树桩、榕树桩等。

在家庭种花时，还要考虑到四季花卉品种的搭配。春天以开花植物为主，如茶花、杜鹃、梅花、洋水仙、迎春等，配些观叶植物和山石盆景；夏天以香花植物和冷色系花卉为主，如白兰、米兰、茉莉、鸢尾、八仙花等，配些观叶植物和草本花卉；秋天以观果植物为主，如石榴、火棘、金橘、代代、盆栽葡萄等，配些彩叶植物，如枫香、一品红、三角枫、红枫、羽毛枫、银杏、桃叶洒金珊瑚等，还可配些草花和树桩盆景；冬天以观叶植物为主，配些时令花卉和山石盆景，观叶植物要选择四季常青、耐寒性较强的种类，如苏铁、棕竹、散尾葵、橡皮树、巴西木、春羽、一叶兰、吊兰等，时令花卉有仙客来、君子兰、朱顶红、瓜叶菊、报春花、水仙花等。

哪些花卉可以清除室内有害气体

家庭室内种植一些花卉，确实可以起到"空气过滤器"的作用，清除有害气体，有利身体健康。

仙人掌：它的肉茎气孔在夜间会呈现张开状态，能释放出氧气，并吸收空气中对人体有害的气体，净化空气。

月季：能吸收空气中的乙醚、苯、硫化氢等有害气体。

吊兰：叶子会将空气中的一氧化碳等有害气体"吃"掉，其效果甚至超过空气过滤器。

紫罗兰：能分泌出一种植物杀菌素，可在较短的时间内把空气中对人体有害的病菌杀死。

山茶花：抗御二氧化硫、氯化氢、氯气、氟化氢等有毒气体。

米兰：能吸收大气中的二氧化硫和氯气。

桂花：对化学烟雾有特殊的抵抗能力。

梅花：对环境中的二氧化硫、氟化氢、硫化氢、乙烯、苯、醛等的污染，都有监测能力。

哪些花卉对人体有毒害

养花不但可以供观赏之用，还可以陶冶情操，但是有些种类的花卉对人体有毒害作用，在日常生活中要注意，防止鲜花施展"美人计"。常见有毒或有害的花卉有如下几种。

虞美人：全株有毒，内含有毒生物碱，果实毒性最大，误食会导致中枢神经中毒，甚至死亡。但少量的虞美人果实煮后汁液有止泻的作用。

海芋：茎叶中的汁液有毒，谨防误入口中或眼中，否则会引起呕吐等症状。

郁金香：花中含有一定的毒碱，在花丛中待上 2 小时，会使人头昏脑涨，严重者会导致毛发脱落。

夹竹桃：花、叶、茎均有毒，应防止儿童误食。

杜鹃花：黄色花中含有毒物质，中毒后会呕吐、呼吸困难、四肢麻木等。

一品红：全株有毒，其乳白色汁液污染皮肤后，会引起皮肤红肿等过敏反应，误食茎叶会引起休克。

五色梅：花叶有毒，误食会引起腹泻、发烧。

文殊兰：全株有毒，其鳞茎汁液毒性最大。

龙舌兰：叶片汁液有毒，接触皮肤后会有灼热感，刺激皮肤。

夜来香：夜间停止光合作用后大量排出废气，长期摆放于卧室或不透气的客厅，会使人头昏、咳嗽，甚至失眠和哮喘。

水仙花：鳞茎内含有打丁可毒素，误食会引起呕吐和腹泻，叶和花的汁液也会造成危害，使皮肤红肿，误入眼中会导致失明。

光棍树：茎秆折断后流出的汁液能使皮肤红肿，误入眼中会导致失明。

花叶万年青：叶片和茎部的汁液有毒，会导致皮肤发炎，误食会引起舌头肿胀而导致暂时性失声。

仙人掌类植物：刺内含有毒汁，被刺后会引起皮肤红肿、刺痛和瘙痒等过敏症状。

白花曼陀罗：汁液有毒，果实剧毒，建议家庭不要养护。

其他：如龟背竹、虎刺梅、珊瑚花、麒麟刺、石蒜、黄花夹竹桃等花卉对人体有毒；铁海棠、鸢尾、红背桂、变叶木等有促癌的作用。

以上花卉对人体都或多或少有一些危害作用，但只要不随意摘采，或不将花果给儿童玩耍，防止入口入眼，一般不会引起中毒。

花卉的分类

依观赏要求分类

花卉植物依观赏部位主要可分为观花、观果、观叶、观茎、观芽等几类。

观花类植物：主要观赏其花朵，它是花卉植物中的一个重要类别。如美人蕉、大丽花、菊花、杜鹃花、山茶、月季、牡丹、茉莉、米兰、梅花以及大部分一二年生和多年生草花等。

观果类植物：以果实色彩鲜艳、挂果时间长为佳，如南天竹、冬珊瑚、四季橘、佛手、朝天椒、金银茄等。

观叶类植物：这类植物特别适宜室内绿化装饰布置，观赏期不受季节限制，而且种类也相当多。小型的如文竹、箬叶、彩叶凤梨、袖珍龟背竹、冷水花、富贵竹等；大型的有棕竹、蒲葵、散尾葵、橡皮树、发财树等。

观茎类植物：它以具有一定特色的茎干为主要观赏部位，这类植物不多，常见的如温室花卉中的玉树珊瑚、海葱等，竹类中的紫竹、方竹、佛肚竹等。

观芽类植物：观芽类植物极少，目前常常为银柳，可在花芽肥大时，观赏其肥大银色的花芽。

其他：如形态奇异、茎叶肥厚的仙人掌类和多肉植物。

根据植株性质分类

根据植株性质，花卉通常可以分为木本花卉、草本花卉和水生花卉。

木本花卉：指茎部木质化的观赏植物，它既可盆栽又可地栽。盆栽花木如山茶、杜鹃花、茉莉等，栽培管理上要求精细。以观花兼作庭园布置的如桃、梅、海棠、月季、丁香、玉兰、紫荆等，管理上比较粗放。

草本花卉：其茎部为草质。按其生育期可分为一二年生和多年生草花。一二年生草本花卉是指整个植株寿命在二年之内结束或跨年度历时两年结束。一年生草本花卉就是春季播种，当年开花结实，秋冬死亡，如百日草、鸡冠花、凤仙花等。二年生草本花卉是秋季播种，到第二年春天开花结实而后死亡，如羽衣甘蓝、三色堇、金盏菊、石竹等。

多年生草本花卉也叫宿根花卉，它有永久性的地下部分，在当年植株开花以后，地上部分有的当年死亡而根部不死，第二年春天从根部重新萌发生长，如菊花、芍药、非洲菊等。有的地上部分保持终年常绿，如兰花、麦冬草等。

在多年生草花中，有些种类具有肥大的地下部分，如球茎、块根、块茎、鳞茎等，这些地下部分是富含养分的变态茎或变态根，统称为球根花卉。这类花卉有水仙、百合、美人蕉、大丽花、大岩桐、仙客来、郁金香、风信子等。

水生花卉：终年生长在水中的花卉称作水生花卉，主要有荷花、睡莲、凤眼兰、菱等。这类水生植物，既可观花也可观叶，同时它还具有改善水面环境的功能。

按花卉对光照的要求分类

花卉的生长发育对光照有两方面的要求，即光照的强度和光照时间的长短。

按花卉对光照强度要求分类：各种植物由于原产地不同，它们对光照强度的要求也不一样，依此可分为阳性花卉、阴性花卉和中性花卉等。

（1）阳性花卉：喜光不耐阴，在充足光照条件下才能生长良好。桃、梅、月季、石榴、海棠、茉莉、米兰、菊花、扶桑、美人蕉、一品红以及大多数一二年生花卉均属此类。这些花卉若光照不足，会造成枝叶徒长，组织柔软，叶色发黄变淡，植株生长不良。

（2）阴性花卉：适应于光照不足或散射光条件下生长。这类花卉长期生长于庇荫条件下，在强光下会使叶片发黄、枯萎，如兰花、文竹、吊兰、龟背竹、旱伞草、玉簪花等。有些花卉要求遮阳面积达 80%，不能接受强烈光照，如蕨类及兰科植物，称为强阴性花卉。

（3）中性花卉：指在光照比较充足或微阴的条件下均能生长良好的花卉，如桂花、蜡梅、樱花、鸢尾、萱草、南天竹、绣球花等。

按花卉对光照时间要求分类：花卉的开花习性和光照的时间有关。一天 24 小时中的光照长短，随季节的变化而不同。光期长的昼夜叫长日照，光期短的昼夜叫短日照，这种白天和黑夜的相对长度称光周期。光周期影响着植物的开花，各种植物开花需要的日照时间是不同的，按此可分为以下三种类型。

①长日照花卉：指每天需 12 小时以上光照才能开花的花卉植物。该类型均为夏季开花的花卉，如茉莉、石榴、米兰、荷花、扶桑、凤仙花、晚香玉等。

②短日照花卉：指每天少于 12 小时日照才能开花的花卉植物。多为秋冬季开花的花卉，如菊花、一品红、蟹爪兰、一串红等。

③中日照花卉：这类花卉对日照时间的长短要求不严格，不论长日照和短日照条件，只要温度合适，一年四季均能开花，如月季、康乃馨、天竺葵、马蹄莲等。

按花卉对温度的要求分类

花卉植物按其对温度的适应性可分为露地花卉和温室花卉。

露地花卉：指可以在露地进行繁殖和栽培的花卉，它们对气候的适应性较广。其中有些花卉植物耐寒性强，冬季能露地过冬，至春季开花，如雏菊、石竹、三色堇等草花和月季、玫瑰等灌木。有些花卉植物秋季播种发芽，越冬时需稍加防寒，如花葵、福禄考等。还有些一年生花卉植物虽然不耐寒，但它们春季播种，当年夏秋季即开花结实，在冬季到来前已枯死，如鸡冠花、凤仙花、一串红等，这类花卉也能露地栽培。

温室花卉：这类花卉多数是喜温花卉，大部分原产于热带、亚热带，故在上海地区栽培必须有温室设备满足其对冬季温度的要求，才能正常生长。

温室栽培的种类随地区不同而变化，在福建、广东露地栽培生长的花卉，如白兰花、米兰、海棠类，在上海因不耐寒就需要温室栽培；在上海地区能露地栽培的金盏菊、花菱草、金鱼草等，到北京地区就需要在温室过冬。

温室花卉中，不同种类的花卉对温度要求也不相同，一些原产热带的喜温花卉，冬季要求温室内温度达12℃以上才能安全过冬，称高温温室花卉，如变叶木、鸡蛋花等。原产亚热带的花卉，温室内维持8℃以上就可以过冬，这类花卉称作中温温室花卉，如蒲包花、大岩桐、米兰、仙客来等。原产亚热带北缘的一些花卉，室内维持5℃以上就可以过冬，如瓜叶菊、天竺葵、樱草花等，称作低温温室花卉。而铁树、棕竹、蒲葵等观叶植物，只需在0℃的普通温室内即能过冬，称作冷室花卉。

按花卉对水分的要求分类

各种花卉因其原产地的生态条件不同，对水分的需求有很大差异，可以分为以下四种。

旱生花卉：能耐相当干旱的花卉。这类花卉多数原产于沙漠及半荒漠地区，由于经常性或季节性的水分不足，使这类植物的叶变成针刺或柔毛状，表皮层增厚，根系发达，多浆的茎叶贮藏大量水分，在较干旱的情况下，仍能较好地生长。如仙人掌类、石莲花、落地生根、龙舌兰、令箭荷花、昙花、蟹爪兰等。这类花卉不耐涝，过多的水分易引起烂根或烂茎甚至死亡。

中性花卉：也称润土花卉。生长期要求适度的水分，介于旱生和湿生花卉之间，大部分花卉均属此类。过干、过湿均对其生长不利，如米兰、茉莉、杜鹃、茶花、苏铁及大部分露地花卉。

湿生花卉：这类花卉的生育过程需要比较多的水分，要求保持较高的土壤湿度及空气湿度。它们多数原产较潮湿环境及热带雨林以及湖泊、溪流、河川等处。植株形态多数叶大质薄、柔软，如广东万年青、马蹄莲、海芋、龟背竹、水仙、旱伞草以及蕨类和鸭跖草科植物。

水生花卉：长期生长于水中的花卉，如荷花、睡莲等。它们的根或地下茎能耐氧的不足，不耐旱。栽培于水池、溪边、池塘、小缸及庭园水池内。

按经济用途分类

（1）观赏用：以观赏花卉个体或群体的色、香、姿、韵为主，分如下几类。

花坛花卉：以露地草花为主的花卉成片种植构成一定图案，如半支莲、一串红、雏菊、金盏菊、三色堇、鸡冠花、万寿菊等。

盆栽花卉：以盆栽观赏为主，用以装饰室内或庭院、阳台，如菊花、仙客来、天竺葵、君子兰、瓜叶菊、兰花等。

切花花卉：以生产切花为主的花卉，如玫瑰、菊花、唐菖蒲、百合、香石竹、非洲菊、马蹄莲、满天星等。

庭园花卉：以地栽布置庭园为主的花卉，如迎春、芍药、牡丹、月季、紫薇、海棠、连翘、榆叶梅等。

（2）香料用：花卉在香料工业中占有重要地位。如白兰、代代、栀子、茉莉等都是重要的香料植物，既是制作"花香型"化妆品的高级香料，又可熏茶。墨红月季的鲜花可提取浸膏。从玫瑰花瓣中提取的玫瑰油，在国际市场上售价比黄金还要高。

（3）医药用：自古以来花卉就是我国中草药的一个重要组成部分。李时珍的《本草纲目》，记载了近千种草花及木本花卉的性味功能及临床药效。《中国中草药汇编》一书中所列的2200多种药物中，以花器入药的约占1/3。芍药、牡丹、木槿、金银花、连翘、杜鹃、菊花、凤仙花、鸡冠花、荷花等均为常用中药材。

（4）膳食用：许多花卉的植物体和花均可入肴，如百合的鳞茎，荷花的根茎（藕）、莲子，菊花、桂花、梅花、白玉兰等花的花瓣。此外，花粉食品方兴未艾。

（5）环境保护用：科学实验证明，许多花卉具有吸收有害气体、净化环境的作用。如夹竹桃、扶桑、唐菖蒲、大丽花对二氧化硫、氯气抗性强，黄杨、棕榈、牵牛花、天竺葵等对氟化氢抗性强。

有些花卉对有害气体具有敏感性，可用来对空气污染情况进行监测。如波斯菊、百日草等对二氧化硫敏感；唐菖蒲、萱草等对氟化氢敏感；丁香、藿香蓟等对臭氧敏感。

按自然分布分类

按自然分布分类，可分为以下六类。

（1）热带花卉：如热带兰、变叶木等。

（2）温带花卉：如菊花、牡丹、芍药等。

（3）寒带花卉：如龙胆、雪莲、绿绒蒿等。

（4）沙漠花卉：如霸王鞭、仙人掌、仙人球等。

（5）水生花卉：如荷花、睡莲、杏菜等。

（6）岩生花卉：如白头翁、垂盆草、射干等。

花卉的结构

花的结构一般都由花梗、花托、花萼、花冠、雄蕊和雌蕊6个部分组成，其中花萼、花冠、雄蕊、雌蕊齐全的花称完全花，如梅花、山茶、仙客来等；缺少其中任何一部分的花称不完全花，如白兰花、米兰、百合等。花萼和花冠合称花被。有些植物的花只有一轮花被，称为单被花，这种花观赏价值低；有些植物的花萼和花冠长成内外两轮或多轮，称为重瓣花，这种花比较美观，观赏价值较高。有的花只有雄蕊而没有雌蕊，称为雄花；有的花只有雌蕊而没有雄蕊，称为雌花；一朵花中同时具有雄蕊和雌蕊的，称为两性花。雌雄花生在同一植株上的叫作雌雄同株。雌雄花分生在不同植株上的叫作雌雄异株。

（1）花梗：又称花柄，是茎和花朵的联结部分，起支撑花朵并为花朵输送养分的作用。花梗的长短因植物种类不同而异，如倒挂金钟、垂丝海棠的花梗很长，而风信子、茶花的花梗则很短。

（2）花托：花梗顶端花药、花丝、花瓣、花萼、胚株膨大的部分叫花托。花的柱头、花柱、子房、花托、花梗其他部分（花萼、花冠、雄蕊、雌蕊）依次由外至内呈轮状排列着生于花托上。花托的形状因植物种类不同而异，有伸长呈圆锥形的，如玉兰；有中央部分凹陷呈杯状或壶状的，如蔷薇、梅花；有呈倒圆锥状的，如荷花。

（3）花萼：花萼由若干萼片组成，包在花的最外层，通常为绿色，但也有一些植物的花萼具有鲜艳的颜色。萼片下端联结的部分称萼筒。

（4）花冠：花冠位于花萼内部，由若干花瓣组成。花瓣的形状千姿百态，常有各种艳丽的颜色，是花的主要观赏部分。有些植物的花瓣是分离的称为离瓣花，如梅花、牡丹等；有些植物的花瓣从基部向上或多或少连接称为合瓣花，如牵牛、杜鹃、扶桑等。

（5）雄蕊：雄蕊位于花冠内部，雌蕊周围；雄蕊由花丝和花药两部分组成，花丝细长呈柄状，起支持花药的作用；花药呈囊状或两唇状，着生在花丝的顶端，是形成花粉粒的地方。

（6）雌蕊：雌蕊位于花的中央部分，由柱头、花柱和子房三部分组成。柱头在雌蕊的先端，是接受花粉的部位。多数柱头能分泌黏液，具有黏着花粉粒和促进花粉粒萌发的作用。柱头与子房之间的部分叫作花柱，是花粉进入子房的通路。子房是雌蕊基部膨大呈囊状的部分，由子房壁、胎座和胚珠组成，是雌蕊的主要部分。子房内生有一个或多个胚珠，当花粉粒落在柱头上之后，萌发产生花粉管并伸入雌蕊的柱头，通过花柱将雄性生殖细胞送入子房的胚珠内，并和胚珠内的卵细胞相结合产生结合子，再由结合子继续发育而形成种子。

家庭养花的简易工具、设备

业余养花应根据家庭条件，本着因陋就简、就地取材的原则，自己动手制作和购置必要的工具、设备。

1. 简易工具

（1）竹签子：选长 20～30 厘米、宽 2～4 厘米、厚 0.3～0.5 厘米的废旧竹片一段，将前端削成尖形，做成竹签子，用于疏松盆土和移栽小苗。可做大小不同的 2～3 支。

（2）竹夹子：自制或选购竹夹子 1～2 支，用于仙人掌类等带刺花卉的移栽、嫁接。

（3）小镊子：移栽小苗。

（4）花铲：可备两种形式的花铲各一把，用于栽花上盆铲土，换盆修根，以及移苗、起苗和挖坑。

（5）剪子：备枝剪和花剪各一把，前者用于修剪木本花卉，后者用于修剪草本花卉。

（6）利刀和刮脸刀片：用于扦插花卉和嫁接。

（7）铅丝耙子：用粗细不等的铅丝自制 2～3 个，每个应有 3～4 齿，用于盆栽和地栽花卉松土。

（8）喷壶：选购塑料喷壶一把，或焊接活头细眼喷壶一把。活头喷壶优点较多，安上喷头可喷花和浇灌小苗，卸下喷头，可用于大盆花卉的浇水。

（9）水缸：有条件可备小水缸两个，一个用于泡制液肥，一个用于盛放清水。

（10）胶管和喷头：城镇居民养花较多者，可将自来水龙头加以改造，安三通一个，改为二个水龙头，一个留作日常生活用水，一个加胶管一段，接到养花处，并加洗澡用喷头一个，使之连接牢固。这样浇花时可全部喷灌，既节省时间，又操作方便，近几年，一些大中城市花卉门市部，备有比较成套的家庭养花工具，其中尤以上海南京中路花卉门市部出售的工具齐全。①竹签；②竹夹子；③铅丝耙；④花铲；⑤平铲；⑥三角铲；⑦枝剪；⑧花剪；⑨刀；⑩活头喷壶。

2. 简易设备

（1）保温设备：华北地区栽种花卉，有半年左右的时间需采取保温措施，可视家庭条件采取多种办法加以解决。

①室内窗台的利用：养花数量少时，可放在室内窗台上，如将窗台稍加改造，可放置二层。下层放低矮品种，如仙人球类，上层放稍高植株，在冬季特别寒冷的季节，晚上窗外应挂帘保温。窗帘可就地取材，采用多种办法解决。

②阳台的利用：城镇居民多利用阳台养花，如把阳台加玻璃窗，则可成为一个小型温室，利用塑料薄膜也可收到一定保温效果，但应做得整齐，注意美观。

阳台内的三面墙，可搭成花架，充分利用空间。每层的高度视养花品种而定。

③室内花架：家庭养花，要充分利用空间，向立体方向发展。

④塑料小棚：利用屋前檐下向阳处，搭制简易塑料小棚，东西两侧用砖垒砌，上部和向阳面用透明塑料薄膜。大小可根据需要而定，完全利用太阳能，冬季需加草帘保温。它的用途有：延长花卉的生长季节。将月季、菊花等放在棚内可继续开花、生长20～30天。

早春可做促成栽培。将月季、绣球、朱顶红等放在棚内，可提前开花

20~30天。也可用于小苗提前春播和扦插。

冬季存放耐低温的花卉。

⑤塑料阳畦：在庭院避风向阳的地方，根据需要挖掘大小合适的阳畦一个，加盖塑料薄膜保温。主要用于提前春播和扦插。

⑥地窖：家庭养花，室内面积有限，可选适当地点，挖一个1.5米深的地窖（长、宽根据需要自定），上面放树枝、杂草，加土防寒，向南开一个出入口。初冬，可将落叶花木，球根花卉的鳞茎、块根，仙人球类和部分常绿花卉等搬入窖内存放。早春，要注意通风换气，4月份可拆除覆盖物，出窖。

（2）遮阴蔽光设备：

①荫棚：华北地区夏季气候炎热，光照较强，大部分盆栽花卉对高温、强光不适应，需移置荫棚下，荫棚高度2.5米左右，顶部和东西两侧均应挂苇帘、竹帘遮挡强光，透光度以40%~60%为宜。秋季天气转凉，有些花卉对光照要求又渐增加，这时可逐渐拆除遮光设备。

②不具备建立荫棚条件时，可因陋就简，利用庭院树木、葡萄架等遮阴。也可将盆栽小花放在喜光的大棵花卉的下面。

③在楼房的阳台上放置花卉更要注意解决遮阴，方法有二：

第一，备大型花盆或长形木箱一个，栽种滕本花卉，如金银花、葡萄、爬山虎、羽叶鸟萝等，用竹竿或铅丝搭成立体支架，既可垂直绿化阳台，又可起到遮阴的作用。

第二，吊挂竹帘或其他遮阴物。

④黑罩子：利用黑色塑料薄膜、油毡等，做成不透光的罩子，用来控制短日照植物的开花时期。如7~9月对菊花、一品红等，用黑罩子遮光，控制白天见光时间在8~10小时以内，这样可使华北地区11月份开花的菊花和元旦前后开花的一品红提前在国庆节开花。利用黑罩子还可使一般在晚上开花的昙花等改在白天开花。

3. 花盆

（1）常见花盆种类、用途简介

①素烧盆：又称泥盆、瓦盆，是用泥土烧制的花盆，一般底部有排水孔。它的优点是透气、渗水性能良好，适合盆栽花卉的生长。不足之处是欠美观，烧制不熟的，易自行粉坏。选购时应注意。

②紫砂盆：俗称宜兴盆，以江苏宜兴生产历史悠久而得名。近几年，石家庄、邢台等地开始烧制。它的优点是外形美观，适合室内陈设，缺点

是透气性较差。

③缸瓦盆：质地坚硬，耐用。缺点是透气性差，也不美观，广东、福建等地此种花盆较多。

④瓷盆：制作精细，涂有彩釉，外形美观，多作套盆用，也可种植花卉，缺点是透气性能差。

⑤盆景用盆：盆景用盆多数是瓷盆和紫砂盆，以江苏、上海、广东、福建、四川等地出产的样式新颖，品种较多。

⑥塑料盆：优点是轻巧、耐用，但排水，通气性能差。另外色彩不够调和，有待改进。

上述几种花盆，以素烧泥盆适合花卉生长，造价也低，在华北地区使用最为普遍。其他几种花盆质地优良，造型美观，适合在室内摆放；缺点是透气性差，种植花卉时应在盆底多放一些粗沙或炉灰，使之渗水，培养土多加腐殖质和沙土，增加透气性，种植的花卉也能生长发育良好。

（2）自制花盆和花盆外套

①自制盆景用盆：首先用泥土做一个花盆形状的倒泥胎；木框；钢筋骨架；放置框架；花盆扣泥胎，和一个比花盆大 1～2 厘米的木框，再用 6 号铅丝做一个比泥胎略大的钢筋骨架，然后把木框 2 放在泥胎 1 之外，把钢筋架放在 1 之上，把水泥、沙子和彩石子泥浆，用抹子抹在泥胎外边，厚薄要均匀。经 4～5 天把内部泥胎取出，待水泥盆完全干后，用旧砂轮蘸水打磨外壁，便可得到花盆。

②自制花盆外套：条件较好的家庭可选购彩色瓷盆作花盆的套盆，不具备购买条件时，可以自己动手编制花盆外套。长江以南各省，常用竹篾编制，华北地区有的用麦秆、玉米穗的外皮编制，但比较理想的材料是用尼龙包装带，这种带一般宽 1.5 厘米，编制小盆外套，可将带从中间剪开。如用白色尼龙包装带编制，还可用蓝色、红色编制成各种花样图案。

第二章　花卉繁殖技术

花卉品种很多，繁殖的方法也比较复杂，总起来可分为有性繁殖和无性繁殖。

有性繁殖，也称种子繁殖。由种子产生的幼苗叫实生苗。种子繁殖的优点是繁殖量大，常用于草本花卉。木本花卉很少用种子繁殖，主要是开花晚，而且不能保持品种的优良特性，常出现退化返祖现象。

无性繁殖，又称营养繁殖。它是利用花卉的营养器官根、茎、叶培育新植株的方法。无性繁殖常用的方法有分生、压条、扦插、嫁接。它的优点是成苗快、开花早，能保持母本的优良性状。

现将上述几种繁殖方法分别简介如下。

种子繁殖

1. 种子的培育

要想得到优良的种子，首先要选择生长发育良好的母株，加强肥水管理。在自然条件下植物的授粉主要靠昆虫、风力作媒介，在家养条件下，特别是在室内开花的花卉，通常不具备上述媒介条件，应采用人工授粉。方法是：在花药成熟、柱头分泌黏液时，用新毛笔蘸取雄蕊的花粉，撒在雌蕊的柱头上。花期长的植物，可多次授粉，如君子兰、朱顶红等。采用人工授粉可提高花卉的结实率。

2. 种子的采收和贮藏

花卉种类繁多，种子成熟期长短不一，应经常观察成熟情况，及时采收。采收的种子要及时脱粒，风干。选择籽粒饱满、无病虫害的种子收藏备用。种子贮藏条件的好坏，是影响种子寿命的关键。多数花卉的种子充分干燥后，可放在密封的瓶中，置于干燥、黑暗和温度较低的地方保存。但蔷薇、桂花的种子采收后应进行沙藏，牡丹、白兰花等花卉的种子则应随收随种。

3. 种子发芽需要的条件

种子通常在适宜的水分、温度和空气条件下才能萌发。

(1) 水分：水分是种子发芽不可缺少的条件，种子吸水后，内部发生一系列生理变化而发芽。为了促进发芽，常对一些种子进行冷水或温水浸种。为了保证种子发芽必需的水分，播种后应适量多浇水，特别在种子萌动时，不能缺水。但长期水分过多，也会因通气不良，造成种子腐烂。

(2) 温度：各种花卉由于原产地不同，所以种子发芽要求的温度也不同。耐寒性宿根花卉及露地二年生草花的种子，其发芽最适温度为 21～27℃，一些不耐寒花卉的种子发芽最适温度为 27～32℃。

(3) 空气：种子发芽需要吸收充足的氧气，同时排出二氧化碳。因此，播种后要注意通风透气，才能有利于种子萌发。

(4) 光线：多数种子在发芽前不需要光照，盆播后放在室内暗处即可。但大岩桐、凤仙花、四季海棠等种子发芽，都必须有充足的光照。

4. 播种方法

(1) 播种用土及其处理：要选择排水良好、疏松而肥沃的沙质壤土。可用旧盆土，或用腐叶土、园田土、细沙土配制。为了保证苗齐，苗壮，不受病虫危害，播种前最好对土壤进行消毒处理。最简易的办法是暴晒。如用土数量不多，可用锅蒸或炒，对土壤高温处理 20～30 分钟，消毒后土质疏松；如用土量较多，可向播种土喷 1000～2000 倍乐果或 100 倍的高锰酸钾消毒，用塑料薄膜密封一昼夜，达到熏蒸消毒的效果。喷后放几天，等药剂挥发后即可使用。但一般生长习性强壮的花卉，可不消毒，用干净的素沙土播种即可。

(2) 播种方法：选用新花盆，用瓦片把盆底排水孔盖上，填入粗沙或炉灰渣 2～3 厘米，作为排水层。然后加培养土至盆沿，摇动花盆，把土蹾实，使盆面平正，即可播种。

点播：家庭养花，一般繁殖量不大，多采用点播的方法，即根据播种需要，选用大小合适的花盆，按一定距离将种子种在穴内。这种方法特别适合籽粒较大的种子。

撒播：将种子均匀地撒在土面上。撒播适用于大量种子繁殖和籽粒细小的种子播种。对于特别细小的种子，可事先与潮湿的细沙土混合，然后再撒播，避免播种不匀。

条播：适合用阳畦和木箱播种，特别是当种子品种较多，数量较少时，常用这种方法，便于区别。

（3）覆土和浇水：播种后应立即覆土，厚度以种子直径的 2 倍为宜。覆土过厚，空气不足，影响种子萌发，同时还常造成种子发芽后因压力太大，长不出苗来；覆土过薄，影响种子吸收水分，不利于萌发。大粒种子用手直接撒土，小粒种子可用窗纱或纱布慢慢筛土覆盖。

覆土后及时浇水，一般用水浸法。可用干净的脸盆作容器，盛上清水，将播种的花盆放入其中，使水慢慢浸透，籽粒较大的种子也可用喷壶或家用卫生喷雾器喷浇。浇水后，用木板、玻璃、报纸盖住，但要留缝透气。过几天视土壤含水情况可再浇水一至数次，直至幼苗出土。

①花盆；②水；③水盆；④瓦片；⑤粗沙；⑥素沙土。

（4）管理和移栽：小苗出土后，要揭去覆盖物，使之逐渐见光，长出 2 ~3 片真叶时，应及时移栽或上盆。一时不便移栽者，要注意间苗，同时施用少量稀薄液肥，促使幼苗苗壮成长。

分株繁殖

将丛生的植株分离为各自单独生活的新植株，称为分株繁殖。幼株不仅能保持母株的优良性状，而且具有相当发达的根系，所以成活率高，生长快，是家庭养花经常采用的繁殖方法之一。常用于灌木和宿根草本花卉的繁殖。

1. 分株的时期

（1）春季开花的花卉：一般在秋季分株，使其损伤的根系在秋季得到恢复，来年春天根系就能吸收水分和养料，供给新株生长、开花的需要，如牡丹、芍药、蜡梅等。

（2）秋季开花的花卉：一般在春季发芽前分株，如玉簪、菊花、天门冬等。

（3）其他花卉：有些花卉，在室内条件下，一年四季均可分株繁殖，常在开花后结合换盆进行分株，如朱顶红、君子兰等。

2. 分株的方法

将母株从盆中磕出，或从地下全部挖出，并去掉一部或全部宿土，使根系裸露。灌木类要看准分割部位，使分株的枝条和根系选择合适，球根类便于看清子球在母体上的着生位置，分株时既可不损伤母株，又可使分殖的子株根系完整，是采用较多的分株办法。

不把母株整棵挖出，只从旁边切取一部分用来移栽。此法常用于植株较大，萌蘖力强，不便或不必全部挖出的花木。如紫薇、石榴、八仙花等。

压条繁殖

对于一些扦插不易生根的花木，常用压条法进行繁殖。此法较易成活，能保持原有品种的优良性状，管理方便，适合家庭养花使用。华北地区压条的适宜时间在春夏两季。现将常用的几种压条方法介绍如下。

1. 普通压条法

选基部一二年生的枝条，将其下部用刀刻伤数处或进行环状剥皮，埋入土中。深度：盆栽5厘米左右，地栽10厘米左右。上面压以重物，或用铅丝将其固定，以免枝条弹起。再在旁边插一根细木棍，同露出地面的枝条捆在一起，使其直立生长。经常浇水，保持湿润，经两三个月可生根，秋天即可与母株切断，上盆分植。

一为地栽压条法；二为盆栽压条法。

①刻伤；②剥皮；③裂缝；④钩子。

2. 波状连续压条法。

有些花卉，如枝条细长的金银花，和易生徒长枝的茉莉等，可用波状连续压条法，一根枝条可繁殖数棵新株。

3. 壅土压条法

丛生性的花木，可用壅土压条法繁殖。先把各枝条在一定部位刻伤或环剥，然后壅土堆埋，使土保持潮湿。对于盆栽花木，可将花盆深埋。过于高大的盆栽花木，也可将盆斜埋于地下，向树冠的枝条堆土，并把露出的枝条扶直。生根后切离母株，分别栽种。

4. 高枝压条法

此法又称空中压条法。常用于枝条较高而又不易弯曲的贵重花木类，如桂花、白兰花、米兰等。首先将被压枝条环状剥皮，深达木质部，然后用塑料薄膜把环剥枝条的下部包扎起来，加湿土，再将上部捆扎，但不易太紧，留作浇水。如枝条太细，可用绳子吊挂在其他粗枝上，或设立支架。

扦插繁殖

扦插繁殖是花卉常用的无性繁殖方法之一。选取植株营养器官根、茎、叶的一部分，插入潮湿、疏松的土壤或其他材料中，使之生根、发芽，形成新的植株。大部分花卉均可扦插繁殖。家庭养花爱好者，可利用亲朋、同志关系，互相取枝扦插，增加花卉品种。

1. 扦插前的准备

（1）扦插基质的选择：扦插基质是指能使花卉生根的物质。因地域和繁殖花卉种类不同，可因地制宜，就地取材解决。总的要求是，既排水良好，又持水力强，通气性好，升温容易，保温良好，无病虫感染的物质。

①蛭石：是房屋建筑，工业管道保温隔热常用的一种矿物质。扦插花卉用的蛭石是天然蛭石经过1000℃左右的高温焙烧后，爆裂而成的膨胀蛭石。它具有空隙细小，质软体轻，吸水，保湿，保温，又无病菌感染等优良性能。园艺生产上用它做无土栽培花卉、蔬菜的基质。用它扦插花卉，具有发根快，移苗时根系不受损伤，上盆成活率高等优点。用蛭石与土混合种植盆花，盆土不板结，植株生长旺盛。各地建筑材料公司常有出售。此外，膨体砂、珍珠岩也具有蛭石同样的优良性能，扦插各种花卉均适宜。

②泥炭：也叫泥煤、草炭等，是煤化程度最浅的煤，多呈褐色或黑色。可用作燃料、化学工业原料和建筑绝热材料，在园艺及农业生产上用来做垫料，菌肥吸附剂和扦插基质。它保水力强，与粗沙混合使用更好。泥炭呈酸性，对大部分温室花卉扦插最为适宜。

③河沙：有粗沙和细沙两种，要选用不含有机质的最好。它通气和排水性能良好，吸热容易，缺点是保水性能差，应注意及时浇水。靠近沿海的城镇，其建筑用沙，有的是从沿海运进的，此种沙含盐较多。用于扦插花卉，必须事先用淡水冲洗。

④炉灰末：锅炉或家庭烧煤剩余的炉灰渣，将其压碎，选用细末，具有与河沙类似的性能。一般呈中性或弱碱性，不适宜作酸性花木的扦插基质。

⑤素沙土：即含有机质较少、排水良好的净面沙土，在我国北方各地容易找到。一般花卉都可以用这种基质扦插，还可作播种培养土。

⑥水：有些花卉插在水中容易生根，如玻璃翠、四季海棠、夹竹桃等。

扦插用水要经常更换，保持水质清洁和水中氧气充足。

此外，对于一些容易生根的花卉，选择扦插基质可以粗放，旧盆土、园田土经过一定处理均可使用。酸性花木类还可以用黏土扦插。在使用耕作土壤时，要选择含肥少的，并加以消毒处理。

（2）插条的选择与剪取：从幼龄和壮龄母株上选择插条，比从老年植株上选择成活率高，在同一棵母株上，选择上中部的枝条，比下部的枝条生长充实，成活率高；一二年生的枝条比老年枝条容易生根；节间短、腋芽饱满、枝叶粗壮、无病虫害的枝条最为优越。

把选好的枝条从着生叶子的下端平剪或斜剪下来。这个部位形成层活跃，养分积累较多，易于生根。向上最少要保留3个芽节，平栽。

（3）插条的处理：①一般插条应随剪随插，中间相隔时间越短越好，遇有特殊情况不能马上扦插时，可用湿布或塑料薄膜将枝条包好，减少水分蒸发。

②用素胶泥做成直径1厘米、长1.5厘米的枣形小球，把插条基部包起来，将泥球埋入盆土中4~5厘米，浇透水，加罩保湿。这样可减少因管理不善，插条失水造成的枯死，提高成活率。特别是对生根需要时间较长的米兰、桂花、山茶、杜鹃等花木，使用此法更为适宜。这种方法称为泥球插。

③在秋末冬初剪取落叶花木枝条，如没有条件扦插时，可把枝条剪好，绑成捆，埋入庭院房前屋后地下30厘米深处，明年早春扦插。

④仙人掌等多浆植物剪取的插穗，应放在通风处晾2~3天，等剪口干缩并形成保护膜后再扦插，否则易于腐烂。

⑤含水分较多的花卉，如天竺葵、夹竹桃、一品红等，将其插条下口蘸一些草木灰，可防止插后腐烂。或将剪取的枝条晾1~2天再插。

⑥物理处理：对于难生根的木本花卉，在剪取插条前，先对枝条进行环状剥皮，使养分积聚在环剥部位的上方，等扦插时可沿此处剪取，插后易于生根。

对月季、扶桑、炮红等花木的插条，为促使多生根，还可在插枝下部节间周围，用针扎眼数处，或用刀刺伤。

⑦其他处理：

高锰酸钾处理，用0.1%~1%高锰酸钾水溶液浸泡木本花卉的插条24小时，可提高生根发芽率。

蔗糖处理，用2%~10%的蔗糖水溶液对插条浸泡24小时（草本植物可稍低），用清水冲洗后扦插。

维生素 B_{12} 处理，将插条的下口在维生素 B_{12} 针剂中蘸一下（医用针剂原液即可），取出经一两分钟使插条吸进药液后再插入土中，有促进产生愈伤组织和生根的效果。

生长素处理，园艺生产上，为促进扦插苗生根，常用吲哚乙酸、吲哚丁酸、萘乙酸等植物激素，对插条进行处理，其溶液使用浓度为 50～500 毫克/千克，家庭养花使用较少，不再详述。

2. 盆插和地插

（1）盆插（箱插）：家庭养花不以生产为目的者，一般繁殖数量少，适合盆内扦插。新盆透水、透气性能好，病菌感染少。如用旧盆要洗涮干净，并应消毒，或在日光下充分暴晒几天。用盆大小应根据插苗的多少来选择。花盆太小，水分蒸发快，不易管理。一般用口径 20 厘米以上的花盆。扦插多浆植物可选用浅盆。

花盆选好后，将排水孔盖上瓦块。

如用一般壤土，盆的下部应先放 3 厘米左右的粗沙做渗水层。如用排水良好的基质，可直接填入盆内，使用前要加水将基质潮湿。振动几下花盆，再用手轻轻将基质压实。用小木棍、竹棍等插好眼，然后将插条插入盆中 3～5 厘米，随手将插条四周的基质摁实，然后喷透水，这是保证插条成活的重要环节。

多数花卉插后需加罩，保持较高的湿度。开始放在阴处，以后逐渐见光。深筒花盆可盖玻璃，一般花盆可罩塑料袋。为了管理方便，扦插几棵小苗可用玻璃瓶、玻璃杯、烧杯、塑料袋作罩。还可将使用过的酒瓶（不耐热的）加工。方法是：取一段直径 0.32 厘米（10 号）的铅丝，根据瓶子的直径弯曲成钳形夹子。加热钳形夹子的圆形部分，待烧红后，立即卡在瓶子要截断的部位，20 秒钟后取走钳形夹，把瓶子马上浸在冷水里，瓶子就在受热处裂开。

（2）地插：根据扦插数量多少，选庭院地势较高向阳处，挖一长方形小池，深 30 厘米。有条件者，四周用新砖砌起，底部加 10 厘米厚的粗沙或炉灰作渗水层，上加扦插基质。插完后，盖塑料薄膜，并应盖竹帘遮光。为了增加池内空间，有利扦插苗的呼吸，可用竹片、竹竿等做成弓形架，上覆塑料薄膜，将四周密封。为了管理方便，最好用木料、玻璃制作一个无底的扦插箱。大小根据需要自定。箱内保温、保湿、透光，活动窗用于开关、通气。

　　无论盆插和地插，在管理上均要注意以下几点。

　　①插后浇透水，扦插基质的含水量应达 50% 左右。扦插初期基质含水量应多些，有助于愈伤组织的形成。半月左右，当愈伤组织形成后，浇水量应逐渐减少，以利发根。这时如水分过多，不利生根，甚至造成腐烂。扦插苗要求较大的空气湿度，一般相对湿度 90% 以上为宜。为达此目的，需对插床加罩保湿（仙人掌类除外）。

　　②要注意通风换气。当愈伤组织及新根发生时，呼吸作用加强，需氧较多，新根形成后要求供给更多的氧气。因此，每天应换气 1~2 次，每次 1~2 小时。

　　③扦插苗生根的温度与其生长发育要求的温度大体一致或稍高，多数花卉的嫩枝扦插需要 20~25℃，热带植物生根要求 25~30℃ 以上，耐寒花木稍低。华北地区在家养条件下，多数花卉宜在春夏扦插。秋插生根后，冬季将临，不利小苗生长。

　　④硬枝扦插开始可置于阴凉处，半月后逐渐见光。嫩枝扦插（一般带少量叶片）需要弱光照射（即遮光 2/3 以上），使扦插苗进行光合作用和制造生长素，可促进插条生根。

　　⑤扦插苗一般在一两个月内即可上盆移栽，以每株生有 3~5 条新且长达 3 厘米左右时上盆为宜。特别是插在蛭石、珍珠岩等基质里的幼苗，不及时移栽常常出现锈根，幼根由白色变成铁锈色，并易老化。

嫁接繁殖

　　嫁接繁殖是将一株植物的枝条或芽，接到另一株带有根系的植物上，使该枝条或芽接受它的营养，并发育成一株独立植株的方法。这个枝或芽叫接穗（俗称"码子"），带原根承受接穗的植株叫砧木（俗称"母子"）。

　　在花卉繁殖中采用嫁接的方法，主要有如下几个目的：第一，保持优良品种的特性。接穗一般是优良品种，实生繁殖常退化，如柑橘类；第二，提前开花结果。实生苗繁殖达到发育成熟期时间太长；第三，一株多花。如在一棵月季上，嫁接不同花色的品种，一棵月季可同时开放几种花色，十分美观；第四，有些没有叶绿素的植物，自己不能独立生活，如仙人球中的红、黄、白色等各种球，必须靠砧木供给养料，才能生长发育，传种接代。

　　砧木一般是野生种或实生苗，根系发达，生长健壮，把优良品种嫁接其上，能使植株生长发育旺盛。

　　嫁接繁殖的方法很多，最常用的方法有如下四种。

　　(1) 枝接法：枝接花木，华北地区多在发芽前的 3~4 月份，树液刚开始流动时进行。嫁接时，先将砧木在距地面 5 厘米左右处剪断，选择较平滑的一面，用刀将砧木自上向下切 3 厘米深的切口。剪取接穗至少保留 2~3 个芽，上口要高于最上一个芽 0.5 厘米，以保护芽子不致被碰伤，下口在最下一个芽子的下边至少 3 厘米处，然后将接穗下部 3 厘米的两面削成鸭嘴状，插入砧木切口中。成活的关键：①接穗侧面；②接穗正面；③切砧是使砧木与接穗的形成层对；④插入接穗；⑤绑缚和埋土准。用塑料薄膜条捆紧，然后用湿土埋上即可。

　　(2) 芽接法：芽接在 6~9 月均可进行。嫁接时先将接穗枝条上的叶片剪掉，但要保留叶柄，然后在芽的上方 1 厘米处横切一刀，再从芽的下方 1 厘米处向上平削。削下后，把皮层内的木质部：①削芽；②砧木开口；③插芽；④绑缚剥掉，含在嘴里。把砧木下部的泥土擦净，距地面 5 厘米处横切一刀，长 1 厘米，深达木质部。再从切口中间向下纵切一刀，长 1.5 厘米，使成 "T" 字形，然后轻轻把皮剥开，将接穗插入 "T" 形口内。

　　芽片要居中，使芽片的上端与砧木横刀口处紧密对合。最后用塑料薄膜条扎紧，使叶柄露在外面即可。接后 7~10 天可进行检查，如果叶柄用手一触即落，说明接活了，如果叶柄不落或芽已干枯，说明接芽已死，可立即补接。接芽成活后，当年不剪去砧木的上部，以免幼芽萌动，遭受冻害。待第二年早春树液开始流动后，自接口上方 2 厘米处，将砧木顶部剪去，以促接芽萌发成新的植株。为了避免接芽当年萌发，可适当推迟芽接的时间，石家庄市一般在处暑至白露间进行芽接，各地可按气候条件，因地制宜。

　　(3) 靠接法：

　　靠接主要用来繁殖其他方法不易成活的花卉。靠接时期在树液流动期间均可进行：①削接穗和砧木；②捆绑但以 6~7 月份最好。这种方法是砧木不去头、接穗不剪离母体，在砧木和接穗将要靠接的枝条上，各削一个大小相同的接口，长 2~3 厘米，互相对准形成层，如粗细不一，至少要把一侧的形成层对准。

　　然后用塑料薄膜条扎紧，并尽量包严，不使雨水灌入其中即可。

　　(4) 平接法：一般用于仙人掌类嫁接。嫁接时间以气温达 18~25℃时最为适宜。在室内，春、夏、秋三季均可进行，但7~8月份气温炎热多雨，易造成霉烂。华北地区仍以4~6月份最佳，9~10月也可。

嫁接时在适当高度将砧木做水平横切，一定要削去生长点，这是关系到成败的关键之一。然后把接穗的底部也做水平横切，把砧木和接穗的髓心对准，用线或塑料薄膜条将其纵向捆绑，松紧要适度，小球宜松，大球可稍紧，使两个切口密切接合，5~10天即可愈合。

第三章　花卉的日常管理

　　要想把花养好，就必须了解各种花卉的生长发育规律以及花卉对环境条件的要求。各种花卉由于原产地不同，它们的生长习性各异，后面要逐一介绍。这里重点介绍花卉栽培管理的基础知识。

土壤和培养土

　　1. 土壤质地分类

　　土壤质地是指土壤的物理性状，即土壤的沙性、黏性程度。根据土壤沙黏程度，一般将土壤分为沙土、黏土和壤土三大类。

　　（1）沙土类：土粒间隙大，土壤养分少，通气和渗水性能好，保水保肥性能差。

　　（2）黏土类：土粒间隙小，通气和排水性能差，湿则泥泞，干则板结，但保水保肥能力强。

　　（3）壤土类：兼有沙土和黏土的优点，克服了二者的缺点。通气透水性能好，保水、保肥能力强，适合植物生长。

　　2. 土壤的酸碱度

　　土壤溶液中存在着少量的氢离子（H^+）和氢氧根离子（OH^-），其数量多少决定着土壤的酸碱度。华北地区，特别是河北省的土壤多为弱碱性土；南方的土壤多为弱酸性土和酸性土。一般用 pH 值来表示土壤的酸碱度。pH 值共分 14 级，等于 7 为中性土，大于 7 为碱性土，小于 7 为酸性土。一般对土壤的酸碱性划分为 6 级：

　　pH3.0~4.5 强酸性土；

　　pH4.6~5.6 酸性土；

　　pH5.5~6.5 弱酸性土；

　　pH6.5~7.5 中性土；

　　pH7.5~8.5 碱性土；

pH8.5~9.5 强碱性土。

在家庭条件下，可用 pH 试纸，测定土壤的酸碱度。方法是：把土壤加水稀释，震荡片刻，待土粒沉淀后，用试纸蘸一下，取出，试纸原为橘黄色，变蓝则为碱性土，变红则为酸性土，并可从试纸附带的色谱中，查出土壤具体的酸碱度。

多数观赏花卉适应的土壤酸碱度在 pH5.5~7.0，长期生长在北方的花卉，对碱性土适应性较强，但 pH 值一般不宜超过 8，而长期生长在南方的花卉，则要求 pH4.5~6.5 的酸性和弱酸性土壤。因此，像杜鹃、山茶花、栀子等，在北方碱性土壤中生长不良，少则一二年，多则三四年即死去。

3. 改变土壤酸碱度的方法

（1）降低土壤酸度的方法：在花卉栽培中，为了满足中性和碱性花卉对土壤的要求，常采取施用石灰的办法。石灰，一般分为三种，即生石灰（氧化钙）、熟石灰（氢氧化钙）和石灰石（主要成分是碳酸钙）。生石灰和熟石灰宜用于黏土，石灰石宜用于沙土。施用量可根据需要而定，一般每立方米土加生石灰 0.25~0.5 千克即可。家庭养花，改良土壤数量少，也可用添加石灰石小块或石灰墙屑改良。

（2）降低土壤碱度的方法：我国北方的土壤，多数呈中性或碱性。为了满足酸性花卉对土壤的需要，必须对土壤进行改良。现将适合家庭养花用的几种方法简介如下。

①每立方米培养土，加硫黄粉 0.5~1 千克，可使碱性土变为中性或弱酸性。硫黄粉见效慢，但持续时间较长。使用量少时，口径 30 厘米的花盆，加 1 羹匙硫黄即可。

②每立方米培养土，加硫酸铝（白矾）0.5~0.75 千克，可使中性土变为弱酸性土。盆栽花卉也可定期浇灌 1:50 的白矾水溶液。

③用 1:200 的硫酸亚铁（黑矾）水溶液浇花，每 7~10 天 1 次，冬季可 15~20 天 1 次。黑矾见效快，并且其中所含亚铁离子有促进叶绿素形成的作用，浇后可使花卉枝叶浓绿。家庭如养有柑橘、茉莉、米兰、杜鹃、山茶等酸性花木，可购买 0.5~1 千克黑矾。使用方法：除配制水溶液外，也可 10 天左右，每盆花加黑矾一小捏（1~2 克），浇水 0.5~1 千克。

4. 培养土

盆栽花卉长期生活在容积很小的盆中，要求培养土肥沃，疏松、排水和透气性能良好，持水保肥能力强。因此，土壤配制的好坏，是花卉生长发育好坏的关键因素之一。家庭养花者多居住在城镇，就地很难找到现成的适合花卉生长的土壤。因此，需要就地取材，自己动手配制。常用的配制材料如下，可根据条件，选择其中一部分或大部分使用。

（1）园田土：又称黄土，是栽培作物的熟土，多团粒结构，是排水通气性能较好的土壤。

（2）堆肥：将垃圾、落叶、杂草、家禽及家畜粪便、人粪尿等加黄土，堆积发酵，充分腐熟，至少经过一年才能使用。堆肥含有较多的腐殖质和矿物质，一般呈中性反应。

（3）厩肥：是牲畜粪尿、垫料和饲料残余的混合物，含有多种有机质和氮、磷、钾等养分，一般呈中性或弱酸性。肥效迟缓而持久，能改良盆内土壤物理结构和化学性能。一般作基肥，栽培大量花卉时常使用。

（4）马粪土：将马粪密封发酵，充分腐熟，然后与沙土按 2∶3 混合，捣碎，即可使用。马粪土含腐殖质较多，通气、持水性能好，一般呈中性或弱酸性反应，适合多数花卉生长发育的需要。马粪比牛粪黏性小，透气性强，这是马粪的突出特点（羊粪也具有类似的优点）。

（5）腐叶土：秋天收集一些树叶，倒入坑内，同时分层加土和家禽、人畜粪便，以及洗涮鱼、肉的残渣剩水，用土密封，保持湿润，经过一年即可使用。腐叶土具有丰富的腐殖质，偏酸性，物理性能良好，土质疏松，通透性能好，又保肥保水。

（6）旧盆土：也称"还魂土"，是倒盆后的废土，需经夏天雨淋，腐熟后再用。

除上述几种土外，调制培养土常用的原材料还有河沙、炉灰末、素沙土以及蛭石、珍珠岩、膨体砂等。

为了防除来自土壤中的病虫害，盆栽花卉用土要经过消毒处理。消毒办法参看花卉繁殖部分的播种用土及其处理内容。

肥料的种类及作用

1. 肥料的种类及作用

植物在其生长发育过程中，不断地从周围环境中摄取营养成分，供自身生长发育的需要。植物从土壤中吸收的营养元素主要有氮、磷、钾、硫、钙、镁、氯、硼、锰、铜、锌、铁、钼、钴等。硼、锰、铜、锌、铁、钼、钴 7 种元素在植物体内的含量只占万分之几到十万分之几，叫作微量元素。但每种元素有其独特的作用，缺一不可。除氮、磷、钾 3 种元素需量较多而土壤供应不足外，其他元素只要注意培养土中多加有机肥，一般不需另外施用。现将氮、磷、钾3种营养成分在花卉生长发育中的作用及其肥料来源介绍如下。

（1）氮肥

①氮在植物营养中的作用：氮是蛋白质的主要成分，蛋白质是构成植物体最基本的物质，氮又是叶绿素的重要组成成分。氮肥供应充足，细胞分裂块，增长迅速，枝叶茂盛，根系发达。在缺氮情况下，生长受阻，叶小，叶色变黄，茎细弱。但是，氮肥施用过量，则又将延迟开花结果，使茎叶徒长。所以使用氮肥要掌握适时、适量。

多数花卉在幼苗期和春季生长期需要氮肥量较多。观叶花卉在整个生长期都需要较多的氮肥，使之能在较长的时期中保持美观的叶丛。观花、观果花卉，在进入生殖阶段，氮肥不宜过多，否则将延迟花期，氮肥太多，常常造成不能开花和结果。

②含氮肥料：在有机肥料中，人粪尿、厩肥、堆肥均是偏氮的完全肥料。各种饼肥，更是以氮为主的肥料。

饼肥中的氮、磷多以有机状态存在，必须经腐熟分解为无机状态后，才能被植物吸收利用。饼肥发酵时产生的有机酸伤害幼根。因此未发酵的饼肥不宜和种子或幼根接触。饼肥是家庭养花常用的肥料，它既可作基肥，也可作追肥，可将腐熟的饼肥掺在土中作基肥。作追肥时可施于盆土表层，或浸泡成液肥浇灌。

在无机肥料中，目前常用的氮素化肥有碳酸氢铵、硫酸铵、氯化铵、硝酸铵、尿素及氨水。在花卉栽培中，可作追肥施用。对水100～200倍浇灌，肥效一般保持10～20天。

（2）磷肥

①磷在植物营养中的作用：磷是构成植物细胞核和原生质的原料。磷肥供应充足，能促进种子发芽，增强茎和根系的发育，促分蘖、分枝，以及缩短生育期，提早开花结果。在缺磷情况下，细胞的分裂与增殖受到强烈抑制，生长迟缓，影响生殖器官的形成和花芽分化，降低花卉对病虫害的抵抗力。

观花、观果的花卉，在整个生长发育期均需磷肥，特别是进入生殖阶段后，对磷肥的需要量更多。磷肥对球根花卉的开花及球根的充实尤为重要。但磷肥过多，常造成植株早衰。

②含磷肥料：上述讲到的有机肥料中，均含有一定数量的磷，但以动

物骨骼中含磷较多。鱼刺、鱼鳞、淘米水中也含有一定数量的磷。

骨粉在花卉栽培中常作基肥使用。家庭养花，可把骨头砸碎，分层施在盆中作基肥；也可用水浸泡作追肥。但煮熟的骨头如含有盐分，应先用清水浸泡、冲洗后，方可使用。

在无机肥料中，常用的磷肥有磷酸二氢钾、过磷酸钙、钙镁磷肥、磷矿粉等。

磷酸二氢钾、过磷酸钙是水溶性磷肥，适用于大多数土壤，作追肥。过磷酸钙也可作基肥。钙镁磷肥、磷矿粉属于难溶性磷肥，在酸性土壤中施用，才能较好的发挥肥效。磷肥在土壤中移动性小，分层施用，效果较好。

（3）钾肥

①钾在植物营养中的作用：钾与氮、磷等营养元素不同，它不参加植物体内有机物的组成，在植物体内常以离子状态存在，移动性很大。钾有活化酶的作用，能促进光合作用的进行，有利于糖类、淀粉及蛋白质的合成，对球根花卉的发育有极好的作用。钾还能提高植物体内纤维素的含量，因而钾肥可使根系发达，茎枝粗壮，花色鲜艳，抗病虫害、抗寒性增强。缺钾时，花卉茎秆细弱，生长受到抑制。严重缺钾时，叶尖、叶缘枯焦，叶片皱曲，下部叶片常出现病斑，老叶叶缘卷曲，呈褐色，下部叶片和老叶易脱落。钾肥过量，能影响植物对其他营养元素，如钙、镁的吸收利用。

②含钾肥料：有机肥料中均含有一定数量的钾，以草木灰中含钾较多。常用的无机钾肥，主要有硫酸钾和氯化钾。

钾肥可作基肥和追肥：草木灰属于碱性肥料，施用时忌与酸性肥料混合。土壤施用硫酸钾和氯化钾后，均呈生理酸性。

有机肥，特别是厩肥、堆肥、饼肥和骨粉中，均含较多的钾，所以在上述有机肥料供应充足时，一般可不再单独施用钾肥。

综上所述，各种肥料对花卉的生长发育，具有独特的作用。因此，在花卉栽培中，不能单独强调某种肥料的重要性，而要综合考虑，配合使用，才能取得良好效果。

2. 矾肥水的配制方法

（1）肥水：根据养花多少和放置地方的大小，选适宜的小缸一个，把碎骨头，饼肥，鸡、鸭、鱼、兔的头、蹄、内脏，豆浆和各种发霉变质的米、面、豆类及馒头、剩饭等加水放入缸内，用塑料布密封，放置日光下（无光也可）曝晒，发酵1个月，即可腐熟。取其清液对水5～10倍，即可作追肥使用。适用于所有盆栽花卉。

（2）矾肥水的配制方法：在一小缸肥水中（按 25 千克计算）加黑矾 150～200 克，即得矾肥水。使用时对水 5～10 倍。黑矾易溶于水，使用一段时间后要不断添加黑矾。长期浇灌矾肥水，可使北方中性或碱性土呈弱酸性，适合由南方移植的多数花卉生长的需要。

3．新型盆花肥料

为适应室内养花发展的需要，近年来许多地方研制并生产了盆花专用肥料，它的最大优点是克服了使用有机肥料所产生的臭气，适合家庭养花施用。各地花卉门市部常有出售，可根据需要选用。

（1）片状肥料：有全元素片肥、促花片肥和促叶片肥三种。

①全元素片肥：含有按适当比例混合的各种营养元素，除氮、磷、钾外，还有微量元素，适合于一般花卉生长和发育的需要。

②促花片肥：以磷、钾为主，可促进花蕾形成，增大花朵，延长花期，抑制徒长，适用于观花和观果花卉。不能与促叶片肥同时使用。

③促叶片肥：以氮素为主，适用于幼苗植株和观叶花卉。

上述 3 种片肥，目前也有制成粉剂出售的。

（2）腐殖酸类肥料：以含腐殖酸较多的草炭等为基质，加适当比例的各种营养元素制成的有机、无机混合肥料。其特点是肥效缓慢，性质柔和，呈弱酸性，适用于多种花卉，对喜酸性花卉更为适宜。

4．施肥注意事项

（1）要根据花卉生长发育的需要施肥：苗期要多施含氮肥料，进入花芽分化期和开花结果期要控制氮肥的施用，多施磷肥。如花芽分化期仍施用过量的氮肥，影响花芽的形成，使花卉不开花或少开花；在花期如施用氮肥过量，则会造成花蕾脱落；幼果期氮肥过量，常出现落果现象。

春、夏季节，花卉生长迅速、旺盛，可多施肥，除施底肥外，一般每隔 7～10 天追施稀薄液肥 1 次；立秋后，一般花卉长势渐弱，可 15～20 天追施 1 次；冬季处于休眠状态的花卉，停止施肥。（2）施肥要适量，不可太多：盆栽花卉对各种肥料的需要量有限，如施用饼肥作基肥，口径 20 厘米的花盆不宜超过 20～30 克（即半两左右），口径 30 厘米的花盆施用量不宜超过 40～50 克（即 1 两左右），草本花卉宜更少些。化肥作追肥施用时，应先用水稀释，适宜的浓度为0.3%～0.5%，过磷酸钙因含量低，追肥浓度可达 2%～3%。

各种肥料如施用量较多，浓度太大，不仅不能被植物吸收，相反还会把植物体内的细胞液倒吸出来，轻者使叶子变黄、脱落，重者造成整株死亡。施肥过量，是目前家庭养花中普遍存在的问题之一。许多人想多施肥，使花卉迅速生长，结果适得其反，这种教训应引起初学养花者的充分注意。在对施肥量没有把握时，宁可少施，不要多施。

（3）要施熟肥，不要施生肥：无论作基肥，还是作追肥，均要经过发酵，充分腐熟。施用生肥常带来两种危害：生肥遇水发酵，在发酵过程中，产生高温和有机酸，伤害根系，特别易使幼根和根毛遭受危害，而根毛区正是根系吸收水分和养料的最活跃部分，施用生肥还常常导致病虫危害。因此，不应随便把变质的鸡蛋、肉类、馒头、牛奶等施于花盆表土。如限于条件，需要施用少量生肥，应注意两点：一是要把生肥磨碎；二是不要与根系接触并用表土掩埋。

花卉的浇水

1. 水在植物生活中的作用

水是植物生长发育过程中不可缺少的物质。水在植物生命活动中起着重要作用，一般植物的含水量占植物鲜重的 75% ~ 80%，只有在含水量充足的情况下，才能保持植株挺立，枝叶伸展。在植物的生理活动中，水既是光合作用的重要原料，又是植物一切生化反应的介质和运送无机盐和有机物的溶剂。因此，在花卉栽培中，浇水是一件最经常、最主要的管理工作。

2. 盆栽花卉对水质的要求

盆花最好用软水浇灌，因为硬水中所含的钙、镁等无机盐，常给花卉正常的生理活动带来危害。雨水、河水、湖水、塘水称软水，含矿物质少，一般呈弱酸性或中性，适合浇花。但北方城镇居民不易取得。目前常用的是自来水和深井水，这两种水多为硬水，一些城市的自来水，经消毒处理后，含有氯离子，对花卉生长不利。如有条件，应将自来水导入缸内存放 1 ~ 2 天再用。不同植物对水的酸碱度有不同要求。大多数原产南方的花卉，在碱性条件下，正常的生理活动受到障碍，以致衰老死亡。例如茶花、杜鹃、白兰等，对土和水的酸碱度反应就很敏感，在花卉栽培管理工作中，仍可应用黑矾和食醋改变水的酸碱度，每 5 千克水加黑矾 20 ~ 50 克或食醋 2 ~ 3 羹匙。如经常浇矾肥水，则不必在水中另加黑矾和食醋。

3. 盆栽花卉浇水需注意的问题

（1）水的温度：浇水温度与当时的气温、土温相差不要太大。如果突然浇灌温差较大的水，根系及土壤的温度突然下降或升高，会使根系正常的生理活动受到障碍，减弱水分吸收，发生生理干旱。因此，夏季忌在中午浇水，以早、晚浇水为宜。冬季则宜在中午浇水。冬季自来水的温度常低于室温，使用时可加些温水，使其高于室温5℃左右，可增加盆内温度，有利于花卉生长。

（2）浇水量：判断植物的需水量，要在实践中逐步摸索，找出规律。真正掌握好浇水量，要有丰富的实践经验才行。总的要求是，一般花卉要掌握"见湿见干"，木本花卉和仙人掌类要掌握"干透浇透"的原则。就一般情况而言，同一种花卉，幼苗期应适当多浇水，夏季生长旺盛，蒸发量大，应多浇水，秋冬少浇水。在室内可每隔2～3天浇1次水，在室外则应每天浇1次水。华北地区，每年4～6月份常遭干热风的侵袭，应注意增加浇水次数和浇水量。

不同品种的花卉，浇水量要区别对待，一般草本花卉比木本花卉需水量大，浇水宜多；原产热带潮湿地区的花卉比原产干旱地区的花卉需水量大；叶片大、质地柔软、光滑无毛的花卉，蒸发多，需水量大；而叶片小、革质的花卉需水较少。总之，要根据盆花对水分的需要，做到适时、适量，不干不浇，浇必浇透。

（3）浇水的方式：多数花卉喜欢喷浇，喷水能降低气温，增加小环境的湿度，减少植物蒸发，冲洗叶面灰尘、污物，提高光合作用的效率。经常喷浇的花卉，枝叶洁净，可提高观赏价值。但盛开的花朵和嫩芽及毛茸较多的花卉，不宜喷水。家庭养花可视条件而异，没有喷壶，也可直接浇灌盆面，但应定期用手洒水，冲洗叶面。

（4）扣水：是在花卉生长发育期，采取少浇水的办法，使枝梢尖端和叶片发生萎蔫，控制营养生长，促进形成花芽的一项技术措施。

在形态学上，花芽与叶芽是同源的，植物的生长点分化成叶芽还是花芽，主要决定植物本身的条件。在我国传统的技术栽培中，常用"扣水"的方法控制营养生长，促使多形成花芽。如碧桃、梅花，在其花芽形成的7～8月份，可连续扣水4～5次。柑橘类也常采用扣水的办法，促使形成花芽。观果花卉，除了在花芽分化期采取"扣水"措施外，开花期和坐果初期，都可适当"扣水"，以提高坐果率。但开花期和坐果初期的"扣水"，要比促使花芽分化时的"扣水"轻些，否则，过于干旱，易造成落花、落果。

（5）萎蔫花卉的抢救：业余养花，由于管理不善和一时疏忽，往往造成盆栽花卉的萎蔫。究其原因，有两种情况：由于土壤缺水而造成的萎蔫，叫作永久萎蔫；由于空气过于干燥而造成的萎蔫叫作暂时萎蔫。对暂时萎蔫，主要通过向地面和叶面喷水的办法解决，或适当遮阴，减少蒸发。对永久性萎蔫，主要是补充土壤水分。值得注意的是，对因土壤缺水造成的严重萎蔫，在浇水时必须逐渐增加浇水量。这是因为当植物萎蔫时，根毛已经遭到了损害，吸水能力降低，只有形成新根毛，才能恢复原来的吸水能力。同时，萎蔫使细胞失水，若供应水分骤然增多，会使细胞壁和原生质发生质壁分离的现象。因此，植物干旱后，突然浇大量的水，也会引起死亡。

栽植和换盆

1. 栽植

有两种含意，一是指将繁殖的各种苗木，如扦插苗、实生苗上盆培养，二是指花卉的移栽。

栽植花卉应先准备好花盆和培养土。培养土可用园田土、腐叶土、马粪土与河沙配制。新栽种的苗木一般不施基肥，等换盆时再施基肥。盆的大小要按花苗的大小选定。新盆栽种前用水浸透，旧盆使用前应洗刷干净，最好暴晒 3~5 天，然后再用。栽植时，选合适的瓦块将盆底排水孔盖上，使其渗水而不漏土，然后在盆底放粗沙、碎石、炉灰渣等 1~2 厘米，作为排水层，其上放培养土适量。将需要栽植的花卉放在适中的位置，左手持苗，右手继续添加培养土。露根苗上盆，栽植时要使根系舒展，不要使很多根卷曲在一处；带土台的苗上盆，尽量不要使土台散碎。在填土过程中，要不断振动花盆，使土与根系密切接触，防止填土不严，出现孔洞。

加土接近盆沿时停止，将盆土蹾实，再用手轻轻把上摁实，使盆面呈倒锅底形，即中间稍高，周围稍底。根据花盆大小和花卉需水的多少，留下 2~3 厘米的沿口（盆土表面至盆沿的距离），浇透水，放在阴处。以后要注意喷水，过几天逐渐见光。

移植花卉宜在春季。冬季室温一般较低，不利根系恢复；夏季天气炎热，植物蒸发量大，影响成活，同时易造成根系腐烂。移栽的花卉，如根系损伤严重，应用园田土或素沙土，不要含肥太多，以免引起烂根，影响成活。

移植花卉，不要埋得过深或过浅，盆土也不要填得过满。

小苗长大要换盆，分株繁殖、根部发现病虫害或土壤缺乏营养等，都要换盆。因此，换盆在花卉栽培中是一项经常性的工作。一般宿根草花每年换盆 1~2 次，木本花卉每年 1 次，少数品种如山茶、杜鹃、含笑等可 2~3 年换盆 1 次。适宜季节为清明至立夏。

（1）花苗的取出：从盆中取小苗时，左手将盆面盖住，把花卉枝干夹在指缝间，将盆倒置，用右手拍击盆底及盆壁，植株即可带盆土脱出。

中等大小的花盆，可俩人操作，也可一人两手端着花盆，向前侧方伸出，然后使盆底朝下落在不太硬的土地上，使盆受到震动。经过几次震动，盆土与盆壁脱离，即可脱出。

大盆栽植的花木，可将盆横倒，用绳将枝干捆起，两手扶住，用脚轻轻地踢盆的周围，使盆土与盆壁分离，将花卉脱出盆外。

对少数既怕伤害根系又怕损坏树冠的花卉，如培养 4~5 年以上的大棵蟹爪兰，则可把盆砸碎。

（2）去宿土和修根：从盆中取出的植株，有的直接上盆栽种，有的需要去掉部分宿土并对根系进行修剪。可用竹签、尖铲除去土球上部、四周和底部的宿土，尤其要注意去掉土球中心部位的宿土。根系在那里往往分布较少。修根要视花卉品种和根系多少而定。须根多的，要去掉一部分，剪去腐烂根、死根和老根。对于不宜伤害根系的花卉，只用竹签剔去宿土即可。

（3）上盆栽种：去宿土和修根后即可上盆，具体操作过程和注意事项与前面介绍过的栽植同。但也有两点不同：一是肥量和腐殖质的含量应增多；二是要施用一定量的基肥。具体用量将在各种花卉的栽培管理中介绍。

修剪和整形

1. 修剪和整形的目的

（1）造成一定的树形：各种花卉在自然状态下有其自己的形态特征和生长特性，如任其自然生长，树冠常常紊乱而郁闭，枝条分布不均，主枝、侧枝从属关系不明显。在花卉栽培中，人们常根据需要与可能，把花卉修剪成不同的树形。如常把黄杨、冬青修剪成球形；把迎春、紫薇修成自然垂枝形；把牡丹、月季、茉莉等修剪成丛生灌木形；将扶桑、夹竹桃等修剪成有明显树干的小乔木形。一品红、碧桃等在生长期要多次整形，作弯，使枝条分布匀称。金莲花、蔓生天竺葵，常常绑扎成扇面形等。

（2）调整营养生长与生殖生长之间的关系，提早开花结果：根据花卉的生长习性和长势强弱，进行适当的疏剪和短截，能使各类枝条均衡发展，防止树势过旺或过弱，使之年年抽生较旺的新梢和形成足够的开花结果枝，达到花枝繁茂、花朵硕大、结果累累的目的。修剪的时期不同，对开花结果影响很大，要引起特别注意。凡是春季开花的品种，如梅花、碧桃等，其花芽大都在头年生的枝条上形成。因此，冬季不宜重剪，一般只剪除无花芽的枝梢。花后，根据树形进行一般修剪或强度修剪，促其萌发新梢，形成花芽。在当年生枝条上开花结果的品种，如月季、扶桑等，可在休眠期重剪，促其萌发粗壮的枝条，开花繁茂。

（3）改善花卉内部通风见光条件，促其生长健壮：自然生长的花卉往往枝条密生，通风透光不良，植株生长不壮。对没有留用价值的交叉枝、徒长枝、密生枝、病枯枝应及时剪除，促使花卉生长健壮。

2. 修剪和整形的方法

（1）短截：就是把较长的枝条剪短。其主要作用是刺激侧芽的萌发，抽生更多的新梢，增加开花的枝数和朵数。茉莉、月季等开花后均要及时短截。

（2）疏剪：主要是剪去树冠上生长过密的交叉枝、重叠枝、徒长枝、病虫枝、干枝、衰老枝以及其他影响树形的枝条。

（3）缩剪：是指在多年生枝的基部，留2～3个侧枝或芽，而将顶枝剪除。对树冠下部出现光秃现象或生长过高的植株，为了复壮树势，降低高度，使株形圆满，开花整齐，常进行缩剪。

（4）摘心：在花卉生长中，摘去枝梢尖端的生长点，叫作摘心。幼龄花卉摘心后，可促其抽生侧枝，加速树冠扩大，使其早日成株，提前开花结果。开花结果树摘心后，可以调节生长势，促使花芽分化。

（5）摘叶：当叶片过多，过密时，可摘去一部分，控制营养生长，改善通风透光条件，有利花芽形成。如八仙花和天竺葵，叶片较大，当老叶遮住顶梢时，影响开花，应予摘除。影响腋芽萌发的叶子也要摘除，如茉莉花在春天如不摘除老叶，新芽就萌发得迟缓而影响开花。对于植株基部的老叶、黄叶也要及时摘除，保持株形美观。

（6）剥芽：是指将发生的芽，由基部剥除。在花木的基部或干上常有不定芽发生，如不及时摘除，不仅浪费养分，而且扰乱树形，应及早剥除。

（7）剥蕾：是指由发生花蕾的地方将其剥除。幼龄花木、长势太弱的花木，为了减少养料消耗，促其营养生长，常剥去全部或大部分花蕾。一些花型大的品种，为了使养分集中，促其花朵硕大，常将过多的花蕾除掉。如菊花、月季、大丽花等常剥去一些花蕾。观果花卉，剥蕾和摘除部分幼果，可使果实长得更大，如柑橘类常剥去部分花蕾和幼果。

（8）修根：多在移植和换盆时进行。实生苗移栽时剪断过长的主根，有利侧根的发生和生长。换盆时如遇死根、腐烂根应剪掉。过多的侧根、须根以及冗长的根均应剪除一些。

（9）整形：花卉的整形，包括设立支架、捆绑结扎、定向引诱等工作。通过整形，可使花卉的枝条分布合理，茎干固定，改善通风、透光条件，有利花卉的生长；通过整姿造形，还可使其按照个人的爱好，定向发展，提高观赏价值。整形常用的材料有竹竿、竹片、树枝、铅丝、线绳等，整形的姿势可按照个人的意愿和花卉的生长习性选定。

3. 修剪和整形的注意事项

修剪前要先看清花卉生长、开花、结果情况，然后决定修剪方法和修剪程度，做到"先看，后查，再剪"。如修剪过重，行之不当，幼龄花卉则不能迅速扩大树冠，成形较晚，推迟开花、结果；成年植株则会刺激主枝基部的潜伏芽大量萌发，消耗养料，推迟花期。修剪时要从大到小，先去大枝，然后修剪小枝。操作要细致，防止碰伤和撕裂树皮，不要留下一段残枝，要使切口与枝条分枝基部相平。短截时，还要注意芽的位置，一般选留外侧芽，不留内侧芽，剪口顶部要高出留芽 0.2～0.3 厘米。

整形要适时。太早，枝条过嫩，不便操作；太晚，枝条硬化，不易造形。要根据花卉的不同生长习性，早作整形规划，适时动手整形。

防治病虫害

为了满足业余养花的需要，各种分散小型包装的农药在花卉商店常有出售。同时，一些科研或生产单位已试制出一些适合家庭使用的盆花杀虫、灭菌药剂，为家庭养花防治病虫害提供了方便。现将常见的几种病虫害及其防治办法介绍如下：

1. 立枯病

又叫猝倒病，常危害幼苗。病菌自根茎部侵入，受害处呈褐色病斑，表皮坏死，发病后，很短时间内全株倒伏、死亡。立枯病受真菌危害，靠土壤传播。当土温达 20℃ 以上，湿度又大时，容易发病。

防治方法：播种前对土壤进行消毒，量少可用锅蒸、炒，量多可用 4%

的福尔马林或 2% 黑矾浇灌土壤，1 周后再播种。

2. 白粉病

是最常见的一种病害，危害月季、瓜叶菊、大丽花、倒挂金钟等多种花卉的叶子、嫩枝，直至整株。当气温达 18～30℃ 时，在湿度较大而又通风不良的地方易得此病。被害植株首先在叶片上出现黄点，然后长白毛，造成叶片内卷。

防治方法：

①注意通风，控制湿度，加强光照，可防止白粉病发生。

②发病前喷 1% 等量式波尔多液（配法附后）预防。

③刚发病时要及时摘去病叶，烧掉，并将病株隔离观察。

④发病后仍可喷 1% 等量式波尔多液，防止病情发展，或喷加水 500～1000 倍托布津或多菌灵除治。

附：波尔多液的配制方法。取硫酸铜 1 克，加温水 50 毫升溶化，再取生石灰（氧化钙）1 克（要块状的，其粉化物为氢氧化钙），先滴水少量，使之粉化，然后加水 50 毫升，滤去渣子。这时再取一个容器，将两种溶液同时倒入，并要随倒随搅，直至成为天蓝色的透明液体，即可喷用。喷时要把叶背、叶面、枝条全部喷上。

3. 煤烟病

危害茶花、柑橘、夹竹桃等大部分盆栽花卉。得病后导致花卉的枝叶及果实枯萎。初期叶表面出现暗褐色霉斑，逐渐扩大，形成黑色煤烟状霉层。煤烟病多在高湿条件下，伴随介壳虫、蚜虫的危害而发生。

防治方法：

①通风透光，降低室内湿度。

②首先防治介壳虫、蚜虫，则可杜绝煤烟病的滋生。

③用清水冲洗受害部位。

④喷等量式波尔多液或加水 500～1000 倍多菌灵。

⑤喷加水 100 倍硫酸铜或 500 倍高锰酸钾。

4. 黄化病

又叫缺绿病。它与以上三种病害有所不同，不属病菌侵染，而是由于营养失调引起的病态。在华北地区种植的酸性花木，如山茶、栀子、白兰花等，由于北方土壤及水质中含碱成分较多，使土壤中原来能为植物吸收利用的铁离子，变为不能吸收的铁盐，造成土壤中生理缺铁而发生黄化病，使植物的光合作用受阻，最后导致死亡。

防治方法：

①从南方引进的酸性花木，栽培时应用酸性土壤。

②浇水时，夏季尽量用雨水，使用自来水，可加 0.2% 的白矾或黑矾，或每隔 7~10 天浇 1 次 2%~3% 的矾水。

③经常浇灌矾肥水（配制方法见"肥料的种类及作用"部分）。

5. 蚜虫

蚜虫是最常见的害虫，几乎危害所有的花卉，往往群集于花卉的幼嫩枝叶上，吸取营养，致使叶面卷曲、枯黄。蚜虫的排泄物有蜜露，又成为一些病菌的培养基，常招引蚂蚁，传染其他病害。

防治方法：

①经常查看花卉的枝叶，发现后，少量时，可用手捕捉。

②喷加水 1000~2000 倍乐果（梅花、碧桃不能使用乐果，易造成早期落叶。）

6. 红蜘蛛

体形小，红色，肉眼可以看到，在高温条件下生长最旺，常在叶下结网、掩体，危害多种花卉，以 6~8 月最盛，受害叶片变黄，严重时落叶，日久全株枯黄，甚至死亡。

防治方法：

①经常检查花卉，尤其是叶子的背面，及时发现害虫，若叶片发黄才发现，则为时已晚，打药也不易挽救被害叶片。

②增加湿度和适当通风，可减少红蜘蛛的滋生。

③喷加水 1500~2000 倍乐果（梅花、碧桃除外），或 1500~2000 倍敌敌畏。

7. 线虫

线状，白色，体形小，肉眼看不清楚，主要在土壤中危害花卉的根、球根、鳞茎以及扦插的插条。受害植株生长衰弱，根部出现瘤状物，甚至腐烂，受到侵害的插条常腐烂死亡。

防治方法：

①盆土用锅蒸、炒消毒。

②用加水 1500~2000 倍乐果或敌敌畏浇入土中。

8. 粉虱

粉虱又称"小白蛾"，近年来，在石家庄、北京等地活动猖獗，多种花卉遭受危害。其幼虫、成虫均可吮吸植株的叶片组织。严重时叶片枯死、脱落，它的排泄物又常导致煤烟病的发生。

防治方法：

①用加水 1000 倍乐果喷杀（梅花、碧桃除外）。

②喷加水 1000～1500 倍敌敌畏。

为了彻底将其消灭，可每隔 7～10 天喷药 1 次，连续 3～5 次。

9. 介壳虫种类繁多，危害多种花卉，受害植株生长缓慢，枝叶枯黄。介壳虫排泄糖液和蜡质，堵塞叶面气孔，因而又常带来煤烟病。介壳虫是一种非常难以除治的害虫，在家庭条件下，不易使用剧毒农药，因而防治方法以人工捕杀为主。

介壳虫常危害木本花卉的枝叶和果实，应注意经常检查。

10. 蚯蚓

在农业生产上，蚯蚓有疏松土壤的作用，但在盆栽花卉中，由于它的频繁活动，常使根系受到损害，不利于花卉的生长发育。

防治方法：

①一经发现，立即捕杀。

②用加水 1500～2000 倍乐果浇灌，每周 1～2 次，连续 4～5 次。

③诱杀。夏季，在傍晚将马粪盖在盆土的表面 2～3 厘米，第二天清晨，迅速把马粪倒出，将潜入其中的蚯蚓杀掉，连续数次，可将大部诱杀。

11. 家养盆花防治虫害的简易办法

蚜虫、红蜘蛛、粉虱（小白蛾）等几种害虫，在华北地区极为普遍，特别是在一些中小城镇，由于受街道树木虫害的蔓延和市郊农业环境的影响，许多盆栽花卉一年多次发生蚜虫、红蜘蛛危害。而一般家庭又没有园艺生产上所具备的药械。现介绍几种比较简易的防治虫害的办法，可根据家庭情况采用。

①取烟叶或烟梗 10 克，加水 1 千克，煮沸，用其清液可喷杀蚜虫、红蜘蛛等害虫。

②夹竹桃全株有毒，将其枝叶切碎，加水煮沸半小时，滤液可以喷杀蚜虫、粉虱，也可以浇入盆内防治根蛆、线虫等地下害虫。

③用干辣椒 20 克，加水 1 千克煮沸，用其清液可喷杀红蜘蛛、蚜虫、粉虱等害虫。

④把臭椿叶子剪碎，加水 10～15 倍，煮沸 1 小时，将其滤液灌入喷雾器内，可以喷杀蚜虫。

⑤取一根小木棍，一端捆上小棉球，蘸敌敌畏药液，将另一端插在受害植株的盆中，害虫很快会被杀死。如果虫害比较严重，再用一个塑料袋

把花盆套上，经4~5小时，害虫会被熏死。

⑥如果有数棵花卉同时遭受虫害，可在夜间将受害盆花，搬到厕所、卫生间等处，把门窗关闭，向地面滴洒敌敌畏药液。一夜时间，害虫会被熏死。

⑦将洗衣粉加水1000~1200倍，可以用来防治蚜虫、红蜘蛛、粉虱、介壳虫等多种害虫。

⑧如果家中备有卫生用喷雾器，一般装水量约125毫升（即1/4斤）。用来喷杀害虫时，每次滴入药液2~3滴，浓度为0.1%左右。如防治效果不好，可增加药液的含量，由2~3滴增至4~5滴。

木本花卉

1. 梅花

【繁殖及栽培】

（1）繁殖：梅花繁殖主要采用嫁接方法，也可用扦插、播种。播种法只在培养砧木和培养品种时才采用。扦插繁殖成活率一般只有20%~30%，也不常采用。

嫁接方法可在春季发芽前进行，用切接或腹接法。秋分前后进行腹接也可。接穗选用一年生健壮枝条，去顶掐尾用枝条的中、上部，在砧木离地面4~5厘米处剪断并进行枝接，接后培土高出接穗2~3厘米。经过月余进行检查，并清除砧木上萌发的芽，接活后不要过早扒平培土，以免碰落接穗而造成新芽被风吹折。

梅花嫁接法还可于7~8月间进行芽接，选取充实饱满的芽作接芽。芽接高度一般宜靠砧木基部6~7厘米处。枝条下垂的品种，接位较高，在砧木的30~40厘米长处。芽接后10天检查，凡叶柄一触即落或已经脱落，接芽绿色，则证明已经成活。

嫁接常用的砧木，可用桃、李、杏、实生梅（梅种子播种后生长的苗）。桃砧耐干旱忌积水；杏砧能使花色添浓；李砧耐水湿，短期受渍不至死亡，但根际多萌蘖，管理麻烦。

（2）栽培：

①土壤：盆栽宜选用疏松肥沃的沙质壤土掺些腐熟饼肥。在春季选择将近花期的植株趁新叶未展时带土球上盆。

②浇水：梅花喜湿怕涝，对水分要求较高。对于梅树来说，从花芽分

化到来年花蕾开放期间，遇干旱应适当浇水，保持土壤湿润，促进花芽顺利生长。落叶后，若不太干燥则不必浇水，但隆冬和初春花期比其他落叶休眠类花木生长的土壤要稍湿润些，不宜过分干旱。

盆栽梅花对水分反应较敏感，过湿过干都会影响根系生长，引起落叶和花芽发育不良。盆梅异常落叶，多半是由于浇水不当，而主要又是浇水过多引起。较为合理的浇水方法是：早春换盆时浇透水一次，4月出室后，见盆土表面干了浇透水一次，不干则不浇。夏天每日浇两次水并于傍晚在盆周围地面洒水，提高空气湿度。约到6月底，当新枝条长到20~25厘米时，须适当"扣水"（即不浇水），等嫩梢出现萎蔫时再浇六七成水，如此反复，即能控制新梢伸长，促进花芽分化。入秋以后，天气渐凉，适当减少浇水量，一般每隔1~2天浇1次透水。冬季严格控制浇水，到初春绽蕾前，适当增加浇水量。

梅花盆景管理要求较高，平时盆土切忌过湿，以免积水烂根，造成桩头枯萎死亡。常给叶面和干枝喷洒水雾，对衰老桩景有护叶养根，延年益寿的作用。

梅花用水最好是雨水。如果是自来水，应贮存1~2天，让氯气挥发再用。

③施肥：梅花不喜肥。但对于盆栽植株，由于根系受到限制，除春季上盆和换盆要施加底肥外，生长期内应追施1~2次肥，主要是腐熟的薄液肥。秋季孕蕾期要停施氮肥，增施少量速效磷肥。

④修剪：梅花萌芽力强，易抽枝，故不注意修剪整形会使树姿杂乱，而且梅花是在当年生新梢上形成花芽，而长枝一般花芽很少，故应及时修剪。修剪通常在花后进行，树势强的或幼龄树，要轻剪；树势弱或老梅桩要重剪。从枝条上讲，强枝宜轻剪，弱枝宜重剪；而病虫枝、徒长技、纤弱枝、重叠枝、枯枝等，应随时剪去。将开过花的主、侧枝适当疏删，再将主枝上的侧枝留2~3个芽后短截。入秋再将生有花芽的短枝适当剪短，着生叶芽的长枝留5~6个叶芽剪去上部。一般一株留3~5个主枝，使长短、高矮、疏密相间适宜。

盆梅还可加工成"梅桩"，即取一株梅的老根，使老根老干上长出新枝，枝上开花。做梅桩须对梅株进行重度修剪，修剪以"疏、敧、曲"而又不矫揉造作为要，必要时用刀切，用棕丝扎，铁丝缠等。

【病虫害防治】

虫害主要是梅毛虫、桃蚜、刺蛾类、天牛类、介壳虫、红蜘蛛等，要及时防治。桃蚜可用6%可湿性六六六200~250倍液或三硫磷3000~4000倍液，或1000倍敌敌畏。

2. 玉兰

【繁殖及栽培】

(1) 繁殖：嫁接、压条、扦插、播种法均可。其中以嫁接繁殖为主。用木兰作砧木，芽接宜在9月。扦插，夏季取嫩枝扦插，插后遮阴，覆盖塑料薄膜，经常保持土壤湿润。播种育苗，于9月下旬种子成熟时采种，脱粒后即播。也可用草木灰洗擦除去其外种皮后沙藏；或将采得种子先分层埋于土中，20天后取出，用水洗净、晾干后沙藏，到春季播种。

(2) 栽培：小苗成活后，移栽宜在春季萌芽前或秋季落叶后进行，栽时挖穴施足基肥。中小苗要注意保护原有根系，多带宿土，大苗带土球，用草包扎好再运输。苗栽好后，土要压紧，并浇足水，以后保持湿润。玉兰喜肥，所以每年冬季要挖穴，施有机肥，如骨粉、厩肥、腐熟的堆肥、饼肥等。花后萌芽抽枝发叶期间要施1~2次氮肥，促进当年枝叶生长良好。初夏再施一次磷肥，促进夏末多孕花芽。

如果盆栽，应勤施肥水，每两年换盆一次。

玉兰枝条不多，一般不用修剪，但作观赏用不留种的，可于花谢后，将花柄剪去，以免浪费体内养分。另外当树势衰老，开花稀少时，可用修剪进行复壮。具体做法是在刚发叶时，将生长不良的枝条从基部剪去，然后在与树冠外围等距的地面开一圈沟，施肥，浇水，促使发新枝。如新枝过多，可进行整形修剪，择优保留，约再过2~3年，便可正常开花。

3. 山茶

【繁殖及栽培】

(1) 繁殖：山茶繁殖主要以扦插为主，一般是枝条扦插。一些名贵品种可用叶片扦插法。

①枝条扦插法：选10厘米左右长的粗壮、叶子完整、无病害的当年生半成熟枝，扦插时间以6月最好，土壤选山泥或园田土，最好灭菌。先用筷子或木棍在盆土上打孔，土面以上长2厘米，留两个叶片，其余8厘米插入土中。压实浇水，遮阴，一点也不能晒太阳，注意通风，保持土壤湿润，到10月份以后，渐渐可以不遮阴。

②叶片扦插法：以山泥拌入1/3的河沙为基质，在梅雨季节，可取一年生无病害、完整的叶片为材料，太老不易生根，太嫩又易腐烂，入土深约2厘米。插后压紧土壤，浇足水，置于阴凉通风处。

山茶还可用种子繁殖。在3月选定易结果实的山茶花作母本,人工授粉,于冬天采种,3月插于山泥中,喷足水,萌发很快。

有时可以用嫁接繁殖,2月选一二年生枝条作接穗,多用劈接方法,以山茶实生苗或扦插苗作砧木,将砧木离地5厘米左右截去,然后通过中心劈开1.5厘米左右,将接穗基部削成楔形,插入对准形成层,然后用塑料带绑扎,置于庇荫处即可。

(2)栽培:

①上盆:山茶盆栽以选透气、排水较好的瓦盆为好,盆大小要与苗大小相配,选用微酸性、疏松、肥沃、排水良好的盆土,一般是以山泥为主。上盆时间宜在11月或早春2~3月,盆底应垫碎瓦片,先将孔眼挡去一半,再用另一瓦片斜搭在第一瓦片上,上面再多垫上2~3片,若用紫砂盆,最好堆放粗沙砾,厚度达盆高的1/3左右,然后填入部分粗土,将苗植于盆中,根要舒展,再用细土填塞至满盆,轻轻摇盆。上好盆后,浇透水,以盆底渗出水为准,并注意保持湿润。两个月后可恢复正常管理。

每隔1~2年要翻盆加土1次,盆底垫以牛、羊角屑或骨粉及腐熟有机肥作基肥,夏季适当追液肥数次。

②浇水:土壤宜保持湿润,如果太干而板结,对山茶生育不利,太湿易烂根。浇水要注意水质,忌用含盐、碱的水浇灌。最好用贮存的雨水浇灌,或在水中加入0.1%黑矾(硫酸亚铁)以改变水质。夏季炎热,除注意遮阴外,最好在植株叶片及附近的地面多洒些水,以保持空气湿润,北方冬季干旱宜在近中午气温较高时浇水,以防结冰。

③施肥:山茶从花蕾形成到开花,一般需要经过10个月左右的时间,在这个时期内,如果养分不足,不但很难形成花蕾,而且即使有了花蕾也易枯萎、脱落。但是茶花不耐肥,不宜多施浓肥。基肥最好采用有机肥料,如碎豆饼、鱼骨粉以及经过发酵的鱼内脏、畜粪等,施时要晒干、捣碎与土混合使用。追肥一般应用稀薄液肥,绝不能施未经发酵腐熟的生粪。追肥原则:4月花谢以后,施以氮为主的液肥,10天左右1次,共1~2次。5月起,山茶开始育蕾,施氮磷结合且以磷为主的肥料,半月1次,共1~2次。9~10月施1~2次稀磷肥,可促进花蕾进一步生长。平时在叶片发黄时也应适当追肥,至叶片呈深绿色,可停施。

④其他:为使山茶多开花,还应注意一些细节。春季枝叶开始生长时要摘去残花。8月前后,要检查花蕾是否过多,过多了要进一步疏蕾,减少养分消耗。一般可在枝头留1个蕾为宜。一般情况下,山茶不加修剪,只需

剪去病枝、弱枝、过密枝、徒长枝。

【病虫害防治】

山茶易被红蜘蛛和多种介壳虫危害，一般是由于家庭盆栽山茶受环境限制，通风不良引起的。比如：吹绵介壳虫，取下消灭即可。糠片介壳虫一般用十万分之一肥皂水或50%氧化乐果喷洒。若叶片间出现黑斑，往往因多湿，不通风及施氮肥过多引起，可用波尔多液或多菌灵防治，注意排水与施肥，除去被害叶并烧毁。此外，若盆土碱性增加，也会引起山茶叶子发黄。因此，可在施有机肥时掺入少量硫酸亚铁，用水稀释后施用，一般施 2~3 次后叶子可返青变绿。

4. 迎春

【繁殖及栽培】

（1）繁殖：多用扦插，也可用分株、压条繁殖。扦插在春、夏、秋都可进行。剪取当年生枝条，每枝 20 厘米，入土 1/3，浇水遮阴，约 10 天可生根。压条可随时进行，选好枝条堆土压住即可。分株一般在花后进行，也可在翻盆换土时进行。由于迎春生长力极强，常在节间有气生根，所以繁殖容易。

（2）栽培：迎春栽培简易，冬季开花前和春季花谢后，分别施 1~2 次肥料即可。

栽培迎春主要是要管理好枝条。自春至初夏，迎春枝条生长极旺，枝条常因下垂着地而极易生根，造成紊乱，因此要精心修剪，剪去过老枝条。基部萌蘖过多也应适当拔除，使养分集中，以免上部枝条衰弱。盆栽时，在夏季把枝条提起，适当捆缚于各种支架上，既可使不匍地生根，又可保持株形整齐。秋后进行整形修剪，每条留 7~10 厘米，以使来年树冠美观，叶绿花繁。

5. 瑞香

【繁殖及栽培】

（1）繁殖：通常采用压条和扦插繁殖，也可播种繁殖。

①压条繁殖：先将母株四周腾出一定的空地，再以每株为中心，挖掘多条深约 10 厘米的小沟。沿沟压条，注意压枝下沟时，一定不要硬折。防止压枝移动，可用钩或其他物具固定，然后盖上松土。保持土壤湿润，新根群长出后，切离母株，另行栽植。

②扦插繁殖：一般在春季瑞香发芽前或 8~9 月进行。取健壮的两年生枝条或较老的当年生枝条作插穗，长度 10 厘米左右，带 4~5 叶，剪去下部

叶子，需随剪随插，栽培土一般用沙质壤土，插条插入土内 1/2，注意保持半阴和稍湿润，3 周左右可发根。

（2）栽培：

①土壤：选择土层深厚，排水良好的酸性沙质土壤。

②浇水：浇水时注意干透再浇透，不要过分湿润。

③施肥：瑞香移植后可施以基肥，但不宜过多，忌施人粪尿。一般 6 ~ 7 月可施 1 ~ 2 次追肥，冬季适当施基肥。

④其他：瑞香为避免阳光直射，在冬季又能晒到阳光，常常采用与落叶乔、灌木混植。移栽时间以春季开花期或梅雨季节为宜。瑞香移栽往往在幼年期进行，因为其根系稀少，成年树不耐移植。瑞香耐修剪，一般在发芽前可将密生小枝修剪掉，以利通风透光，但花芽形成后不能再行修剪。

6. 结香

【繁殖及栽培】

（1）繁殖：繁殖用扦插及分株繁殖，以分株为主。扦插可在 2 ~ 3 月或 6 ~ 7 月进行。选粗壮枝条取长 12 ~ 20 厘米，插入土中 1/2，常规管理，易成活。分株可在春季萌动之前进行。

（2）栽培：因结香喜阴，宜栽于树阴下或墙角边。管理粗放，作一般养护管理即可。

7. 杜鹃

【繁殖及栽培】

（1）繁殖：可采用扦插、压条、嫁接等法，以扦插为主。扦插宜于 6 月及 9 ~ 10 月最好，特别以梅雨季节为主。插穗选用当年萌发的半熟嫩枝为好，长度 10 厘米，留上部 5 ~ 6 片叶，基部用利刀削成马蹄形，切忌捏伤基部绒毛。按 5 ~ 6 厘米间距插入土中，插时宜稍倾斜，插入穗长 1/3 或 1/2，揿实土壤，浇透水，最初 1 周需遮双层帘子，多喷水，1 周后，减低遮阴程度，使其稍透光，也可减少喷水。两周后可使其在晨夕多见阳光，一般 30 天可生根。

（2）栽培：杜鹃一般用盆栽，管理方法较细致。

①盆土：野生杜鹃多生长在腐叶土层较厚的半阴东北面山坡上，根系发达而纤细。家庭栽培的杜鹃要适合这种特性。盆土要求排水良好，富含有机质而呈酸性的疏松土壤。如土壤偏碱，可用 0.1% 硫酸亚铁水溶液浇灌土壤，使土壤 pH 值在 6.0 左右为好。花盆宜选瓦盆（排水透气良好），盆底垫一层较粗的石砾以利排水。1 年翻盆 1 次，翻盆时将老根稍加修剪，上

盆后即浇水。

②浇水：杜鹃喜湿，空气相对湿度在 70% ~ 90% 为宜。不宜过干，浇水时，水必须清洁，灌法因季节而异。冬季（12 ~ 2 月）在室内越冬，每隔 2 ~ 3 天，视盆土干燥情况适量浇水，保持盆土湿透，最好在上午 10 时至下午 3 时阳光下进行。春季水量稍多些，每天检查 1 次，盆土略干即行浇水，在花蕾显色时，每天至少浇 1 次水。5 月中旬以后，新枝叶已长大，需水量较多，应在每天早晨或傍晚浇水 1 次，水量要足；遇日照较强或风大的日子，见盆干即浇水，并在叶面、地面喷水。雨水多时注意清除盆内积水。夏季高温干燥，最好早晚各浇 1 次水，水量不宜过多，必要时中午在叶面和地面喷水，注意遮阴，入秋以后，浇水量减少，每晨浇水 1 次，保持湿润即可。

③施肥：杜鹃喜肥，但怕浓肥，一般应用腐熟的肥料（如经发酵的豆饼水、烂黄豆、烂花生米、鱼腥水等）。要适当稀释，忌用人粪尿。若要使用，必须腐熟并加入 0.2% 硫酸亚铁，使之呈酸性。三四月为促使枝叶和花蕾生长，每月施 2 ~ 3 次；5 月需肥最多，每月 3 ~ 4 次，施肥后，1 周内盆土宜保持潮润，不宜过干；春鹃在花凋谢后，摘去残花，再施以肥料，可以促使枝叶繁茂；6 ~ 8 月盛夏季节，杜鹃处于休眠状态，宜少施或停施；9 月下旬天气转凉，杜鹃进入秋季生长期，应每隔 10 天施 1 次含磷钾的液肥，促使植株生长和孕育花蕾；10 月以后一般停止施肥，否则会萌发嫩叶，一旦遇到寒流霜冻，新芽嫩枝受冻就会枯萎，严重时可导致死亡。

④其他：杜鹃萌发力强，一般在花后应进行整形修剪，剪去徒长枝、病弱枝、畸形枝。夏季适当摘心。花后，残花连蒂摘除，以保证新芽萌生，促夏枝茂盛。

【病虫害防治】

一般情况下杜鹃的病虫害并不严重，最常见的是军配虫和白绢病危害。为了预防可于 11 ~ 2 月喷波尔多液 2 ~ 3 次。有害虫可以翻盆捕捉或以茶子粕浸水，以浸出液浇于盆土。

8. 海棠

【繁殖及栽培】

（1）繁殖：海棠可用分株、压条、嫁接、扦插、播种等法繁殖。播种繁殖常易发生变异，不能保持原来品种的特性，故一般常用嫁接法繁殖。用野生苹果或圆叶海棠作砧木，也可用山荆子实生海棠、花红以及杜梨等作砧木。于早春 2 月将砧木移到室内。用切接法嫁接，成活率较高。早春萌芽前，自母树基部将根蘖切下，沾以泥浆移栽，易成活。也可在早春进行压条，将枝条弯下，于埋土部分刻伤树皮，埋土后注意经常浇水，保持土壤湿润，次春可与母株分割，成为新株移栽。

（2）栽培：落叶至春季发芽前移栽苗木。移栽时大苗必须带土，保持根系完整，可提高成活率，小苗可裸根，但最好也带土。施足基肥，生长期间多施几次液肥。经常保持土壤疏松肥沃。

9. 月季

【繁殖及栽培】

（1）繁殖：月季常用扦插和嫁接法繁殖。不易生根的品种，可用压条法繁殖。一些丛生品种，则可用分株法繁殖。

①扦插法：可分生长期扦插、冬季扦插和水插法3种。

生长期扦插：其法是在4~5月，9~10月份月季生长最好的季节进行，此时气温为20~25℃，扦插容易生根。四五月份梅雨季节，气候温暖、湿度较高，25天左右即可长出根系，秋季生根时间较长。

插穗宜选当年生长充实的开花枝，待花快谢时，剪去残花及花下第一片叶，等数天后，枝条养分得到补充，生长充实，叶节膨大后，于早晨带露水时剪取长约10厘米带有3~4个叶节的枝条作插穗。仅留上部两片复叶，其余叶片连叶柄全部剪去。留下的两片复叶最好也只留下基部两片小叶，以减少蒸腾作用。家庭扦插容器可用花盆或木箱，装入排水、通气良好的土壤，或黄沙、砻糠灰等。插穗剪下后，用筷子先于土中戳一孔，再把其插入孔中，插条间隔距离应以叶片互不遮阴为原则。插好后用细眼喷雾器浇透水，或用坐盆法，使水渗入土中。再用塑料薄膜或袋套好以保湿。将盆放于阴处，避免阳光直射，晚上揭开塑料袋以通气。盆土保持湿润，但水分不宜过多，以利土壤中有足够的空气，防止伤口霉烂。15天后逐渐增加阳光照射时间，以增加光合作用并促进发根。当新芽长出，老叶也不脱落时，说明插条已生根成活，可及时移栽。

冬季扦插：又称硬枝扦插，从月季落叶进入休眠期直到来年春天发芽前都可以进行。母本上健壮的枝条都可作插穗，同生长期扦插一样剪10厘米长的枝条，只是没有叶子，插后，浇透水，套上塑料袋，放于温暖向阳处，保暖、防干。到第二年春天插穗发芽时，揭去塑料袋，当幼叶长大并转绿时，下部根系长好后即可移栽。

水插法：月季水插以春秋两季较好，但只要室内温度合适，一年四季都可进行。温度（包括水温）以20~25℃最好，插穗宜选刚开过花的枝条，它们容易生根。

月季扦插除用枝条外，还可用芽插。春发新芽生长力强，用其做扦插材料容易成活，待新芽长到3~7厘米时采下，采时可轻轻用手掰下，也可用刀片从芽基部紧贴枝干切下，以长势粗壮、芽头饱满和主枝基部发出的新芽最好。采下后，用清水洗净，然后扦插，扦插土用素沙土，隔年培养土、园土等也可。插时先用竹签戳孔，将芽顺孔插入，深度为芽长的1/3，使其与土壤贴实，浇透水，用塑料薄膜罩好，防止风吹，但罩内湿度不宜过大，每天通气1~2次保持土壤潮湿，约2周后可发根，20天后可去掉薄膜，一个月后可上盆。

月季全光照扦插法：此法在整个扦插过程中，不用遮阴而给以充足的阳光照射，但此时插枝因无吸水器官——根系，吸水有困难，为使插枝能正常地进行生命活动，特别是光合作用，就要从叶面不断补充水分，经常喷水，使叶面形成一层水膜，既满足了叶肉细胞对水分的需要，又能降低叶片温度（因在阳光照射下，叶片温度会很快升高，高温会破坏植物的生命活动，植物以不断蒸腾作用来降低温度），以保证光合作用正常地进行，如果有喷雾装置就更好，即全光照喷雾扦插法，如没有喷雾条件，用勤喷水来解决，插后第1周，每隔半小时喷水1次，使叶面保持一层水膜，并使苗床空气湿度较高，1周后可每隔两小时喷水1次，并开始发根，3周后就可移栽，名贵月季和难生根月季1月后也可移栽。

②嫁接法：良种月季主要采用嫁接法，嫁接苗一般比扦插苗生长快，当年就可以育成粗壮的大株，开出该品种特有的花朵。但其缺点是寿命较短，5年左右就开始衰老，且常易萌发砧芽，嫁接技术也要求较高。嫁接前还需要培育好砧木。月季最常用的方法是芽接、切接和根接法。砧木常采用野蔷薇和十姊妹等。

芽接：芽接较方便，可用T字形方法，首先要培育好砧木，选枝条粗壮，根系发达的植株作砧木。每年5~10月进行。接前3天施1次液肥，芽接当天要浇适量水，在离地面3~5厘米处，选择光滑无节的茎段作T形切割，然后用芽接刀的角质薄片挑起皮层。接穗应选取优良品种的长开花枝，选其饱满的芽，保留叶柄作盾形切下，剔除木质部，然后插入砧木的T形切口内，用塑料带绑扎好，留出叶柄和芽。置于阴凉处，避免阳光直射。一星期后观察，如芽呈绿色，叶柄发黄，并用手轻触叶柄即会脱落，表示嫁接已成功。如果芽呈黑色，叶柄干枯，则表明已死亡。接活后的植株可给以阳光照射，并把砧木上发出的幼芽剥除，但砧木上的老叶要保留，使其光合作用制造的有机物提供给接穗芽。当新芽长到 15 ~ 20 厘米时，最好立支柱，防止新枝被风吹断。等此接穗芽全部木质化，并发第二次新芽时，可将砧木上的枝叶全部剪除，并解除绑扎的塑料带。

切接法：可在 11 月下旬至 2 月进行。嫁接时，掘出砧木，修剪掉过长的根，砧木的主枝留 10 ~ 15 厘米高，用利刃截断。接穗长 5 ~ 7 厘米，带 2 ~ 3 个壮芽，接时注意形成层要相互接合，置于 15 ~ 20℃ 下，伤口约 15 天即可愈合，约 20 天后可发根。要注意及时清除砧木上发出的嫩芽。

根接法：冬季可用根接法繁殖月季，其优点是不用培育砧木苗，且冬季为植株休眠期，嫁接时可避免因蒸腾失水过多而使接穗枯萎，并能把其放于室内较高的温度下，打破休眠，促进伤口早日愈合。根接时，首先将野蔷薇、十姊妹等作砧木的植株根部周围挖出一些粗壮的侧根，截成 8 ~ 10 厘米的一段作砧本用。再从月季的母株上剪取健壮、腋芽饱满的枝条作接穗，一般剪三节一段，在基部一节的下方的节间部位用利刀削成鸭嘴形切口，切口长 2 ~ 2.5 厘米，把已挖出的根洗净，用干布吸干后，从断面处由上向下切出一道切口，将接穗插入，使相互的形成层对齐，用塑料带绑扎。接好后的苗木接口要埋于素沙土中，保持湿润，上面塑料袋罩好，放于 15 ~ 20℃ 的温度下，约 20 天后，砧木的根段可长出新根，即可移植上盆。

（2）栽培：月季栽培，有盆栽和地栽两种。

①月季盆栽：

盆土：配制盆土应注意排水、通气及各种养分的搭配。每年越冬前宜翻盆、修根换土，盆逐年加大。盆以泥盆为最好，盆土可由园土、腐叶土、沙土适当混合，加少量腐熟干牛粪、菜饼、骨粉等。

浇水：月季浇水因季节而异。冬季休眠期保持土壤湿润，不干透就行。开春枝条萌发，枝叶生长，适当增加水量，每天早晨或日落浇 1 次水。月季生长旺季及开花期，枝叶旺盛，需水量增加，浇水量也需增多。夏季高温，水蒸发量大，植株处于虚弱半休眠状态，最忌干燥脱水，每天早晚应各浇 1 次水，避免在烈日下给月季浇水。每次水要浇足，直到少量水从盆底渗出为止。浇水时不要将水溅在叶上，以防止病害。

施肥：月季喜肥。基肥以迟效性的有机肥为主，如腐熟的牛粪、鸡粪、豆饼、骨粉等。每隔 1 周酌加液肥，能常保叶片肥厚深绿而有光泽。早春发芽前，可施 1 次较浓的液肥，如已萌发，开始长叶，则不宜施浓肥。5 月盛花期忌施肥，6 月花谢后，可施 1 次中等浓度液肥。9 月间第四次或第五次腋芽将发未发时，再施 1 次中等液肥，12 月休眠期施腐熟的有机肥越冬。

花农常说："月季施肥，三要浇，三不浇"，这话意思是：3 月迎春时要浇，9 月迎秋时要浇，12 月冬眠时要浇；发芽时不浇，开花时不浇，叶子上不浇。

其他：每开完一期花后必须进行一次全面修剪。一般宜轻度修剪，及时剪去开败的残花和细弱、交叉、重叠的枝条，留粗壮、年轻枝条，从基部起只留 3 ~ 5 厘米长，留外侧芽，修剪成自然开心形，以利通风、透光，又可促进多发新枝、新蕾，从而可达到控制生长，美化株形，延长花期。另外，盆栽月季首先要选择矮生多花且香气浓郁的品种。

②月季地栽：

种植密度：扦插小苗株行距 10 厘米至 20 厘米，嫁接小苗的株行距 20 厘米至 25 厘米，1 ~ 2 年生中苗，单行种植，株距 50 厘米，3 年以上大苗，单行种植，株距 70 ~ 100 厘米。

浇水：夏季干旱季节要浇足水分，保持土壤湿润，尤以孕蕾和开花期供水量不能缺少，雨季要及时排除积水。

施肥：平时经常除草。冬耕后可施人粪尿，让其渗入土中，也可撒上塘泥或腐熟的有机肥，然后翻入土中，也可开沟施菜籽饼、鱼粉等有机肥料。生长期要勤施追肥，花谢修剪后必须施追肥 1 ~ 2 次，最好用速效肥。高温干旱季节，尽量施用薄肥。10 月底施最后一次肥时，应多施磷钾肥，以增加植株抗性，抵御寒冷。

其他：月季的修剪，分夏季修剪和冬季修剪。夏季修剪主要剪除嫁接砧木的萌蘖枝，花后带叶剪除残花和疏去多余的花蕾。如不及时剪除残花，则会继续消耗养料，影响下一次开花。为使株形美观对长枝可剪去一半，中短枝剪去 1/3，在叶片上方 1 厘米处斜剪，有的人舍不得，仅剪去花柄或很少一点枝条，这样做，植株越长越高，枝条越长越细，花也越开越小。冬季修剪则随品种和栽培目的而异。修剪时不仅要留枝条，而且要注意株丛整体形态，大花品种宜留 4 ~ 6 枝，每枝在 30 ~ 45 厘米处选一侧生壮芽，剪去其上部枝条，蔓性和藤本品种则以疏去老枝，剪除弱枝、病枝和培养主干为原则。

另外，栽培地点必须阳光充足，干燥通风，排水良好并含有大量有机质的沙质土壤。

【病虫害防治】

月季主要病害有黑斑病、白粉病。可用多菌灵、代森铵、托布津等农药。月季主要虫害是蚜虫、红蜘蛛、甲壳虫、星天牛等，可用乐果或马拉硫磷等喷洒。

月季还会发生根癌病，是由于土壤中病原菌侵入根部，使其产生像核桃般的小球，叶子发黄、变小，生长开花受到影响。最好用利刀削掉病瘤，严重的应整株拔除烧毁，刀剪、土壤均应消毒，以防传染。

10. 蔷薇

【繁殖及栽培】

（1）繁殖：蔷薇以地栽为主，繁殖可用扦插、嫁接、压条、分株等法。

①扦插：此法极易生根，可在早春采硬枝扦插，也可在梅雨季节采当年生枝条插于露地苗床。枝条可于花后剪取，切取中、下部带 3 个芽一段。

②分株：于休眠期进行，以早春萌芽前为好。挖起全株，抖散株丛宿土，一枝一枝剪开。也可母株不动，将新株切开另行栽植。

③压条：于春季，选取去年健壮枝，每节用刀刻去一块皮，除先端露出土外，其余皆平压于土中。1 ~ 2 月后检查，若已发根，则先在近母株处将压条剪断一半，经 7 ~ 10 天后，再与母株全部剪断，再过几天可移栽。移栽时注意剪除部分新株枝叶以利成活。

（2）栽培：

地栽株一年施肥一次，不干可不浇水。盆栽株管理与月季相似。注意花后修剪，以剪去过密枝、枯枝和截短花枝为主，生长枝可适当留长以增加花量。

【病虫害防治】

高温时期不通风易得白粉病、煤烟病。

11. 玫瑰

【繁殖及栽培】

（1）繁殖：玫瑰可利用分株法或扦插法繁殖。主要用分株法。分株一般在休眠期，方法同蔷薇。扦插法请参考月季的扦插方法进行。

（2）栽培：玫瑰需肥沃且排水良好的土壤，pH8 ~ 8.5 为宜。地栽宜选向阳处。平时以土壤湿润为宜，忌积水，雨季做好排水工作。早春开花前施一次腐熟有机肥，则开花茂盛。每 7 ~ 8 年，于秋季齐根茎处重新修剪更新一次。其他栽培管理方法与月季相似。

12. 牡丹

【繁殖及栽培】

（1）繁殖：牡丹繁殖有播种、分株、嫁接及压条等法，通常以分株及嫁接为主。

①分株：一般在9月下旬到10月上旬进行，选用4~5年生的植株。先将叶子剪除，但要保护幼芽，然后将植株从土中挖出，阴干1~2天，待根发软后，再用利刃分离，每3~5个蘖芽分割为一株，下部须带2~3条根，伤口处涂以草木灰或硫黄粉、硫酸铜溶液防止病害。分株后立即上盆，盆土宜用沙质壤土加饼肥的混合土。盆要深些，宜选用桶式瓦盆，盆底用瓦片垫好排水孔，再铺上3~5厘米小石子，栽培时将根理直，过长可盘卷于盆内，待覆土一半时，可将植株轻轻向上提一提，使根与土壤密切接触，覆土到根茎，压实，浇水，置半阴处缓苗。结合分株可将比较粗、长的大根剪下，加工成中药材用。

②嫁接：牡丹虽然可以枝接，但通常多以牡丹根或芍药根进行根接。因牡丹根细而硬，嫁接不便，故多用芍药根作砧。供嫁接用的芍药根直径宜为1~2厘米，根接时间9~10月间，用切接法。先将芍药根砧阴干1~2天，或在太阳下稍晒一下，使其稍萎蔫而变软，不易断裂。接穗选取当年生光滑而节间短的枝，带1~2个芽为好。接后覆以细土或湿沙（高出顶芽9厘米左右），保持湿润。春天天气渐暖时，逐渐将松土耙去。嫁接3~5年，接穗下自生根长成时，即可进行移植并将芍药根除去。

（2）栽培：

①浇水：牡丹性喜湿润怕涝，因系肉质根，故不宜多浇水，尤其怕积水，易烂根落叶。合理浇水方法：早春牡丹出室后，先施1次液肥，然后浇透水，水渗入土后松土，保持盆土湿润，直至现蕾。如盆土过干则可浇1次小水，直到开花。当早品种开花后或晚品种开花时，可再浇1次透水，但水量不要太大，以后经常保持盆土见干见湿。立冬入室前需浇1次透水。夏季阴雨天，要及时排除盆内积水，以防烂根。

②施肥：基肥要足，定植时施入堆肥、饼肥、粪肥，肥上要盖土。追肥要控制，每年追肥3次，第一次在新梢迅速抽出，叶及花蕾正伸展之时，以施速效肥料为主；第二次在花后，以补充花后生长所需的养料，对以后的生长和花蕾的增多有很大影响，肥料以速效肥为主；第三次在秋冬，对增强春季的生长有重要作用，肥料以基肥为主。

③其他：牡丹应在花谢后进行一次整形修剪，剪除过多过密的新芽，截短过长枝，每株只保留5~8个充实健壮分布均匀的枝条，每个枝条上保留2个外侧花芽，其余的应全部剪除，避免枝叶过密影响开花。

因牡丹枝条很脆，极易折断，当花朵初开时，常因花头过重而致使枝条弯曲，故有设支柱的必要，一般用细竹扶持。花谢后将花梗剪去。

【病虫害防治】

牡丹主要病害有以下几种：

（1）叶斑病：叶片上产生紫褐色圆形小斑点，后逐渐扩展成不整齐形轮状环纹，最后长出霉状物。

（2）灰霉病：叶面产生褐色圆斑，并有不规则状环纹，天气潮湿时，病斑上长出灰色霉状物，花上形成褐色斑纹，蕾受害后不能开花。

（3）褐斑病：初期叶面上出现紫褐色小斑，而后扩大形成淡褐色至黑褐色的轮纹。

（4）锈病：牡丹开花时，叶面发生淡黄褐色小斑点，不久斑点内呈现橙黄色小脓疮，碎裂后散出橙黄色的粉末。牡丹生长后期叶被丛生纤细的毛状物。

（5）炭疽病：叶面出现圆形或不规则性黄褐色凹陷病斑。边缘呈紫褐色，病斑中央生有黑色小点。

（6）白绢病：此病发生在牡丹根颈部。初期在根颈部表面形成白色菌丝，并出现水渍状褐色病斑。后期在病斑上发出褐色菌核，这时植株地上部逐渐衰弱死亡。

上述几种病害的防治方法：

栽前用500倍70%托布津液浸渍根部10分钟，然后栽植。

发病后用400倍50%代森铵液浇灌根部，或用50%多菌灵800倍液喷雾。

牡丹的虫害不多，主要有蛴螬、介壳虫、卷叶蛾等。其中蛴螬危害较严重时，可用5%辛硫磷颗粒剂均匀撒施于土表，然后翻入土中（约20厘米）防治效果良好。

【用途】

牡丹花大色艳、富丽堂皇、芳香宜人，可谓姿、色、香兼备，观赏价值较高，素有"国色天香"之誉。孤植或丛植于庭院，或盆栽观赏，也可用于切花。牡丹根可加工为中药"丹皮"，有清热凉血，活血化瘀功效。

13. 石榴

【繁殖及栽培】

（1）繁殖：可用扦插、压条、分株、播种等法。

①扦插：常用此法，清明后，梅雨季节最好。取健壮的嫩枝，长10～15厘米，插入土中5厘米左右。浇水后保持湿润，盆插的置于半阴处，约经1个月可生根。约3年后开花结果。

②播种：多用于果石榴，将外种皮洗净后阴干，沙藏到来年3月播种。一般5年后才能开花结果。

③压条：早春芽萌动前可进行，夏季生根后割离，次年春季萌芽前移植。也可在夏末压条，半年后可生根。次年春天将其分割并移植。用此法繁殖生长快，一年可生长2米左右。2～3年后结果。

④分株：可在春季4月芽萌动后进行，用丛生状老株分株繁殖，或挖掘根部的萌蘖（带须根）另行栽植，成活率高。

（2）栽培：石榴成活后管理粗放，移栽常在春季萌芽前进行，土壤宜用肥沃、疏松、中性偏碱的土壤。沙壤土更好。

①浇水：土壤湿度以保持半干半湿为宜，忌积水。花期尤其不要水多，以免引起落花。花瓣要避免沾水，否则易腐烂。

②施肥：石榴喜肥，无论地栽或盆栽，均要施足基肥，每年冬季尚需施有机肥1次。盆栽时每1～2年翻盆1次。在发叶、开花前和落花后都要施1～2次腐熟的豆饼或人粪尿稀释的液肥，花后以施磷钾肥为主。施肥次数看植株长势而灵活掌握。

③修剪和整形：石榴枝条萌蘖性强，树形易杂乱，既影响美观，又影响通风透光，造成生长不良，所以要重视修剪工作。石榴的枝条一般可分为3类：一类是营养枝，其顶端为刺而无顶芽，生长势稍强；顶端具簇生叶而具顶芽的生长势很弱，如果营养条件好，其顶芽可于明年成为开花枝，营养条件不良时，则形成叶芽。第二类为结果枝，为生长停止较早的春梢或夏梢，枝条较短而粗壮，其顶芽或近顶端的侧芽于次年形成开花的新梢。第三类为徒长枝，长势极盛，其上、中部可发生两次枝或三次枝。可以根据整形的需要，及时短截或去除徒长枝，适当保留营养枝，去除过密枝及衰老枝。

石榴整形可有多种形式，如单干圆头形树冠、多干丛状形树冠以及矮化性平头形树冠。

花石榴花后应及时剪去残花，约3年进行一次更新，将老枝缩短，剪掉3年前发的枝，促其另发新枝，则可使枝旺、花多。果石榴着果后也要适当疏果，以使营养调配得当，果大而不落。

14. 含笑

【繁殖及栽培】

（1）繁殖：可用扦插、压条、嫁接等方法。扦插法以花后6月中旬采半木质化嫩枝为材料。压条法在生长期都可以进行，一般用高空压条法。

嫁接多于3月中、下旬,以"木笔"或野木兰作砧木,成活率也很高。

(2) 栽培:

①浇水:含笑虽喜阴湿环境,但因根多肉质,浇水太多,会造成烂根或引起病虫害。所以要注意控制温度,注意防雨涝,生长旺期水分偏多些,冬季休眠宜偏干些。

②施肥:在花蕾形成前和花谢后,均应各施2~3次氮磷结合的肥料,平日每隔10天,择晴日施1次稀薄液肥。

③其他:含笑宜置于朝阳处,最好是在棚架、树荫等下面接受散射光照射。

15. 丁香

【繁殖及栽培】

(1) 繁殖:可用播种、扦插、压条、分株和嫁接法。一般常用扦插和嫁接法。

①播种:每年8~9月采种,连果序剪下,晒干脱粒,密封贮藏。2月份拌以温沙催芽,3月份播种。覆土1厘米左右,保持土壤湿润,即可出苗。

②嫁接:可用女贞及水蜡树和流苏作砧木。在3月上旬丁香的芽尚未萌动时进行。如欲培养成高干乔木型,可用高接法,距地1.5米处进行高接。高接后两年,枝条就很茂盛了,注意随时剪除砧木上萌发的枝叶。

(2) 栽培:苗木移栽宜在落叶休眠期进行,中、小苗要带宿土,大苗需带土球。移植前先将枝干短截修剪。在成长的过程中,注意剪除病枝、枯枝、弱枝,疏剪分枝及蘖枝,以调整树姿并促进通风透光。如不留种子,在花后及时剪除花序,以减少养分消耗。冬季在树冠边缘下的地面上开穴,施有机肥。春夏季生长期也要适当施肥,以促来年花繁叶茂。

16. 樱花

【繁殖及栽培】

一般用嫁接繁殖。春季用枝接,以樱桃苗作砧本,成活率高。播种也可,种子采收后应沙藏,否则易失去发芽力。

栽培管理粗放,只需经常保持土壤湿润,冬季施以有机肥,生长期适当追肥即可。

17. 米兰

【繁殖及栽培】

(1) 繁殖:米兰繁殖比较困难,一般采用空中压条法或扦插法。有条件可在夏季用全光照喷雾扦插法，成活率较高。

①空中压条法：可在春夏季进行；从一二年生枝条中选茎周长2~5厘米的枝条，在离开分枝点6~9厘米部位环状剥皮1~2厘米宽，用黄土和成稀泥，涂在剥皮部分，或包上保水性能好的山泥或苔藓，再用塑料薄膜包好，经常保持湿透，约2个月生根后，可以从母株切取盆栽。

②扦插法：此法在高湿、高温条件下，生根整齐，成活率高。插穗宜在枝条停止生长后，再次抽生新枝时选取。这时枝条内养分充足，组织内水分比嫩枝少，扦插时不易腐烂。采条适期的标志是枝端叶片质厚、色绿、腋芽饱满。一般取一年生枝条，长8~10厘米，先端保留2~3片叶，其余剪去。插穗基质以通气好、排水好，又有一定持水能力的蛭石或河沙为好。插条生根快慢与土壤温度很有关系。土温高，生根快，但叶片蒸发快，所以空气湿度要大些，保持在85%以上，同时注意遮阴。

（2）栽培：

①浇水：浇水量多少要视天气和植株生长健弱情况而定，一般说来，晴天气温高时浇多些，阴天气温低时少浇点，雨天不浇。米兰虽喜湿润但不能过湿，若浇水，则一般应掌握当盆土干得发白时再浇，浇水一定要浇透，以盆底有少量水流出为标准。开花期间，浇水量要适当减少，否则花蕾、花朵易脱落，秋后天气转凉要控制浇水。夏季干燥，为了达到湿润目的，可每天日落后喷水于叶面及地面。若发生大量脱叶，是浇水太多所致，可脱盆将植株土球周围土去掉1/3，并剔除烂根，剪去枝条1/2，再栽入盆中，并罩上塑料袋保持湿润。

②施肥：米兰枝叶繁茂，生长期中不断抽生新枝形成新花穗，因此需要充足的肥料，如果盆土肥力不足，花量会明显下降。但不宜施浓肥，一定要掌握薄肥多施的原则。春季开始追肥时，宜7~10天施1次，每月以矾肥水代替1次追肥。最多施些磷钾肥，例如鱼腥水、骨粉水等，有利于孕蕾。夏季不宜施过多氮肥，否则开花少、香味淡。立秋后，一般不再追肥。

③其他：夏季炎热时，要注意庇荫和通风，避免过强的阳光直射。冬季米兰宜移入室内，室温最好为10~15℃，太高会引起继续生长但生长虚弱，对第二年生长发育不利，太低对米兰也有害。在室内每隔一段时间用水喷洗叶面，使叶面保持亮绿，有利于光合作用，并注意保证充足阳光。

【病虫害防治】

米兰易生蚜虫、红蜘蛛、介壳虫等害虫。米兰有时也会发生煤烟病，可喷多菌灵500~1000倍液或用清水洗掉。

18. 珠兰

【繁殖及栽培】

(1) 繁殖：珠兰繁殖可用分株、扦插和压条等法。

①分株法：结合春季换盆进行。一般 3~5 年生的株丛，具有 15~20 个分枝时，即可进行分株。分株时将母株从盆中捧出，抖去部分泥土，小心切成 2~3 个株丛，每丛至少有 2~3 个带有健壮根的枝条，分栽上盆，浇透水，放入庇荫处，以后每天喷 1~2 次水，15 天左右即可按一般方法管理。

②扦插：一般在春季萌芽前进行，用套盆法效果较好。用一只小瓦盆，口径 15 厘米左右，底孔堵住使之不漏水，另取一只口径 35 厘米左右的大盆，底孔珠兰不堵。将小盆置于大盆中央，两盆之间填山土或培养土，向小盆内注水，使水从小瓦盆壁渐渐渗入土中。插穗选 6~10 厘米的健壮枝条，保留最上 1 对叶，插入土中一半，掌握好盆土湿度，不使之过湿，30天生根发叶，当年秋天或来年春天分盆。苗长 4~5 节时，注意摘心，以促生分枝。

③压条法：最适时间是花后半月。压条选用生长强壮的 2 年生枝条最好，30~40 天可以生根。

(2) 栽培：珠兰本性娇弱，需精心培养，才能生长茂盛。一般珠兰由小到大每年于早春换一次盆。

①浇水：以保持盆土湿润为宜，忌过湿。春季珠兰出房后，每天中午浇 1 次水。夏季需早晚各浇 1 次水，还需中午前向叶面喷水。秋季气候转凉可 2~3 天浇 1 次水，冬季保持微湿状态。珠兰浇水宜用清水，水质混浊不利根系生长。

②施肥：珠兰喜肥，春季刚出房时，只能施稀肥，每隔半月 1 次。生长期每隔 7~10 天施 1 次，用量控制由少到多。从现蕾到开花，每周 1 次，浓度可以略浓些，可用腐熟的鱼腥水、骨头水，促进开花茂盛，花香浓郁。秋季又恢复半月 1 次施肥。每次施肥后，都应及时浇水、松土。

③其他：珠兰属阴性植物，生长期间需遮阴，忌强光直晒。珠兰枝条柔软，宜设立支柱，且从幼苗开始就要摘心，并在花后适当疏去部分老枝，促进新枝萌发，多分枝。珠兰不耐寒，冬季要注意防寒防冻。

19. 茉莉

【繁殖及栽培】

(1) 繁殖：茉莉可采用扦插、压条、分株等方法进行繁殖，通常以扦插为主。

　　扦插在 6～10 月进行，以梅雨季节最宜。插穗选当年生健壮枝条，剪取 10 厘米，有 4～5 个节以及两对以上的芽，切口应近节处。剪成斜面，去除下部叶片，只留顶端 1 对叶。插穗插入盛素沙土的盆中，深度以入土两节为宜。插后，用细眼喷壶浇透水，放置荫蔽处，保持盆土湿润和周围空气湿润，20℃左右，1 个月可生根。生根后分栽上盆，将小苗带土移植盆内，填土，压实，浇透水，放置半阴处，7 月份后再移至阳光下养护，1 个月后可恢复一般管理，这一个月内，除每天浇水 1～2 次外（水量不宜多），还要在盆周围地上喷水，以提高空气湿度。

　　（2）栽培：

　　①土壤：茉莉宜在疏松肥沃的微酸性土壤中生长。培养土可用田园土 4 份、堆肥 2 份、沙 2 份、草木灰 1 份混合而成，用垃圾土（垃圾堆积腐烂而成）混合砻糠灰或草木灰也可。盆栽茉莉最好每年换盆，换盆时一般不去根，换入新的培养土，并在盆底放入少量豆饼作基肥，换盆后浇透水并注意松土。

　　②浇水：夏季气温高，日照强，又正值茉莉生长开花旺季，需大量水分，早晚各需浇水 1 次，浇透，并向叶面及地面喷水，空气湿度保持在 80％左右，注意浇水不要过勤，而使盆土长期过湿，排水不良，会引起叶枯黄，烂根等。冬季茉莉不需很多水分，每 4～5 天中午浇 1 次水，见干见湿，春秋季每天浇 1 次水，水量不要太多。

　　③施肥：茉莉喜肥，盆土保持充足的肥力，是茉莉肥壮而花多的重要条件。在茉莉孕蕾开花期间，应多施稀薄液肥，3 天 1 次，以充分腐熟的豆饼水或人粪尿稀释液为宜，若有腐熟的鸡粪水更好。直到 8 月下旬，逐步减少施肥，7～10 天 1 次，10 月上旬后，第三期花形成，施肥基本停止。家里常有的淘米水和蛋壳里滞留的蛋清汁，以及豆浆、牛奶的残汁掺水后，都是茉莉很好的肥料。

　　④其他：茉莉喜阳畏寒，应将茉莉放在阳光充足的环境中，才能使枝繁叶茂，花多且香味浓郁。即使在盛夏开伏花时，仍喜充足的阳光照射，同时因气温高，土面及叶面蒸发水分多，所以要注意浇水，盆土稍干就浇，但水要预先晒热，不可浇比土温低的水，以免影响根系的生理活动。花朵将谢时，将残花连花托一起剪除，这样才能不断开花。为使茉莉姿态优美，可将过长枝短截，剪去 3～4 对叶片，甚至多剪去一些。对短枝可摘去残花梗。冬季应把茉莉放在室内通风向阳处，白天温度 10～13℃，夜间 5～8℃，3℃以下会引起冻害，温度过高会引起萌芽抽枝，造成细弱枝条。

茉莉移出室外后，应进行适当修剪，把细弱、过密、枯病枝剪去，并摘除部分老叶，以促进早发芽，发芽整齐。8～9年以上的老株须在惊蛰后，将离地3厘米以上的枝干全部剪去，加强管理，促进萌发新枝，使老株复壮。

【病虫害防治】

盆栽茉莉花时常有叶色发黄的现象，黄叶现象的原因有：一是浇水过勤、盆土过湿，根系窒息受损。二是长期没有换土、施肥，土壤养分不足。三是土壤碱性加重而缺铁。如果是前两种原因，可针对起因加以改善。若是后一种原因，可在生长期间施0.2%黑矾水（硫酸亚铁），3～4天可使叶片由黄转绿。

20. 栀子

【繁殖及栽培】

（1）繁殖：用扦插、压条法繁殖为主，另外还可用分株和播种法。

扦插法：又分为土插、水插。

土插：嫩枝扦插宜在夏季高温季节，采当年生健壮枝条，插穗剪成长8～15厘米，插在壤土、沙各半的培养土中，保证空气高湿度和半阴条件。每天上午7～8点以前，下午9～10点后各浇1次水，以不至积水为度。扦插后2～3周可生根。老枝（1～2年生）可在春季扦插，但发根时间较长。土插发根后要及时栽到肥土中。

水插法：剪取当年生长的粗壮嫩枝，剪成12～15厘米，20～30枝扎成一束，然后把插条的1/2浸泡在清水里，放置半阴处，每天换1次水，经20天左右可长出新根。

复瓣栀子常用压条繁殖，在梅雨季节进行。

（2）栽培：

①土壤：选用偏酸性土壤，常用腐叶土3份加细沙7份配制。栽前先用瓦片将盆底排水孔盖上，放入3厘米小石子，然后放入培养土，将苗移入。2～3年后宜在早春时节换盆1次。

②浇水：从春季出室开始，应保持空气较高湿度和盆土湿润状态。夏天每天浇1～2次凉水，早晚还需向叶片和地面喷水。栀子忌涝，雨季注意排涝，及时排除盆内积水。浇水过多过勤而使盆土经常处于过湿状态，对生长不利。从秋天至冬天，浇水量逐渐减少。

③施肥：幼苗期宜薄肥勤浇，以氮肥为主，如充分腐熟的饼液肥和人尿。生长期间每隔15～20天施液肥1次，雨天可改为施干肥（豆饼粉），

并注意在现蕾时加施 1 次速效磷肥，以促使花多香浓。冬季休眠，停止施肥。

④其他：栀子喜半阴，生长期间应适当遮阴。而冬季，应将栀子放在室内，并保持室温 10～12℃为宜。为了调节和控制栀子花的生长，使株形优美，促进开花，在春季生长盛期过后，适当摘心。大花类型，每年摘心 1～2 次，小花类型，在幼龄时摘心 2～3 次。

【病虫害防治】

栀子主要病害是缺绿病，表现出叶片发黄、叶焦、枝枯。主要原因：一是盆土碱度偏高。土壤在长期浇水后碱性提高，所以浇水最好用贮存的雨水，其次是河水或池塘水，也可用存放 1～2 天的自来水。二是土壤中缺少可溶性铁，这在碱性土中（石灰质土）最易发生。每隔 7～10 天浇 1 次 0.2%硫酸亚铁，既提高酸性又提高土壤中缺少的可溶性铁的含量，并可补充硫素营养。三是夏季高温和强烈阳光直射，也易引起缺绿病，故需注意庇荫。四是施肥太浓也会引起叶黄变焦，宜施薄肥。

栀子的主要虫害是介壳虫，主要是由于高温、高湿、通风不良引起的，可用小刷蘸水刷除。

21. 白兰花

【繁殖及栽培】

（1）繁殖：白兰花扦插不易成活，一般采用嫁接法，以木兰为砧木，在 6 月间进行靠接。靠接宜选 2～3 年的木兰作砧木，选一年生白兰花的枝条作接穗。在砧木距地面 20～30 厘米处进行，靠接时将砧木和接穗在同等高度各削成一个 5～7 厘米长的接口，深达木质部，然后将二者形成层对准，用塑料薄膜扎紧，60～70 天即可愈合，与母株分离，自成一株。白兰花也适宜在 6 月间用空中压条法繁殖。

（2）栽培：

①浇水：浇水掌握见干见湿，即等盆土干了再浇，浇则浇透，并要进行松土。盛夏一般每日傍晚浇水 1 次，阴雨天注意排除积水。春天浇水不宜多，秋季浇水略多于春季，以浇满盆为宜。秋末开始逐渐减少浇水量。

②施肥：白兰花喜肥，以磷钾肥为主，宜薄肥勤施。隔天 3～4 天施 1 次，采用稀薄的豆饼水，菜籽饼水，杂鱼、烂虾等经腐熟后，按肥水 1：9 施用。在肥液中掺入适量硫酸亚铁和过磷酸钙，则可使白兰花开花大而香浓。秋凉后停止追肥。

③其他：白兰花入室前，剪除病枯枝、徒长枝及过密枝。出室前，适

当摘除枝条下部一些老叶，有利促生新枝。另外，白兰花喜阳畏寒怕烟，要注意放至向阳通风处，并注意防止周围环境烟尘侵袭。

【病虫害防治】

白兰花也会发生缺绿病，解决方法参看栀子花。

22. 夜来香

【繁殖及栽培】

（1）繁殖：可采用扦插、压条等法，用扦插法较普遍。

①扦插：在春秋两季均可进行。插穗选半木质化健壮枝条，长约15厘米，剪除下部叶片，留上部两叶。插入培养土2/3，揿实，浇透水后，遮阴。

②压条：在4~5月间进行，选3~4厘米长健壮木质化枝条，刻伤几处，把盆内挖个半圆形坑，将枝条压下，40~50天可生根。

（2）栽培：夜来香没有什么特殊的要求，管理可粗放些。浇水要及时，只要发生嫩枝下垂就要及时浇水。每年可用有机肥作基肥，生长期间常施些稀薄液肥。由于夜来香生长旺盛，因此一段时间后要进行一次短截修剪，使多发新枝开花。冬季移入7~15℃温室。

23. 桂花

【繁殖及栽培】

（1）繁殖：用播种、扦插、嫁接、压条、分株均可，一般以扦插为主。

①扦插：又分半熟枝带踵插和单芽插两种。6月底左右进行，气温以25~35℃最宜，选沙质土壤。枝插：在半熟枝与老枝间的交界处节下0.1厘米剪下，因交界处养分多，组织坚密，易发根。插穗6~10厘米，前端留2片叶子，要随剪随插，保持叶的完整与湿润，插入土中，仅留1.5厘米在土上，揿实土。

芽插：桂花叶对生，单芽插即把一短枝纵向剖开，每一芽节一枚叶与一小段半边枝条（枝长1.5厘米），插入土中，以盖没枝条为度。

扦插后须精心管理：插好后要浇透水，在浇水前最好在土面上铺一层碎草，以免泥泞沾污叶片，并防止土壤板结，然后用帘子遮阴。浇水不宜过多，多雨季节注意排水。在夏季高温干旱季节，每日向叶面喷水2~3次。插后1个月即可产生愈伤组织，2个月后新根增多，可略见阳光。10月份以后，去除帘子，增加光照，促进发根。11月份要进行防寒，苗上须盖一薄层稻草，冬季土壤见白时可浇水，需在中午时进行，第三年春季可移栽。

②嫁接法：3~4月进行，以女贞或水蜡作砧木，用腹接法，当年可

开花。

③压条法：以梅雨季节进行最好，视树形决定压条方法，不管是一般压条法还是空中压条法，管理上都要让土壤保持湿润，一般一年生根。

（2）栽培：

①土壤：以排水良好的沙质土壤，pH 值中性，可按 4∶1 拌入含腐殖质丰富的堆肥土作培养土。盆栽要求用较大口径的盆，2～3 年换 1 次盆。

②浇水：冬季浇水不可过多，否则易引起落叶，甚至窒息死亡，所以一般是不干不浇，浇则浇透。春季出房后，随气温升高，逐渐增加浇水量，保持盆土湿润。雨季不能使盆内有积水。秋季开花时适当减少浇水量，防止早期落花。

③施肥：幼树定植前要施足基肥，小苗期要薄肥多施，以利根部吸收。春季萌芽前追肥 1 次，以氮肥稀释液为主，5 月中、下旬，施第二次追肥，促使抽第二次枝。当桂花已经形成树冠后，施肥的目的就是多开花，所以 7 月上旬，可施 1 次稍稀的肥料，花后再施 1 次，不宜浓，不宜多。冬季入室前可在盆土表面撒豆饼粉或浇 1 次浓液肥越冬。

④其他：桂花可修剪成球形或独干式，因此在幼苗阶段，要及早选留一枝培养树干，当树干达到预期高度后摘去顶芽，使其发生 3～5 个分枝，形成树冠。枝冠形成后每年冬季入室前适当修剪，删去纤弱枝、病虫枝、过密枝。有些品种的桂花树一般要培养十几年才能开花，只要它们生长正常，不用心急，到时候是会开花的。

【病虫害防治】

桂花常见虫害是介壳虫，可喷 2000 倍溴氰菊酯消灭，并注意改善通风透光条件。

24. 扶桑

【繁殖及栽培】

（1）繁殖：扶桑一般采用扦插法繁殖。春季、梅雨季、秋季均可进行，但以梅雨季节成活率高，家庭养花可选在此时。取当年生半木质化枝条，长 10～12 厘米，切口在芽基部，摘除下部叶片，仅留上部两个叶片。

（2）栽培：扶桑抗性强，管理可粗放些。

①土壤：扦插成活后上 3 寸盆，可采用 4 份沙质壤土，1 份粪土混合。2 个月后换 5 寸盆。3 年以上植株，每年春季 3 月换盆，换盆时盆底放些饼肥作基肥，并剪去部分过密须根。

②浇水：春秋季一般每天浇水 1 次，夏季上、下午各浇 1 次，雨季要及

时排除积水。春夏干燥多风季节和盛夏炎热天气，经常在叶面与地面喷水，以提高空气湿度。秋凉后渐减少次数。冬季节制浇水量，约 7 天浇 1 次，水量不宜多，以保持盆土略湿为宜。

③施肥：扶桑喜肥，开花期间宜 7 ~ 10 天施 1 次腐熟的稀薄液肥，每次施肥后及时浇水松土，10 月开始停肥。

④其他：扶桑生长过程中，必须有充足的阳光，若光照不足，而浇水又过多，会引起落蕾落叶。另外，一般在早春对扶桑进行修剪，促发新枝。

【病虫害防治】

通风不良和光照不足，会使扶桑发生介壳虫和煤烟病的危害。

25. 六月雪

【繁殖及栽培】

（1）繁殖：可采用扦插法和分株法。

①扦插：在春、夏、秋季都可进行，但以春插（2 ~ 3 月）和秋插（7 ~ 8 月）成活率较高。选两年生枝条做插穗，长 7 ~ 8 厘米，去掉下部叶片，插入土中，保持 25 ~ 30℃，25 天可生根。

②分株法：一般在苗株进入休眠期（9 ~ 10 月），将全苗分割成若干幼苗，或从旁侧切取部分幼苗均可。也可在萌芽前（3 月）进行分株。

（2）栽培：六月雪在庭园中常为地栽，同时也可植于盆中。盆栽必须用水、肥、气条件较好的土壤，并且应放置向阳处，不能久放室内。盆栽管理应注意：

①浇水：夏季干燥高温时，除每天浇水外，早晚应用清水淋洒叶面，以提高空气湿度，注意蔽荫，防止暴晒。春秋两季气温较低，适当减少浇水量。冬季注意保持空气湿润。

②施肥：生长期追施 1 ~ 2 次稀薄液肥。③其他：六月雪枝条柔软，极易蟠扎，是重要的盆景材料。另外，在 5 ~ 6 月常对六月雪进行一次摘梢，7 月以后生出的新芽，一律摘除。及时修去根部萌发的蘖条，保持树姿优美。

26. 八仙花

【繁殖及栽培】

（1）繁殖：可用压条、分株、扦插法繁殖。其中扦插最易生根，常在 5 ~ 6 月以嫩枝为插穗进行扦插。

（2）栽培：

①浇水：八仙花喜湿忌涝，所以浇水不宜过多，常保持土壤湿润为宜。

夏季干热时，每日下午3时浇清水或用清水喷洒叶面1次。雨季注意排水，防止烂根。入冬以后，见干再浇。

②施肥：生长旺季每周追肥1次，夏季干热时节，宜适当控制施肥，防止植株徒长。

③其他：每年花后，宜适当修剪基部萌发过多的枝条，留基部2～3芽，防止树形杂乱。新芽伸长达10厘米右可摘心1次，促进分枝。

27. 贴梗海棠

【繁殖及栽培】

（1）繁殖：贴梗海棠根际易萌发蘖枝，所以多用分株繁殖，也可用扦插和压条繁殖。

①分株：一般在秋季或早春将母株掘起分割，每丛带2～4根枝条，并且基部有根。3～4年可以分株1次。

②扦插：可在初春萌动时进行，选用去年生枝条作插穗，长15～20厘米，扦插时入土1/3，嫩枝扦插在生长期进行，扦插后遮阴，浇水，40余天便能长出新根。

春季还可采用压条法进行繁殖。

（2）栽培：贴梗海棠既耐干旱又耐瘠薄，所以栽培管理较易。

①浇水：水分补充主要在春夏季，应不要使土壤太干，以保持湿润为宜。秋季落叶后浇1次透水越冬。

②施肥：肥料太多易引起徒长。正常的管理应每年秋季在株丛根际施有机肥1次，植株生长不是十分瘦弱时，生长期不必追肥。盆栽时，每年深秋或初冬应施有机肥1次，春季花后宜追肥1次。追肥不宜浓。

③其他：贴梗海棠是阳性树，地栽宜植于向阳处，盆栽也需置于阳光充足处。开花结果以短枝为主，故每年春季需将上年生长枝适当加以截短修剪，把隔年已开过花的老枝顶部剪去，以促使多萌发新梢。对交叉枝、重叠枝、徒长枝等也应疏剪，使之营养集中。夏季生长期间对生长枝要摘心，促使下部腋芽壮实。

【病虫害防治】

贴梗海棠以蚜虫、红蜘蛛危害较多。蚜虫都发生在春秋两季的新梢上，红蜘蛛多在5月下旬以后发生。

28. 吊钟海棠

【繁殖及栽培】

（1）繁殖：多采用扦插法。最好避开炎热的季节，以在早春2～3月及秋季 10 月最为适宜。最佳发根温度为 18℃ 左右。将枝条剪成 8 ~ 10 厘米长的插穗（带 2 ~ 3 个节），基部叶剪去，随剪随插。扦插育苗一般用纯沙，也可用洁净的素沙土。扦插深度约为插穗长度的 1/4 ~ 1/3。插后，以提高空气湿度为主，不要多浇水，土壤只需保持湿润即可，注意蔽荫，20℃ 下 2 周左右可发出新根，即可移植于 3 寸盆中。吊钟海棠也可播种繁殖，但需人工授粉。

（2）栽培：

①土壤：吊钟海棠要求排水良好的肥沃土壤，如果土壤含水过多，常造成根系腐烂而死亡。一般可采用菜园土 4 份，腐叶土 2 份，堆肥 2 份及河沙 1 份的比例配制。

②换盆：扦插成活后，不宜在沙中久留，应及时上盆，忌用大盆。先移入小口径的盆，当幼苗长出第三对叶子后，留 2 对叶进行摘心促进分枝，随植株生长，再次移入 5 寸盆。

③浇水：宜小水勤浇，忌大水，要掌握好盆土的干湿情况。盆上水多易烂，干燥易引起落叶，落蕾及落花。在气温高时，注意蔽荫，在地面和叶面喷水以降低温度，提高湿度及减少蒸发。

④施肥：吊钟海棠生长快，花朵随枝端的生长不断形成，需要足够的肥料才能满足其生长需要。生长季节每 10 天施液肥 1 次，现蕾后，每周 1 次，高温季节，如继续开花，仍可每周 1 次；但应相对降低肥料的浓度。如果生长处于停顿状态，必须停止浓厚的液肥，可施用淡薄的饼肥水。

⑤其他：吊钟海棠不能暴露在强烈阳光下，高温和烈日会使叶片枯焦死亡。所以夏季宜置在阴凉通风处。早春和晚秋日照柔和，可不必遮阴，使之充分受到阳光照射。冬季要充分光照，并保证 10 ~ 15℃ 的温度。

为了使吊钟海棠生长旺盛，植株长到一定高度时，要多次摘心，能使植株多分枝。摘心宜在冬季，新枝长出 3 ~ 4 对叶子时，要摘掉顶芽。立夏前再次摘心促发新的分枝。摘心后及时供给液肥。

植株开始旺盛生长前，进行 1 次修剪，疏去过密枝和纤弱枝，截去太长的枝条，这样可以保持良好的株形。

【病虫害防治】

在高温潮湿不通风的条件下，吊钟海棠常生蚜虫和粉虱，除应改善条件以外，还应及时防治。

29. 木槿

【繁殖及栽培】

（1）繁殖：木槿易生根，以扦插法为主，宜在梅雨季节进行。一般可取 15 厘米左右长的枝条作插穗，也可进行长枝扦插，但为了防倒伏，长枝入土深度至少要有 20 厘米。如果要在庭院中以木槿作绿篱，可直接扦插不必移栽，极易成活。

（2）栽培：木槿管理较为粗放。

主要是在旱季注意适当灌水，否则易导致早期落叶和枯梢死亡。生长期适当追施稀薄液肥，每年注意剪去枯枝，以求通风透光。

如果以木槿作绿篱，则应在早春发芽前与生育期间进行 1～2 次整形修剪，加以人工编织，使其自然愈合，长成整体，也可有意编成形状各异的花格等形式。

【病虫害防治】

木槿主要虫害有蚜虫、尺蠖、卷叶蛾等，应及时防治。

30．木芙蓉

【繁殖及栽培】

可播种、分株、扦插或压条繁殖，以扦插和分株为主。

①扦插：9～10 月间选取当年生健壮枝条，剪 15～20 厘米长，于湿沙中分层贮藏，到来年春天 2 月下旬至上旬插于露地苗床，常规管理，成活率达 90% 以上。

②分株：2 月下旬至 3 月上旬进行分株。分株前先于离地面 10 厘米处截平，然后分株栽植，当年就能开花。

每年落叶后再截干，可使树长势旺盛。枝繁叶茂花多，木芙蓉养护管理方法简单粗放。

31．紫薇

【繁殖及栽培】

（1）繁殖：可用播种、扦插及分株法。

①播种：11～12 月采收种子，次年春天 2～3 月在沙壤中播种，播后遮阴，生长健壮者当年可开花。但最好剪除此花蕾，以使养分集中于树体生长。3 年后开花结子最好。

②扦插：春季 3 月进行。采取硬枝，每段 10～15 厘米，插于肥土，深约 2/3，易发根成活。

（2）栽培：紫薇管理粗放，需移栽且须加强修剪。花后若不留种子宜将花枝剪去，并选用健壮枝进行缩枝，即将当年新枝大部分剪去，留 3～5 厘米长，并结合施肥浇水，保证来年多开花。

32. 蜡梅

【繁殖及栽培】

（1）繁殖：蜡梅繁殖以嫁接为主，其次是分株，再次是播种，而扦插压条用者甚少。

①嫁接：以切接为主，靠接次之。

切接：宜在 3~4 月当蜡梅叶芽萌动，有麦粒大小时，抓紧时间进行。约在切接前 1 个月，就要从嫁接成长 2~3 年的壮年蜡梅树上，选最粗壮而较长的 1 年生枝条，截去顶梢，使养分集中于枝的中段。接穗取长 6~7 厘米，削成切面，以略露出木质部为度。砧木用分株后培养 2~3 年的"狗蝇蜡梅"，也可用蜡梅实生苗（4~5 年生），切时用刀也不要太深。用塑料带缚扎，然后用堆土封住切口，接后约 1 月，即可扒松封土，检查是否成活。切接法繁殖的蜡梅 2~3 年后，可开花。

靠接：多在 5 月前后进行。砧木应去顶，切口长 3~5 厘米，用塑料带缚扎。1 个月后，可开始分割。但最好分 3 次分割，每次割断 1/3，可更好的保证成活。用靠接的蜡梅虽然当年可成株，但生长较差，树形欠美观，所以用者较少。

②分株法：分株多在 3~4 月结合蜡梅切接时进行，最好选择叶芽刚萌动时期。一般于第一年年底在离地 20~30 厘米处，将准备分株的蜡梅品种或"狗蝇蜡梅"枝条一一截顶，促使母株积蓄养分。进行分株时，先在一丛母株四周将土掘出，用利刀撕下或劈开一部分，移出另栽，而在原处留 2~3 根粗大壮实的干枝不动，仍可留作母株继续栽培。

（2）栽培：盆栽蜡梅须精心养护，地栽蜡梅则管理较简单。

①浇水：盆栽株每隔 1~2 年换盆 1 次，换盆后浇 1 次透水，先放在室内背阴处，等植株发芽后移入向阳处。正常管理是：浇水要见干见湿，盆土不干不浇水，浇水就要浇透。在通常情况下，春秋季每天浇水 1 次；夏天每天浇两次水（上午 10 时浇少量水，下午傍晚浇透水）。伏天消耗水分多，又正是花芽形成季节，浇水要充足，不然叶片容易变得干白，影响花芽形成。冬季入室，叶未落时，每隔三四天于中午浇 1 次水。水量不宜过多。约 20 天以后，叶片大部分脱落，应 5~7 天浇 1 次水。在花前及盛花期，浇水要适当，水多易落蕾，水少则开花不整齐。

地栽过分干旱时浇水，雨季注意排水。

②施肥：盆栽株夏季一般需追施 1~2 次速效氮肥，花后换盆时可施入适当饼肥作基肥。地栽耗肥较少，一般不需追肥。

③修剪：蜡梅发枝力强，素有"蜡梅不缺枝"的谚语。地栽蜡梅整枝一般采用独干培育。定植1年后，选留强壮枝条，其余枝条剪去，一年可长1~2米高，经几年可长到4~5米高，根际萌生枝条应去掉，花后及时整枝，每枝留15~20厘米长，这样可以使枝条长得粗壮。花在凋谢前应摘除，不使结实，以使来年开花繁盛。盆栽腊梅花后发叶前修剪，剪去枯枝、过密枝、交叉枝和病弱枝，并将1年生枝条留基部2~3对芽，上部剪除促使分枝，以后新枝每长出2~3对叶片后，进行1次摘心，促使多生短壮花枝，使树形匀称优美。修剪在3~6月进行。

盆栽蜡梅可育成桩头盆景。由于蜡梅具有生长力强，根际萌生分枝多的特点，故在自然条件下，枝条几经砍伐就能形成不平凡的古怪老根。留几根健壮枝，其余剪去，移入盆中。盆土采用肥沃疏松土壤，老根疙瘩上多堆壅泥土，并保持潮湿，使其成活。以后逐年换盆时渐渐剔土提根，日久即可形成苍劲古雅的树形。

【病虫害防治】

蜡梅病虫害不多，有时有蚜虫危害新梢，注意防治。

33. 一品红

【繁殖及栽培】

（1）繁殖：一品红一般用扦插繁殖，常用嫩枝扦插，也可用老枝扦插。老枝扦插：于3~4月间，将去年的老枝剪去顶端嫩梢，取其粗壮部分，剪成长12~15厘米，带有4个节的小段。切口要平，把1/2的长度斜插于盆土中，浇水并经常注意保持一定的湿度，两个月后即可上盆。

嫩枝扦插：在5~6月，将老枝上粗壮的新枝，自顶端向下剪取12~14厘米的切段，切口在节下1厘米处，切口要平，并剪除基部两片大叶，立即用草木灰涂抹伤口，以免流出乳汁，影响成活。把切条长度的1/3~1/2插于土壤中，浇足量的水，把盆置于阴处，20~30天可生根。

（2）栽培：

①翻盆：一品红宜用pH值6左右的酸性土壤，每年春季翻盆1次，首先把老株枝条进行重剪，每个枝条仅保留基部2~3节，其余全部剪除。翻盆时适当修剪老根，换入肥沃的培养土，浇水后置温暖阴湿处，待发出新叶后，移至阳光充足处，每隔20天左右施1次稀薄液肥。

②定头、做弯、整形：一品红枝条生长初期，根据需要每盆选留粗壮的枝条3~4支，其余的剪除，称为定头。其枝条生长较快，易徒长偏高，而一般盆栽不宜太高，所以要用"做弯"来整形。当枝条长到15~20厘米

时，用铅丝或绳做弯造型，这一工作应在晴天下午进行，做弯前一天或当天不要浇水，使茎的细胞膨压降低，以免枝条脆嫩而容易折断。把枝条弯向盆面，用绳或铅丝固定。当其继续生长出 15～20 厘米时，进行第二次"做弯"，把枝条沿盆边水平方向引导，即平弯，用绳或铅丝固定。再隔 10 天左右，把已到盆边的枝条再向上引导。到 9 月中旬至 10 月下旬，在盆四周插入 3 或 4 根 30～40 厘米长的细竹竿，以便绑扎枝条，绑时调整其长度，使盆内各枝条高低一致，以便使红色苞叶及小黄花处于同一水平面上。

③冬季管理：一品红为喜阳、喜温畏寒植物，所以冬天要注意保暖，不要受冻和冷风吹袭，否则会造成叶发黄并脱落，影响观赏。盆土也要经常保持湿润，过干过湿也会造成落叶。

④休眠期管理：开过花的一品红还有用，家庭养花者常于圣诞节前买回家，12～1 月开花后，叶枯花谢，这并不是死亡，而是进入休眠期，不要丢弃，管理好了明年仍会开花，把它放于室内温暖处，使其安全越冬。4 月初，清明前后，把一品红花盆搬至室外，枝条留地上部约 10 厘米，其余剪去。然后翻盆，剪去部分老根，换土，浇水，放于阳光充足处，按常规养护，施肥 1～2 次，不久就会从老茎上萌芽长叶。

34. 银柳

【繁殖及栽培】

（1）繁殖：多用扦插繁殖，于春季进行，插穗长 30 厘米左右，生根容易，成活率高。

（2）栽培：

①浇水：以保持土壤湿润为宜，特别是夏季高温季节，应注意浇水。

②施肥：喜浓肥，冬季花芽开始肥大后应多施肥。

草本花卉

1. 三色堇

【繁殖及栽培】

（1）繁殖：可以采取播种法、扦插法。

①播种法：一般在 8～9 月份，将种子播于苗床，盖上一层薄土，土面盖草。种子发芽最适温度为 19℃，约 10 天出苗。苗长到 5～6 片叶时移植，分枝后可定植。

②扦插法：多在 6～7 月进行。将泥土掺入一半细沙，装入花盆。插条

宜剪取根茎中央新萌发出的嫩枝 2 ~ 3 节，插于盆土中，放置阴处，注意浇水。因为扦插是在热天进行，管理不便，故此法不常使用。

（2）栽培：

①土壤：要求富含腐殖质的疏松肥沃土壤。

②浇水：生长期要求充足的水分，冬季控制浇水，平时水分适中即可。

③施肥：三色堇移植成活后，施用稀薄液肥 1 ~ 2 次。开花后可减少施肥。冬季不施肥。春暖后结合浇水施稀薄液肥。

④其他：经常松土、摘心，可促进生长开花。采种宜选在果皮由白变褐，果实由下垂渐伸直时，否则种子自然弹出，不易收集。

2. 金盏菊

【繁殖及栽培】

金盏菊用播种繁殖，春秋均可播种。将种子直接播于苗床或花盆内，覆土以埋没种子为度。土壤保持湿润无须特殊管理，在 21℃ 左右为发芽最适温度，发芽后待幼苗长出 2 ~ 3 片真叶时，即可移植，如于 9 月上旬播种的移植 1 次后，于年内即可定植于庭院花坛或花盆内。12 月就能开出少数花朵，整个冬春都能不断开花。早春在室内播种的，5 ~ 6 月也可开花。肥水管理无特殊要求，土壤保持湿润疏松，隔 20 天左右施 1 次稀薄液肥即可。室内盆栽要置于阳光充足之处即可。

金盏菊的种子有两种形状：一是船形，长 10 ~ 12 毫米，宽 8 ~ 10 毫米，在四凹入面中间有纵向的半月形隔膜。二是环形，种子卷曲成近似圆筒形，背部有小突起。植物学上称其为瘦果。应在其多数仍带绿色而花盘边缘的瘦果开始发黄时采收，否则易脱落，阴天采收的则应及时晾干，否则会影响种子活力。

金盏菊极易退化变劣，故特别要注意选优良母株留种。

3. 瓜叶菊

【繁殖及栽培】

（1）繁殖：多用播种繁殖，也有扦插、分株繁殖。

①播种法：播种期根据开花期来决

定，一般从播种到开花需 6 ~ 7 个月左右。

于 8 月下旬或 9 月播种，开花期正好在

1 ~ 5 月。瓜叶菊种子细小，每克可达 5300 多粒，所以盆土要求细软疏松，按照腐叶土 2 份、砻糠灰 2 份和园土 1 份并加少量磷酸二氢钾混合，作播种用土，种子均匀撒于土表，覆土要薄，用浸盆法，至上面全部湿润即

可。盆面盖以玻璃，以保持湿度。每天换气，置阴处，温度最好保持在20℃左右，5~10天发芽，苗出齐后，揭开玻璃，并逐步移至阳光处，2~3片真叶时可移植。苗期必须通风透光，否则极易发生猝倒病和白粉病。

②扦插或分株繁殖：重瓣品种不易结实，可用扦插。1~6月，剪取根部萌芽或花后的腋芽作插穗，插于沙中，20~30天可生根，培育5~6个月即可开花。也可用根部嫩芽分株繁殖。

（2）采种：在3月下旬选优良植株，即花色艳丽，生长健壮的留作母株，待4月上旬开花结子时，可将多余的花蕾摘除，并摘除衰老的非功能叶，加强肥水管理，中午日光强烈时适当遮阴，促使营养物质大量输入种子，而结出饱满的种子，最好晴天采种，随熟随采，将种子置种子袋内，放阴凉干燥处贮藏。

（3）肥水管理：定植于盆中的瓜叶菊，一般约2星期施1次液肥。用腐熟的豆饼或花生饼，烂黄豆、烂花生经发酵腐熟也可，用水稀释10倍用。在现蕾期施1~2次磷钾肥，而少施或不施氮肥。以促进花蕾生长而控制叶片生长。在开花前也不宜过多施用氮肥，并控制浇水量，室温也不宜过高，否则，叶片过分长大也影响观赏。所以在四层叶片时，采取控制水肥进行蹲苗，冬季置于10~13℃室温中。放于向阳处，则花色鲜艳，叶色翠绿可爱。定期转盆，使株形生长匀称美观。

【病虫害防治】

瓜叶菊在浇水过多，盆土湿度太大，氮肥过量，通风不良的条件下，容易发生白粉病，此病能侵染叶、茎、花梗及花，但往往叶片受害最严重。发病初期，叶片上出现白色小斑点，后逐渐扩大，叶表面如同敷了一层白粉，最后变成灰白色毛状物。被害部分生长畸形，严重时甚至整个叶片枯死，植株死亡。

防治方法：一是注意室内通风透光。二是浇水要适量，不宜过多。三是发现病叶后立即摘除。四是喷洒25%多菌灵或50%托布津500~800倍稀释液防治。

4. 四季樱草

【繁殖及栽培】

（1）繁殖：以盆播为主，春秋均可进行，但种子寿命较短，极易丧失发芽力，故常在采收后立即播种，一般不要超过6个月以上。四季樱草种子细小，播种要特别细致，将籽粒掺以10倍细沙，以保证撒播均匀。种子撒于盛有素沙和无肥土各半的混合土壤中，然后把盆浸于盛水的大盆中，让其从盆底吸水。10天左右生根发芽。真叶长出后，可进行1次间苗，到长出4~5个真叶时就可移植于口径12厘米的盆内，苗株长到7~8个真叶时，可进行换盆，盆的口径为15厘米。

（2）栽培：

①土壤：选疏松、中性或微酸性沙质土壤为好。幼苗定植时，注意栽植深度，不可过深。

②浇水：平时注意保持盆土湿润，冬季适当控制，过多易引起烂根。另外，苗期浇水切忌当头浇水，否则会将幼苗砸倒，造成花苗腐烂。

③施肥：生长期间每周施稀薄液肥1次。

④其他：夏季适当遮阴，防止烈日直晒。花期应保持凉爽通风。因果实成熟不一致，应注意成熟一批采一批种。花谢后应及时剪去残花，促使植株不断抽出新枝，不断开花。

【病虫害防治】

主要有白叶病发生，即叶片发白并萎蔫。可能由于土壤水分过多，温度偏低时，蒸发量少引起的根部窒息。应及时移至通风且温度较高处，并及时松土，减低土壤水分，可以促使其恢复生长。

5. 雏菊

【繁殖及栽培】

采用播种繁殖，于9月初可播于露地，幼苗能露地越冬。因种子播种苗变异大，优良品种可用分株或扦插繁殖，以保留良种品性。

播种后，及时间苗，4月初定植。注意肥水管理，促使幼苗入冬前发棵，明春可提前于3月中、下旬开花。

6. 翠菊

【繁殖及栽培】

（1）繁殖：一般采用播种繁殖，春秋两季均可。4月播于花盆或露地苗床，播后应加遮盖。真叶6~10片时定植。秋播的应于9月播种，翌春4月定植。注意幼苗期防暴雨。

（2）栽培：

①浇水：不宜经常灌水，忌过于潮湿。夏季高温时，适当多浇水。

②施肥：定植前施基肥，定植后为恢复生长可每半月施1次肥。生长期追施液肥1~2次。

③其他：6~7月以后为防止大风大雨的破坏，需设立支架，以防倒伏。为使花大色艳，宜适当疏枝，以每株保留5~7分枝为好。

翠菊苗适宜多次移栽，可防止徒长，同时须根多，使株形苗壮丰满。

7. 蓬蒿菊

【繁殖及栽培】

（1）繁殖：以扦插繁殖为主，四季皆可，一般按要求开花的季节而定。9～10月扦插，则翌年"五一"节开花，6～7月扦插，则于元旦春节期间开花。插条宜选成熟健壮枝条，20～24℃条件下，2周可生根。2个月以后定植，苗高10～15厘米时，进行摘心，促进多分枝。

（2）栽培：

①土壤：盆土一般以菜园土掺入20%砻糠灰混合而成。

②浇水：以保持土壤湿润为宜。气候干燥时可经常于叶面喷水，以增加空气湿度。9月扦插的苗，翌年5月后，天气炎热，叶开始枯黄，花色变黄时，应逐渐减少浇水。

③施肥：生长初期可施几次薄肥，以后视生长情况，可加施较浓的追肥，但次日需浇1次清水。5月以后生长缓慢，不予施肥。

④其他：夏季遮阴、防雨对蓬蒿菊很重要，否则枝叶极易枯黄而死去。

8. 金鱼草

【繁殖及栽培】

（1）繁殖：常可用播种法和扦插法繁殖。

金鱼草多用播种法繁殖。8月下旬播种，播种前将种子置2～5℃低温中冷凉几天，可提高发芽率。播种时因种子细小要和沙土掺在一起，这样播种均匀，然后铺一层土，用浸盆法渗水，或用细眼喷壶喷水，使土壤保持湿润，7～10天可出苗，幼苗4片叶时，进行移植并摘心。

优良品种可在春秋两季进行扦插繁殖，一般在7～9月。取较硬的嫩枝，切成6厘米长一段，插于沙土盆中，入土3厘米，浇水后置于半阴处，约2周可生根。

（2）栽培：

①浇水：保持土壤湿润。在生长旺盛期，注意多浇水。

②施肥：除栽植前施基肥外，生长期10～15天施液肥1次。

③其他：金鱼草的高、中型品种，在长至4～5节时进行摘心，促使多分枝，多开花，并可使植株矮化。开花后及时剪除花穗也可延长花期。7月下旬重新修剪，可在国庆节再次花叶繁茂。切花品种不能摘心，但需随时摘除侧芽，使一枝独秀。

【病虫害防治】

金鱼草易生蚜虫，可用烟草水或敌敌畏 1000 倍稀释液喷洒防治，每隔 1 周喷 1 次，连喷 2~3 次即可。

9. 香石竹

【繁殖及栽培】

（1）繁殖：用播种、压条和扦插法均可，而以扦插法为主。

扦插除炎夏外，其他时间都可进行，尤以 1 月下旬至 2 月上旬扦插效果最好。插穗可选在枝条中部叶腋间生出的长 7~10 厘米的侧枝，采插穗时要用"掰芽法"，即手拿侧枝顺主枝向下掰取，使插穗基部带有节痕，这样更易成活。采后立即扦插或在插前将插穗用水淋湿也可。扦插上为一般园土接入 1/3 砻糠灰，或沙质土。插后经常浇水保持湿度和遮阴，室温 10~15℃，20 天左右可生根，1 个月后可以移栽定植。

压条在 8~9 月进行。选取长枝，在接触地面部分用刀割开皮部，将土压上。经 5~6 周后，可以生根成活。

（2）栽培：

①土壤：要求排水良好、腐殖质丰富，保肥性能良好而微呈碱性的黏质土壤。

②浇水：香石竹生长强健，较耐干旱。多雨过湿地区，土壤易板结，根系因通风不良而发育不正常，所以雨季要注意松土排水。除生长开花旺季要及时浇水外，平时可少浇水，以维持土壤湿润为宜。空气湿度以保持在 75% 左右为宜，花前适当喷水调温，可防止花苞提前开裂。

③施肥：香石竹喜大肥，在栽植前施以足量的粪肥及骨粉，生长期内还要不断追施液肥，一般每隔 10 天左右施 1 次腐熟的稀薄饼肥水，采花后施 1 次追肥。

④其他：为促使香石竹多分枝多开花，需从幼苗期开始进行多次摘心：当幼苗长出 8~9 对叶片时，进行第一次摘心，保留 4~6 对叶片；待侧枝长出 4 对以上叶片时，第二次摘心，每侧枝保留 3~4 对叶片，最后使整个植株有 12~15 个侧枝为好。孕蕾时每侧枝只留顶端一个花蕾，顶部以下叶腋萌发的小花蕾和侧枝要及时全部摘除。第一次开花后及时剪去花梗，每枝只留基部两个芽。经过这样反复摘心，能使株形优美，花繁色艳。

喜好强光是香石竹的重要特性。无论室内越冬、盆栽越夏还是温室促成栽培，都需要充足的光照，都应该放在直射光照射的向阳位置上。

香石竹为蔓生草花，立架扶持可以促使花茎直立挺拔，改善株间通风透光条件，提高切花产量和品质。

【病虫害防治】

香石竹常见的病害有萼腐病、锈病、灰霉病、芽腐病、根腐病。可用代森锌防治萼腐病，5毫克/千克氧化锈灵防锈病。防治其他病害可用代森锌、多菌灵或克菌丹，在栽插前进行土壤处理。

遇红蜘蛛、蚜虫危害时，一般用40%乐果乳剂1000倍稀释液杀除。

10. 牵牛

【繁殖及栽培】

播种繁殖，春季可直播于墙篱、棚架旁、阳台种植槽或花盆等处，真叶4～6片时定植。盆栽宜用大盆或木箱。因牵牛枝叶繁茂，需深厚而富含腐殖质的壤土，施些基肥，生长期肥水管理适当，则枝繁叶茂。盆栽观赏用的，则需整枝造型，控制生长。6片真叶时进行摘心，促进分枝，腋芽发生后，全株选留健壮芽3枚，其余均除去，这样可使花大形美。

11. 短牵牛

【繁殖及栽培】

（1）繁殖：通常采用种子繁殖，也可扦插繁殖。

①播种法：在春秋两季均可进行。因种子细小，播时操作要仔细，最好播在花盆里。用盆底浸水法浸透水。20℃左右的温度条件下7～10天即可发芽，苗高5厘米可移植。

②扦插法：春秋两季均可进行。取成熟的枝条，（切口要平，上留2～3片叶），插于事先已消毒的沙床或砻糠灰中，扦插深度为插穗长度的1/2～1/3，注意保持沙土湿润和适当遮阴。生根极易，成活后即可移植。

（2）栽培：

①浇水：夏季生长旺季水分可略多，平时则可见干再浇水。

②施肥：定植和上盆后每10天施1次腐熟人粪尿，肥不宜太多，以免引起徒长倒伏。生长季节可以追施少量液肥。

12. 虞美人

【繁殖及栽培】

种子繁殖，春秋两季都可播种。春季3月下旬播种，6～7月开花。秋季9月播种，翌年4～5月可开花。20℃为发芽最适温度。直播出苗后，及时间苗，株行距为30～40厘米，也可播于小盆，长出4片真叶后，脱盆带土移栽于露地，或移至大盆。管理简便，对肥水要求不高。开花前，用稀薄腐熟有机肥追肥1～2次，花后剪去残花枝，可使其余花朵大而花期长。

13. 万寿菊

【繁殖及栽培】

(1) 繁殖：播种繁殖，春天4月初播种，发芽最适温度为21~22℃，发芽迅速，也可于夏秋用嫩枝扦插，易生根。种子的采收，应用9月以后开花所结果实留种，夏天结的瘦果发芽率低。当舌状花卷缩失色，总苞发黄时，即使花梗尚青，也可立即采摘，晒干脱粒，贮藏至来年播种。

(2) 栽培：4月播种后，及时间苗，真叶发生后移植1次，6月初定植。管理粗放，对肥水要求不严，生长旺盛时，适当修剪，控制高度。夏季干旱时，注意浇水及通风。炎夏时易发生红蜘蛛危害，需及早防治。

14. 百日草

【繁殖及栽培】

(1) 繁殖：常用种子繁殖，也可剪枝扦插。一般春季4月播种，播后浇足水，种子要在黑暗条件下发芽，所以覆土要严，种子不要外露，发芽温度最适为22℃。1周后可出芽，幼苗5~10厘米高时移植。由于百日草侧根较少，应在小苗时经过多次移植，促使多生侧根。

扦插宜在夏季，但气温过高且多阵雨，应注意防护遮阴。

(2) 栽培：

①浇水：百日草耐干旱，平时浇水不宜过多，夏季稍勤浇水。高温雨季注意排涝。

②施肥：养苗期施肥不要太勤，每隔1月施1次腐熟人粪尿，同时进行1~2次摘心，促进多分枝，多出花蕾。生长旺盛期接近开花时可多施肥料，以含磷钾肥为主的腐熟液肥较好。花后从基部剪去花枝，可使其重新开花，剪后即灌溉，经1周后可追肥1次，以后施肥较勤，花期可延长至11月。高大植株多施磷钾肥可以防止倒伏。播种3周后，可喷1%的B9，可适当控制高度。

【病虫害防治】

8月生长势弱，易受红蜘蛛危害，注意防治。

15. 金莲花

【繁殖及栽培】

(1) 繁殖：多用播种繁殖，也可用扦插繁殖。春秋两季均可播种，播种前用40~45℃温水浸种，水自然冷凉后再继续浸泡24小时，使种子饱吸水分然后播种。盆土使用腐叶土1份，砻糠灰1份，园土1份混合土，或采用素沙土。盆土浇透水后，将子撒播在土上，用细沙覆盖1厘米，放于半阴处。每天浇水1次，7天可发芽。发芽1个月后可换盆，换盆时可放些饼肥在盆底做基肥，换盆后连浇透水两次，放于露地。

金莲花在生长期间用茎扦插也易成活。具体方法是：剪取茎梢3～5节，除去下部叶片作插穗，插在不含肥料的沙土中，保持12～15℃的土温，半个月可生根。

（2）栽培：金莲花的栽培管理比较容易，只要施行一般管理，不必特殊照顾。

①浇水：浇水要见干见湿，保持盆土湿润。如果盆土过干，常导致叶片变黄，过湿根易腐烂。蔓茎生长期水量宜适当多些，孕管开花期应酌减。雨季注意排水，浇水后及时松土以利通气。

②施肥：金莲花一般不宜多施肥料，特别是氮肥，以免枝叶徒长，影响开花。可在定植时施以少量基肥。以后约每月施1次即可。

③其他：由于金莲花除矮性品种外，因茎系蔓生，盆栽宜设支架，上架前除留主枝和粗壮侧枝外，还要进行摘心。同时由于金莲花花叶趋光性强，栽培时宜经常转盆，保持其优美的株形。

【病虫害防治】

金莲花常有粉虱危害，可用稀释1000～1500倍的40%乐果喷杀。

16. 凤仙花

【繁殖及栽培】

用播种繁殖，4月初播种，20～25℃，1周即可发芽，幼苗生长迅速，应及时间苗定植。管理简便，保持土壤湿润，生长期适当施2～3次液肥，盛夏蒸腾作用强烈时，应及时浇水，以防叶枯萎脱落，管理得好，可延长花期。

17. 半支莲

【繁殖及栽培】

（1）繁殖：可用播种或扦插繁殖，播种宜于早春4月，发芽最适温度为21～22℃。采种方法是：观察到花冠已干枯，用手指一触即落时，即可采收种子。有的花冠已落，蒴果顶盖呈麦秆黄色时，也已成熟可以采取。

扦插繁殖极易成活，信手取枝扦插就可成活。因此又俗称之"死不了"。扦插最宜于7～8月份取嫩枝进行，萎蔫的茎也可扦插成活。移栽苗时，不必带土。

（2）栽培：养护容易，管理粗放。

①浇水：耐旱能力很强，不宜浇水过多。

②施肥：开花前期可追施混合肥，促使多开花多分枝。

③其他：注意中耕除草。

18．紫茉莉

【繁殖及栽培】

多用种子繁殖，4~5月点播于庭院露地，7天左右即可发芽，真叶发生后移植，或间苗后不移植，直接定植于庭园中，管理粗放。

19．四季海棠

【繁殖及栽培】

（1）繁殖：种子繁殖和扦插繁殖都可以。种子成熟后可以随采随播，一般以5~6月采收的种子较好。也可收藏到来年春天再播。种子播于装有细粒培养土的浅盆中，因为种子细小，可以不覆土。用浸盆法给水。土壤充分湿润，上盖玻璃，放于半阴处，15℃时，1周后可出苗，再过10天左右即可移栽。春播的，当年秋季即能开花。9月播种的来年夏初可开花。播种苗较扦插的分枝性强，生长健壮。

扦插繁殖，一年四季都可进行，但以春天扦插较好，选取由腋芽长出的带顶梢的枝条，剪去下部一些叶片，插于沙土中，注意保温遮阴，气温20℃左右时，一般7~10天即可生根。

（2）栽培：四季海棠栽培管理容易，幼苗长至6片真叶时需摘心，以促使多分枝。及时修去枯枝黄叶，适当整枝使株形优美。及时剪去残花，促使萌发新枝及花蕾。

①浇水：四季海棠是浅根性植物，要经常保持盆土湿润，营养生长时期要适当控制水分，防止徒长。花期要注意不要太干，以免落花落蕾。掌握见干见湿的浇水原则。

②施肥：4月中旬以后每隔10天追施1次稀薄液肥。夏季高温季节，植株生长停滞，应减少肥水，遮阴、通风，不使过湿。切忌阳光直射，只能早晚见些散射光，若光线过强，叶片易卷缩并出现焦斑，但若光线不足又易造成植株柔弱细长。室内宜置于窗台接受散射光照。

【病虫害防治】

四季海棠易得下列几种病虫害。

（1）斑点细菌病：在高湿高温条件下易发生。开始叶面有暗褐色斑点，逐渐蔓延成黑褐色轮纹状。病斑部有穴。可用等量波尔多液喷雾防治。也要改善通风条件，及时摘除病叶。

（2）茎腐病：在靠近盆土的基部茎叶上易发生。是茶褐色软腐状的坏疖。偶尔也在上部茎叶发生。可用50％代森铵水溶液稀释1000倍后喷雾，并及时摘除病茎、叶，控制浇水量，加强通风条件来防治。

（3）蚜虫、红蜘蛛的防治：用敌敌畏80％乳剂稀释1000～1500倍后喷洒。

20. 鸡冠花

【繁殖及栽培】

（1）繁殖：采用播种繁殖，3月下旬至4月中旬播种，种子细小，可不覆土。在17～25℃的温度下，湿度合适7～10天即可出苗。

（2）栽培：当幼苗长出3～4片真叶时，即可定植。鸡冠花适应能力强，栽培管理容易。根系发达，耐贫瘠，故庭院中可将其栽植于土质较差的地方，但阳光必须充足。一般情况下，无须浇水施肥，肥料及水分太多反而会使其疯长，不但长得太高，还容易生出分枝，这些分枝不能开花。在管理中要及时摘除侧枝，以使主枝上长成大型鸡冠。当鸡冠成形时，可施以磷肥，以促进花序长大。盆栽时，先植于3寸盆，宜稍深植，仅留子叶在土面上。在生长前期要控水控肥，防止疯长，促使早日长出花序。当出现花序后，换入5寸盆，或7寸盆，并用肥土。这样经前期控长，多次移植，后期加肥的措施后，可使植株矮化，且花序肥大厚实。适于盆栽观赏。

21. 千日红

【繁殖及栽培】

千日红于4月初播种于露地或花盆中。播前宜用温水浸种催芽，方法是：将种子用纱布包好，放在浅盆中，每天用清水冲洗1～2次，置于20℃左右。待种子萌动后，再拌以细土播于苗床或盆中。加强肥水管理，出6片真叶时移植，也可直播。移栽后遮阴，保持适当的土壤肥力和湿润。

22. 茑萝

【繁殖及栽培】

蒴果成熟期不一致，成熟后易开裂，种子散落地上，所以应适时分批采收，贮藏至来年播种。4月初可用点播法播于盆中，幼苗生长缓慢，当长成4片真叶后可定植，露地栽培或盆栽均可。设立支架，使其缠绕生长。管理简便，生长期保持土壤湿润，施2～3次稀薄有机液肥即可。

23. 蒲包花

【繁殖及栽培】

（1）繁殖：多数采用播种繁殖，宜8～9月在室内盆播，不宜过早或过迟。过早，气温太高，幼苗易腐烂；过晚，植株发根不好。播种用土选用腐叶土或泥炭土对入一半粗沙，通过消毒装入播种浅盆。下种时不宜过密，防止幼苗旺长，下种后不必覆土，盆上盖玻璃，或塑料薄膜，用浸盆法浸水后，置于阴暗处，每天揭开玻璃或塑料薄膜少许时间，以利通气。这样，约 5~6 天可发芽，出现叶片后，移向通风透光处，温度以 15℃ 最宜。若发现幼苗过密，要及时间苗，幼苗长出两片真叶时，先移入浅盆内，约两周后可定植于口径 16~20 厘米的盆中。

（2）栽培：

①土壤：腐叶土、泥炭土和沙以 3:1:1 配合，并添加少量肥料，pH 值以 6.5 为宜。

②浇水：蒲包花喜湿润环境，又忌盆土过湿。生长及开花时期浇水不宜过多，一般盆土干时才浇水。浇水时应注意不能让水淋于植株叶面及芽上，否则易引起烂叶烂心。

③施肥：花前生长季节每隔 10 天施以腐熟饼肥水 1 次，初花期增施以磷肥为主的肥料，如施化肥，浓度不要超过 0.5%。如果叶片皱缩，茎叶徒长，应停止施肥。

④其他：生长期温度在 10℃ 左右为宜，开花期温度降至 5~8℃，花期可延长。为降低温度，中午强烈日光下，必须采取遮阴措施，要为盆株创造通风凉爽环境，特别在春季开花后，5~6 月种子成熟时期，更要做好通风并遮去中午强烈日光。

【病虫害防治】

过干易发生红蜘蛛，浇水于叶片上会引起腐烂病，花茎抽出后易发生蚜虫危害，应该对症下药防治。

24. 鹤望兰

【繁殖及栽培】

（1）繁殖

可用分株、播种、芽插等方法。一般以分株法为主。

当母株长出 4~5 个叶丛时进行分株，一般选在早春新芽萌发前。首先从盆中挖出母株，抖去泥土，用利刀将叶丛连同下面块茎和一部分须根切开，在伤口涂以木炭粉，防止腐烂。选用较大和深的瓦盆，土壤以腐叶土、泥炭土、素沙各 1 份，混合，加入适量磷钾肥料作底肥，将切块栽植。栽后浇透水置于阴凉处。每天清水喷洒叶片，不要天天浇水于盆土中。

用播种方法必须先进行人工授粉，种子成熟后，采种，并立即播种。

（2）栽培

①浇水：育苗期不要天天浇水，防止烂根。待新叶萌发后，可天天浇水，促进新叶生长。炎热夏季除日常浇水外，应用清水喷洒叶片及周围地面，以增加空气湿度，多雨季节注意排水。冬季室温不得低于8℃，少浇水，多见阳光。

②施肥：生长季节每隔两周追施稀薄液肥1次。

③其他：为了花开得多而好，栽培管理中还应保持适当的温度（23～25℃）和充足的阳光，特别是花芽分化期，应使温度稳定和缓慢上升。

25. 一串红

【繁殖及栽培】

（1）繁殖：多采用播种法和扦插法。

①播种法：采种工作应把握时机，一般应在整个花序中部小花花萼已失色坚果刚成熟时，摘采整个花序，晾干落粒，贮存。播种在3～6月皆可进行，播后覆土，保持湿润，气温15℃以上。最佳发芽温度为21℃，光照充足利于发芽。

②扦插法：可于夏秋6～8月扦插，插穗取组织充实的嫩枝，摘去顶芽再插，生根容易。在夏季高温干燥季节，注意庇荫降温，经常喷水，保持湿度。雨天注意排涝。

（2）栽培：

①土壤：以肥沃疏松富含腐殖质的壤土或沙质壤土为宜。

②浇水：平时不喜大水，否则易发生黄叶落叶现象，造成株大而稀疏、开花较少的情况。浇水要掌握"干透浇透"，盆土经常过湿，通气不良，也会影响新根萌发。在生长旺季，可酌加浇水次数和水量，空气湿度以60%～70%为宜。

③施肥：生长旺季，可追施含磷液肥1～2次，促使开花茂盛。

④其他：生长期间要经常摘心整枝、控制植株高度和分枝数，促使花序长而肥大，开花整齐，也可延长开花时间。气温在20℃以上时疏蕾摘心，仅30天可进入盛花期，在9月中旬摘心，则可于国庆节盛开。

光照太强对一串红花序形成有影响，因此夏季应注意适当遮阴，同时注意提高空气湿度，保持空气流通，防治病虫害发生。

【病虫害防治】

病害主要是由于地湿、气湿、严重荫蔽、不通风、不通气引起的枝叶腐烂，应及时采取措施，改善环境条件。虫害主要是干热条件下，红蜘蛛、蚜虫的迅速繁衍。

26. 非洲菊

【繁殖及栽培】

（1）繁殖：可采用播种法或分株法。一般在 8～9 月播种，种子成熟后即行盆播，否则易丧失发芽力。饱满的种子发芽率高。播种后放置荫蔽处保持湿润，20～25℃10～14 天发芽。发芽后可置有阳光且通风良好处，待子叶完全展开便可分苗。栽植时适当修剪根尖，促使多生须根。分苗后根据植株生长情况及时换盆。

分株繁殖一般在第一花期以后，于 7～8 月，可以结合翻盆换土进行。

（2）栽培：

①浇水：苗期保持湿润即可，不宜太湿。生长期间若逢干旱，适当增加水量，平时保持湿润。浇水时忌将水淋到叶丛，以免花叶腐烂。若 10 月左右移入室内培养，当室温较低，阳光不充足时，可停止浇水。

②施肥：掌握"少施勤施"的原则，一般可每隔 7～10 天追施稀薄液肥 1 次。

③其他：经常摘除生长旺盛而过多的外层老叶，有利于萌发新叶和新的花芽，也有利于通风，能使不断开花。

为了使种子饱满，在盛花始期，应选择花大色艳，植株健壮的单花进行人工授粉。采收种子要及时，防止过熟而飞散，采后种子阴干，放入纸袋内。

非洲菊是著名的切花花卉，剪取的适合时间，为最外轮雄花出现花粉时，过早容易萎蔫。

【病虫害防治】

非洲菊养护不当，易引起根腐病即烂根。病因和防范措施如下：一是盆土排水不畅，黏重，易导致烂根，宜选用肥沃疏松，排水良好的培养土。二是休眠期和苗期浇水过多。一般休眠期应见干时再浇水，苗期保持湿润即可。三是分株繁殖时，栽植过深，也易引起小苗腐烂而死，以新芽露出土面为宜。

27. 马蹄莲

【繁殖及栽培】

（1）繁殖：一般用分株法，也可用播种法。分株法宜于秋后 8～9 月种植。挖取母株根茎四周萌发的小曲蘗芽分栽。种植时均用较大口径的泥盆，每盆植 4～5 个芽，芽要放正向上，覆土稍厚，浇足水，放在半荫地。2 周左右可生根。

（2）栽培：

①土壤：一般用园土加砻糠灰。

②浇水：抽芽前保持盆土湿润，浇水量随叶片增多而增加，生长期充分浇水。浇水量过少，叶柄就会因失水而折断，浇水过量也不好，会造成烂根。5月以后，天气开始转热，叶开始枯黄，可减少浇水，将盆侧放，令其干燥促其休眠，叶子全部枯黄后取出块茎，放置通风阴凉处贮藏。

③施肥：马蹄莲好肥，但肥量过多或过少都会引起叶子发黄。一般每隔10～15天施腐熟液肥1次，开花期间以施磷肥为主。

其他：发芽长叶后应置于阳光充足之处，冬季移入10℃以上的室内，令其充分享受阳光。另外平时枝叶繁茂时，应注意将外部老叶摘除，以利花梗抽生。马蹄莲易受烟害，经常受烟熏会引起黄叶，影响开花，所以要注意流通空气，防止烟熏。

28. 天竺葵

【繁殖及栽培】

（1）繁殖：扦插繁殖。以4～5月和9～10月扦插最好。夏季不宜扦插。春季扦插的当年冬季或来年早春可开花，秋季扦插的次年晚春可开花。用排水良好的沙质壤土，拌以40%的砻糠灰，或用河沙作扦插用土。也可用水插法，将插条插于盛水的瓶中，待刚长根时即植于花盆中。保持土壤湿润、通气，根可很快长出。天竺葵插穗宜选长势强健的枝条，每穗长6～10厘米，有2～3节，在节下用快刀削平，剪去下部1枚叶片，留顶端1～2枚叶片，在阴凉处放1天，待切口干后，先把扦插用花盆用浸水法吸足水分，然后用细竹竿或竹筷打洞，再将插穗插入，以免直接将枝条插入时擦破切口的茎皮组织，影响生根。插入深度为全长的1/3～1/2。插好后，在其四周用手将土压紧，使土、沙与枝条密切接触，有利于吸水。经常保持湿润，注意通风，置于半阴处。约20天可发根，及早上盆。

（2）栽培：

①土壤：培养土可用腐殖土1/3、砻糠灰1/3、园土1/3，再适当加些骨粉、过磷酸钙或蛋壳粉，拌和后使用。天竺葵因生长快，每年需翻盆1次。更换新土，一般在8月中旬至9月上旬进行，翻盆前1周先对植株进行修剪，留下基部10余厘米，这1周内不可浇水，施肥，以免剪口处腐烂。翻盆时倒出盆土后，可适当修剪去一些较长的根和上部一些多余的萌芽。

②浇水：天竺葵最忌盆中积水，浇水要适量。过量会引起徒长或烂根。春秋生长开花旺盛时，水量可多些。夏季气候炎热，植物蒸腾作用快，土

面蒸发量也大，所以宜保持土壤湿润，但不要过湿，冬季温度低生长缓慢，适当控水，不必太湿。

③施肥：盆内除施用足够的基肥外，每隔 2 周施稀释液肥 1 次，开花盛期可每周 1 次。夏季 7～8 月高温时植株生长也减慢，不宜施肥。

④光照：天竺葵冬春喜充足阳光。夏季气候炎热，宜放于庇荫处，忌阳光直射。要求通风凉爽的环境条件。

⑤修剪：为使株形美观，开花数多，要适当修剪。在 3～4 月植株如生长旺盛，可进行疏枝修剪。开花后及时剪去残花及过密枝条，使株形圆满。修剪后不可使伤口受水，以免腐烂。

29. 君子兰

【繁殖及栽培】

（1）繁殖：主要采用分株法和播种法。

①分株法：是君子兰的主要繁殖方式，多在 4～5 月、9～10 月间结合翻盆进行。分株时必须带有一定数量的根，将枯死腐烂的根剪除。君子兰根茎周围的分蘖（俗称脚芽），长到 15 厘米以上时，才能从母株分离，分割后在伤口涂木炭粉防腐，种植时不宜过浅，需将土压紧，水浇透，一般 20～30 天可生新根。

②播种法：君子兰有大粒种子，从坐果到果实充分成熟约需九个半月到十个月之久，这时果皮由青绿色变成红褐色，当用手按摩果实，感到种皮已变硬，种子在果实内可活动时，即可采摘，然后逐个剥开果皮取出种子，再剥掉种子外面的一层肉膜，用水洗净后立即播种。

采用含腐殖质丰富的沙壤土，盆播时，盆底先铺填一层瓦砾，君子兰的种子很大，可采用点播法，把种子均匀地按入盆土内，一定要让种脐朝下，上面覆土 1.5 厘米，浇透水后，放在 20～25℃室温下，土温不低于 15℃，保持盆土湿润，经 40～50 天种子可发芽，发芽后适当控制水分并给予充足的光照，待幼小植株长出 2 片叶子时，可分盆培养。

（2）栽培：

①土壤：君子兰适宜用含腐殖质丰实的土壤，这种土壤透气性好、渗水性好，且全质肥沃，具微酸性（pH6.5）。在腐殖土中渗入 20% 左右沙粒，有利于养根。栽培时用盆随植株生长而逐渐加大，栽培一年生苗时，适用 3 寸盆。第二年换 5 寸盆，以后每过 1～2 年换入大一号的花盆，换盆可在春秋两季进行。

②浇水：君子兰有发达的肉质根，能贮存较多水分并有一定的耐旱性。

一般经验认为土壤含水量以 30% 左右为宜，掌握在盆土表面见干再浇，冬季 3 ~ 5 天浇 1 次，春秋季可 1 ~ 2 天浇 1 次，夏季适当增加浇水次数。苗期需水少，开花期需水多。浇水时勿把水浇在叶片上以防叶子腐烂。发现叶上有灰尘时，可用软布轻擦叶面，也可用软毛刷掉刷，不要大量淋水洗刷。

③施肥：君子兰喜肥，但肥料过多会造成烂根，除施底肥外，追肥宜采用"薄肥多施"的方法。换盆时施底肥。春秋两季每隔 1 月施 1 次发酵后的固体肥，再每周施 1 次液体肥，冬夏最好不追肥，整个植株可依靠春秋积累的营养物质缓慢生长。施固体肥时，扒开盆土，埋入土中 2 厘米深，不要直接接触根系，以免烧伤；施液体肥时，小苗以肥：水 = 1：40 较好，大中苗以 1：20 较好，施肥时间以清晨为宜，忌溅到叶片上，施液肥后应及时浇水 1 次，但水不必太多，一方面溶解肥料，另一方面可将新长出的肉质根冲洗一下，以防治伤害新根。季节不同，肥料种类有所侧重。冬春偏施磷钾肥，如骨粉等；秋季偏施氮肥，如豆饼水；夏季常用根外追肥，用 0.1% 磷酸二氢钾或过磷酸钙等喷洒叶面，根外追肥一年四季都可进行。

④光照：在整个栽培过程中，尽量不让植株受日光直射，每天能有 4 小时左右在散射日光下就可以了，光照过强会使叶片变窄。君子兰夏季忌高温和烈日照射，应把君子兰放置在空气湿度较高和阴凉环境中，注意通风。冬季君子兰畏寒，应把它搬至室内放在光线充足的位置，室温在 5℃ 左右就能安全越冬。如果有条件，最好能保持环境温度稳定在 15 ~ 25℃。

⑤其他：鉴别君子兰的标准中有一条是叶片应向两侧斜上方生长，并成扇面形排列。要达到这样的株形，除应选择短叶品种外，在养护时可调节光照方向，使叶片的伸展方向与光照方向平行，也即是使一侧的叶片尖端指向光源，室内则指向窗口，并每隔 1 周将花盆转 180°，使另一侧的叶片尖端指向窗口。这样可使不断长出来的叶片排列整齐，正面看如一开放的扇面，侧面看像一条线。也可在播种苗生长 1 年后，就用铅丝弯成"丁"形的框架，把叶片卡在里面来加以控制，1 年以后再把铅丝框拆掉，这样可防止叶片长得七扭八歪。如果以后还有个别叶片偏斜，可用黑纸糊一个纸套把它套住，10 ~ 15 天可自然伸直。

【病虫害防治】

①根腐病：其症状为叶片从叶端开始发黄，新叶发生较少或不生新叶。原因是盆土含水过多或栽植时病菌从断根伤口侵入引起的。解决方法：把植株从土中小心挖出检查，若根系小部分腐烂，可切除腐烂部分，切面涂以硫黄粉或草木灰，以后换新土重新栽植。若大部分根系腐烂，则从根茎

处把根系全部切除，用稀释200倍的硫酸铜水溶液消毒，然后再插入河沙，盆沙保持湿润偏干，放置于通风庇荫处，使其重新生根。

②日灼病：叶片全部变黄，是由夏季长时间强光直射引起的。应采用遮阴栽培，已发黄的叶片可以剪去。

③炭疽病：此病多发生在多雨潮湿季节，病斑以中、下部叶片边缘处居多。发病初期叶片上出现湿润状褐色小斑点，以后逐渐扩大成椭圆形病斑，并在病斑上产生同心环纹，后期病斑干枯，其上散生许多小黑点。防治方法，一是深秋或早春清除枯枝落叶并及时剪除患病枝，一并烧毁；二是发病前喷洒65%代森锌600倍液保护；三是合理施肥浇水，注意通风透光；四是发病初期喷洒稀释500～800倍的50%多菌灵，或50%托布津液，或用稀释600～800倍的75%百菌清液喷洒。

④"夹箭"：君子兰在栽培中常发生孕蕾后不能抽出花葶，无法开花的现象，称为"夹箭"。夹箭的主要原因是温度不合适。君子兰的花期大都在12月到来年3月，这时室温如果低于14℃，昼夜温差又很小，花葶抽出后会生长缓慢而引起夹箭现象。解决方法是：当花葶露头时，应立即把室温提高到20℃以上，夜间室温最好在12℃左右，使昼夜温差达到8℃以上，就能防止夹箭。也可用25℃温水灌入土壤催箭。室温过低时，可用塑料薄膜做成框子罩于花盆外，置于阳光下，以增加温度催"箭"。

肥水管理不当也会造成"夹箭"现象，所以花前要施足肥料，促使花蕾花葶生长有足够的养料。花葶生长时需要足够的水分，才能很快伸长，因此在花葶露头至开花前应保持土壤湿润，并施以少量液肥。

宿根及水生花卉

1. 兰花类

【繁殖及栽培】

（1）繁殖：因种子内胚常发育不完全，故常规播种很难发芽，所以常用分株繁殖，结合翻盆进行。一般品种2～3年1次，名贵品种4～5年1次，分株多在新芽未露之前进行。一般早春开花的品种在秋末分株，夏秋开花的品种在早春分株。

选择生长繁茂、健壮的母株，春兰要四五束（筒）；蕙兰要八九束才可以分。选定母株后，使盆土略干，以降低根部细胞膨压，这样分株时不易断根。将兰株从盆中轻轻翻出，抖落泥土，剪除腐根和部分老叶，切勿伤及幼芽。然后将根浸于清水中，用旧牙刷或毛笔轻轻刷洗，洗净泥土后放在阴凉处，待根色发白并有细小皱纹而柔软时，就可分株上盆。

（2）上盆：植兰以瓦盆为佳，这种盆通气性好，容易发根。选盆口大而深，底孔大的为好。花盆必须内外洗净。在盆底孔上覆盖小块塑料窗纱或棕衣，以防蚂蚁等虫爬入盆内筑窝而伤害兰根。盆底用洗净的碎瓦片或蚌壳4～5个叠成馒头形，上面再铺一层粗沙，约1厘米高，再填较粗的山泥粒，约填盆之半时，把已分好的兰花植株放入盆的四周，防止泥进入叶心。再加山泥，当距盆口2～3厘米时，将植株稍向上提，以舒展其根，并轻轻摇盆，再用手将根际土壤压紧填实，勿使根下留有空隙，盆面要中间高，四周低，略呈馒头形，上面最好再铺上翠云草或细石子，最后用细眼喷壶浇透水，这样可避免浇水时造成土面板结，并可减少水分蒸发。把盆置于庇荫处，1月之内不可直接被太阳照射。这段时间浇水不可太多，以免盆土过湿，但空气要湿润，15～30天便能发根成活。

（3）选购：家庭养兰花，常以选购为主，如何鉴别好坏是很重要的，现把鉴别兰花优劣的标准介绍如下：

①根：以圆而细且数量多者为好。

②叶：以基部紧，中上部阔、软而下垂者为佳。

③花：花色以嫩绿为上，浓绿次之，赤绿更次之。花红色鲜明者也佳。素心，即全花一色的更佳。

④花香：以清雅、纯正、温和者为佳，有过于强烈之异味者为劣。

⑤花瓣：花心的外三瓣以均匀而质地稍厚并有柔软之感的为贵。主瓣阔，副瓣窄或瓣外翘者为劣。

⑥肩：以"平肩"为上品（以主瓣为中心，左右两瓣水平伸展的称平肩）。两侧瓣稍向上称为"飞肩"的也佳。如肩下斜称"落肩"的则次之。

⑦棒心（即内三瓣）：以光洁、柔软者为上。

⑧舌：短而圆、阔大者为佳。

⑨点（指舌瓣上之点）：春兰舌上之点必须整齐，杂乱而色暗者为劣。

市场上的兰花都在开花前供应，所以花苞成为鉴别及选择优良品种的主要对象。可从花苞外形和苞衣色泽上来识别。春兰开一朵花，比较容易鉴别。花苞的形态以短而圆，状如黄豆或花生的为好，开花时花瓣也往往短而圆。如果苞衣尖端带有白点，这是梅瓣、水仙瓣的主要标志；苞衣色泽鲜艳而有光泽，脉纹细密，并由基部直通顶部，而且层层紧紧抱合，其花瓣可能是净绿的。素心种苞衣往往呈白绿色，如薄纱。

夏兰特征没有春兰明显，苞衣紧密抱合，色泽明显具光泽，苞衣厚而短，苞衣尖端向内卷而起兜者，往往是上品。这些只能作一参考，真正好坏尚需待开花后再作鉴定。

（4）养护管理：

①放置场所：兰花忌强烈阳光照射，喜阴，宜放于通风阴凉处，并避免煤烟及有毒气体及粉尘的危害。所以可记住："爱朝日，避夕阳，喜南暖，畏北寒，忌煤烟"这几句口诀。还要注意四戒，即"春不出，夏不日，秋不干，冬不湿"。所以家庭养兰，宜置于庭院或天井的阴湿处，也可放于用帘子遮阴的阳台上，冬天可放于室内。冬天可适当晒太阳，春末至秋初忌烈日暴晒。花盆宜半月转盆 1 次，使兰花四面受光，有利于生长均衡。

②浇水：兰花宜干不宜湿，俗话说"干兰湿菊"。水质以河水、雨水为好，自来水必须贮存 1 天，把有害气体挥发后用为好。兰花土壤忌过湿，但空气环境要湿润，所以在干旱季节，除遮阴外，还需喷雾，增加空气湿度。

③施肥：兰花喜豆粕、饼肥，也可施用酸性化肥，如硫酸铵、磷酸二氢钾等。在生长旺季每隔 15 ～ 20 天施用 1 次稀释的液肥，全年共 4 ～ 5 次即可，休眠期切不可施肥。

④修剪：经常把枯黄的老叶和折断的叶片剪去，以利通风，并保持株形美观。发现病叶更应及早剪除，以免传染。花芽如数量较多可适当疏去一些弱小的花芽，以使养分集中。当春兰花开 7 天左右，慧兰花到顶端最末一朵时即可全部剪去，不必等到花谢，这样可少消耗养分。

【病虫害防治】

（1）炭疽病：是兰花普遍的病害，全年都可发生，在温暖湿润的季节尤甚。发病部位从叶直到根茎处都有，为黑色病斑。发现后除直接剪除病叶外，立即加强通风条件，并用 1% 的等量波尔多液或用多菌灵防治。

（2）白绢病：梅雨季节易发生，在植株基部缠满白色菌丝，不久生出油菜籽样的菌核，此时因根基已经腐烂，所以极易用手拔掉。除注意梅雨季节加强通风条件外，也可撒上石灰或多菌灵来防治。如已发病，则须去掉四周带菌的土壤。

（3）介壳虫：俗称兰虱，可用 10% 氧化乐果防治。也可人工剔除。

2. 芍药

【繁殖及栽培】

（1）繁殖：芍药的传统繁殖方法是分株与播种。由于播种繁殖的后代易发生变异，因此一般仅在培育新品种时采用这种方法。分株繁殖虽能保持原品种的特性，但繁殖系数低，而且分株后的母株，第二年观赏价值降低。近年来有人用扦插繁殖法，效果良好。现将扦插繁殖方法介绍如下：

①采集插条：于7月中旬，当芍药种子成熟时，采集插条进行扦插，效果最好（可结合采集种子和修剪整形进行）。选健壮无病虫害的枝条，长10~15厘米，带两个节，将上面的一片复叶剪去大部分，留少许，下面的复叶连叶柄一起剪去。插条下端剪成斜面，上端剪成圆形。

②插床的准备：选地势较高，排水良好的地方作扦插苗床。插前先将床底土翻一遍，然后铺上经0.5%高锰酸钾溶液消毒过的河沙，在床的上方搭棚。

③扦插：扦插深度以插条的1/2为宜，株行距一般以叶片互不遮阴为度。插后浇透水，并盖上塑料薄膜，再用苇帘子遮阴。

④插后管理：一般插床基质温度在28~30℃，湿度为50%时最宜生根。插棚内温度保持在20~25℃，湿度为80%~90%为好。如管理得当，一般20~25天可生根，生根后应减少浇水量，及时揭开塑料薄膜，以防温、湿度过高影响幼苗的生长。

⑤幼苗管理：芍药幼苗生长缓慢，扦插苗当年不宜移栽，以免伤根难以越冬。所以一般幼苗在扦插床上越冬。当幼苗叶片枯萎后，浇透冬水，过几天后覆盖20厘米的土层，就可安全越冬了。第二年春季4月中旬左右，撤去防寒土。待小苗放叶后，移植到露地栽培。

用此法繁殖的芍药，不仅成活率高，而且生长良好。

分株繁殖可在9月中旬至10月上旬进行，不宜太迟，更不宜在春季进行。9月中旬至10月上旬新芽已形成，分株后地温尚不太低，根系还有一段恢复生长时间，有利于来年生长。分株的年限因栽培目的而异。作为观赏栽培时，通常可以6~7年分1次。以采根药用为目的的，3~5年分株1次。分株时，先把地上茎叶齐地面剪去，再将根全部挖起，抖去泥土。根据原墩株丛的大小，每株4~6枝，分成若干株，切口用硫黄粉和草木灰涂抹，晾干1~2天，使根变软些，栽植时不易折断。栽植深度不宜过深过浅，注意根系完全伸直，以芽顶低于地面5厘米为准。

芍药宜植于地势高燥之处，栽植前土地要进行深翻，并施以充足的腐熟堆肥、厩肥和骨粉，覆土后将土轻轻压实，浇透水，待水渗入后松土通气。

（2）栽培：

①浇水：芍药较耐旱，故浇水宜见干再浇，但在开花前宜保持湿润。

②施肥：芍药喜肥，一般用人粪尿、豆饼、堆肥等，注意氮肥不可过多，要适当增加磷肥。一般施追肥 3 次：发芽后 1 次，花后 1 次，秋冬再施 1 次。

③其他：芍药花期管理中应注意疏蕾，即在发生花蕾时，每枝花茎只留顶生花蕾，而将侧蕾疏去。开花时立支柱以避免倒伏。避免阳光直射可延长开花。花落后及时剪去花茎。

【病虫害防治】

芍药的病害甚多，主要与牡丹相同，参见牡丹的病害防治。虫害以红蜘蛛、蚜虫为主，可喷稀释 1500～3000 倍的乐果。

3. 萱草

【繁殖及栽培】

多用分株法繁殖，春秋均可进行，最好在枯叶后至萌发前。从母株上分出每丛 2～3 芽的块根，开穴 30 厘米，施足基肥，盖细土，压实浇透水。株丛生长较快，每隔 3～4 年可分株 1 次，如果长期不分，反而生长不良，花愈开愈少。

播种繁殖：于秋天采种后即播，次春发芽。如春播，则采种后沙藏，来年春播后发芽迅速整齐。实生苗一般两年后开花。

栽培管理简便，除施足基肥外，生长期间适当追肥，注意除草即可。

4. 玉簪

【繁殖及栽培】

（1）繁殖：常用分株繁殖，4～5 月或 10～11 月均可分株，将玉簪根挖出，每 3 个芽为一新株进行切割栽培。播种繁殖需经 2～3 年才能开花，因此一般均不采用。

（2）栽培管理：选择庭院阴处，露地栽培，勿使日光直射，否则叶色由绿变为黄白，叶片也会由厚变薄。冬季应将枯叶剪除。除施基肥外，春秋季应施追肥，干旱时注意浇水。盆栽时，冬季休眠期可于室内 2～3℃阴处越冬，土壤保持湿润即可，不能浇水过多，以免腐烂。

5. 菊花

【繁殖及栽培】

（1）繁殖：菊花以扦插繁殖为主，有时也可用嫁接或播种法繁殖。

①扦插繁殖：

芽插法：秋菊自现蕾开花起至来年春季这段时间内，其地下茎上陆续萌芽，出土后称为脚芽。初出土时叶片尚未展开的芽，称抱头芽，这种芽作插穗，生根快，易于成活。从11月到来年5～6月都可进行芽插。

但以秋末冬初萌发的第一代脚芽扦插最佳。它们生长健壮，生命力强，不易退化。

枝插法：在4～5月用越冬母株或秋冬扦插的脚芽长成的新株作母本，以生长旺盛枝条顶部的嫩梢最好，剪取顶端约10厘米长的嫩枝作插穗，茎的切面应为绿色而充实的为好，如果是白色、絮状而中空的则不能用。把插穗下部叶片去掉，仅留顶端2～3片叶子，基部削平，插入苗床或盆内，先用竹签开洞，然后将插条全长的1/3插入洞中，将插穗旁的泥土压紧。喷足水，放在15～20℃和空气湿润的条件下养护，15～20天可生根，生根后盆土以稍干为宜，但不可断水。当幼苗长到5～7片叶时，可移植露地或花盆内。

②嫁接繁殖：此法多用于培育大立菊、培菊（俗称十样锦）。砧木常用青蒿、黄蒿、白蒿等。因为这些植物适应性及抗逆性较强，且根系发达，生长势旺盛，可以为接穗提供丰富的养料，使之长成一株枝叶茂盛的菊株。如有的大立菊开花多时可达上千朵花。嫁接常用劈接法，接后适当遮阴并经常喷雾，以防接穗萎蔫，提高成活率。接后20天除去绑扎带，待长势良好后，把接口以下砧木上的蒿叶除去。

（2）栽培管理：菊花的栽培管理因造型不同而有很大差别。下面介绍盆菊、地菊、案头菊和盆景菊的栽培。

①盆菊的栽培：

上盆：将扦插成活的幼苗移入23～26厘米寸口径的花盆内。因菊花怕涝，所以盘底的排水孔上方除垫碎盆片外，还要再垫以粗沙砾，以利排水通畅。培养土要疏松并富含腐殖质，可用园土4份、腐叶土4份、沙1份、草木灰1份和骨灰适量混合而成。

菊苗上盆后养护管理中要注意水、肥、摘心、整形、除蕾4个关键。

浇水：菊花喜湿润忌水渍，浇水过多易使菊株徒长、茎节伸长、叶片稀疏。土壤中也会因水多气少而使根系腐烂，但浇水不足也会影响其生长发育。所以要根据不同的生育阶段以及盆土的干湿情况灵活掌握。菊花苗期耗水较少，要控制浇水，摘心后也要控制浇水才能使腋芽饱满，以后发枝粗壮。随着菊苗长大、气温升高，耗水量也增大，此时可适当多浇；梅雨季节雨水多，空气湿度大可少浇水，若雨后盆内有积水要及时侧盆倒水。夏季气候炎热，菊株蒸腾强烈，耗水量大，可早晚浇水，并常向四周喷雾以增加空气湿度。秋季菊株生长旺盛，盆上宜稍干以控制高度，防止徒长，有利花芽分化。一般以上午 10 点左右浇水为好，因为白天菊株在高温、强光下蒸腾量大，体内水分处于不饱和状态，使细胞的分裂和伸长减缓，所以午前浇水不致引起植株徒长。到夜间温度降低、蒸腾减弱，适宜细胞伸长时，由于盆土经一天的蒸发和菊株的吸水蒸腾已消耗了大量水分，湿度已降低，从而限制了生长。所以傍晚浇水不要过量，才能控制徒长。菊株含苞待放时可适当多浇些水，以利花蕾生长，花蕾露色后，花瓣迅速生长时更不能脱水，否则花朵变小，花形难看，影响观赏价值。浇水时不要使盆泥溅污叶片，否则容易落叶，也不要把水浇在花朵上，以免引起腐烂。

施肥：菊花喜肥，但也应适时适量。苗期以氮肥为主，可用经发酵的豆饼水、人尿等稀释后应用。每隔 7～10 天施 1 次，前期稀释 5～10 倍。梅雨季节可适当浓些。

菊花孕蕾期，不能施氮肥，可用 0.1% 的磷酸二氢钾作叶面喷施。每周 1 次，共 3 次，宜在早晚进行，将叶的两面喷洒均匀，中午及雨前不要喷施，因中午水分蒸发快易受肥害。雨前喷施易被雨水冲掉。

花蕾形成后可施氮磷结合的肥料。施肥前使盆土稍干，施肥后用喷壶喷少量清水，以冲去叶片上沾到的肥液，避免叶片发黄、脱落。

摘心：摘除主茎或侧枝顶端的嫩芽称摘心，摘心后可促发侧枝，开出较多花朵，并可控制植株高度和推迟花期。大菊一般摘心 3 次，第一次在移栽后，植株长到 20 厘米左右高时进行。留下基部 3～4 片叶，其余全部摘去，再过 25 天左右，叶腋处的芽发育成侧枝，进行第二次摘心，除留下侧枝基部两叶外，其余全部摘除。等侧芽长出枝条后，在立秋前后进行第三次摘心，方法同第二次。以后看需要留枝，即俗称定头。独本菊，仅留 1 枝，多本菊留 3～7 枝。

抹芽与疏蕾：菊花定头后又会抽发新枝、新芽。为使营养集中于孕蕾开花，要及时将这些新枝、芽抹去，以减少养分消耗，仅留下所需要的强健而分布恰当的分枝。

菊花的花蕾很多，枝顶端的称主蕾，其下面的为副蕾，如任其所有的花蕾开花，则花小而影响观赏价值，当主蕾有豌豆大小，花梗略有伸长，主蕾和副蕾易于辨认时进行疏蕾，把副蕾剥去，但最好留 1～2 个预备蕾，否则主蕾损坏了就无法补救。

立支柱：有些菊花品种的茎秆细长柔软，直立性较差，所以生长后期必需设立支柱，并绑缚整形以免倒伏。一些矮化的品种可不必绑扎。

菊株的矮化处理：室内盆栽菊花株形最好要小巧，不宜过高过大，以供案头供养。除用水、肥控制及摘心等手段来控制菊株的高度外，还可用矮壮素和B9来使菊株矮化。矮壮素用1000~3000毫克/千克溶液浇灌土壤，在上盆后10~15天灌1次，10厘米盆径，每次100毫升即可，以盆土需要浇水时浇灌效果为好。B9比矮壮素效果好，用1000毫克/千克水溶液喷洒叶片两面，喷后24小时内不能浇水，以利菊株吸收药液。家庭养花数量少，也可用浓度较高的药液用毛笔蘸后涂茎和生长点，也可达到矮化的效果。现蕾后停止使用。也可用简单的方法，即称取0.5克多效唑药粉，均匀地拌入盆土内，然后移入扦插成活的菊苗，以后的养护管理与常规方法一样，也可用0.2%的多效唑药液喷雾植株，或灌入根部，经此处理的菊花植株矮壮、花大、色艳。

多效唑为植物生长调节剂，可使植株矮壮、叶色浓绿、根系发达，控制枝条伸长等作用。喷或灌多效唑时应注意三点。

第一，喷、灌时间，应在植株长到所需高度时进行，不能在一发芽时就喷灌。

第二，对生长势较强的品种或植株，用药浓度可高些。

第三，多效唑一般不易产生药害，如果因用药过多而使新梢抑制过度时，可用增施氮肥或赤霉素来解救。

②地菊的栽培：地菊一般用于花坛及庭院布置，也可在花蕾将开放时带土团挖起上盆，供观赏用。宜选植株较矮、枝条粗壮、花朵大、色彩鲜艳、开花持久的品种。

菊苗扦插成活后，移植于露地。因菊怕涝，所以江南多雨地区地下水位高处，应筑高畦培养，以利排水，株行距30厘米。多本菊于5月间定植，独本菊于6月间定植。定植后浇透水，成活后摘心。当枝条长出5~6叶时摘心，留3~4叶。待腋芽发出侧枝伸长到5~6叶时，各留2叶摘心，如此反复摘心直至8月上旬进行平头，将各枝条于同一高度上摘心，并疏去发育不良或多余的枝条，最后每株保留高度及粗细大致相等的几支枝条。花蕾发生时，各枝选定2~3蕾，视其长势逐渐去蕾。当中心主蕾大时，留1~2个副蕾，以分散养分；而当中心主蕾小时，早日剥去副蕾，促使主蕾快长，这样调整后使各枝花蕾大小相等，令其花期相近，利于观赏。枝条软弱，需要立支柱绑缚。

③案头菊的栽培：案头菊是将大花品种的秋菊植于10厘米口径的小盆内。每盆一株，每株一花或两花，植株矮小，一般株高20厘米。花朵硕大，能表现出品种特征。适宜摆设于案、几、书桌、窗台等处，可使室内显得

分外雅致，既具有装饰性又带有趣味性。案头菊体积小，占有空间小，且生育周期短，从扦插育苗至成花可供观赏约 100 天，而赏花期可达一个多月，栽培技术也不难，适宜于家庭养花。

案头菊的栽培，主要抓住品种选择、适时育苗和激素处理三个环节。

品种选择：宜选用大花品系，株型紧凑矮壮，茎粗节密，叶片肥大，生育期短，花期较早，花梗较短，花型丰满的品种。最好对矮壮素和 B9 敏感的品种，即用矮化剂处理后效果好的品种。品种选择得好，易于成功。适宜选用的品种有金狮头、绿牡丹、绿云、帅旗、矮脚黄、百金莲、太白积雪、旭桃、绿衣红裳、金冕、墨荷、黑麒麟等。

适时扦插育苗：扦插时间以 7 月下旬到 8 月上旬为好。扦插过早，株高难以控制，扦插过晚，则不能积累充足的养分而不能开出硕大的花朵。选优良母株上部发出的顶枝作插穗，插穗要求芽头丰满，粗壮，叶腋没有萌发侧芽迹象，无病虫害，长度 6~8 厘米左右，切面为绿色肉质实心，而不是白色絮状空心的。插穗插于装有素沙土的花盆内，浇足水，注意遮阴和通风。因 7~8 月正值暑天高温，更要注意水分的平衡，每天向叶面喷水 3~4 次，约两周左右生根成苗，即可上盆。用肥力中等的沙质培养土（腐叶土 2 份，素沙 1 份），植于 10~12 厘米内径的泥盆中，初上盆宜浅。

肥水管理：定植时所用土肥力中等，有利于控制菊株前期生长，以后为控制高度，视生长情况施肥。待现蕾后，菊株生长高度已基本稳定时，可加大肥水用量，肥料可用豆饼、骨粉的腐熟发酵液，经稀释后施用，以"稀肥勤施"为原则，看苗的长势而决定施用次数及多少，这样有利于控制节间拔长。如发现叶色黄绿，植株瘦弱，可适当用些化肥，如用 0.1%~0.2% 的尿素和 0.1%~0.2% 的磷酸二氢钾溶液作根外追肥。

案头菊浇水不宜过多，保持润而不湿为原则，每次浇水可在上午 10 点左右进行，注意要用经贮存温度与盆土温度相近的水。天气干燥时午后可适当向叶面喷水，以保持枝叶清新。

矮化处理：案头菊除用控制水肥的方法使其矮化外，也可以用矮化剂处理。以用 B9 效果较好。B9 可配成 1.5%~2% 水溶液。第一次在插枝 7 天后喷在顶心；第二次在上盆 7 天后，全株喷湿。以后每 10 天全株喷 1 次，直到现蕾为止，共 4~5 次。激素的喷布时间，应在傍晚，可供植株慢慢吸收，忌在午间喷施，以免因水分蒸腾，药物浓度升高而引起药害。

④盆景菊的栽培：菊花盆景是运用树桩盆景的造型艺术和技法，将菊花经特殊的养护管理培育而成的盆景。经培育后，有的老干虬枝而古朴苍

劲；有的提根露爪，古奇清雅，庄重大方；有的小巧玲珑，古雅清秀；有的倚山傍石，野趣横生；有的悬崖倒挂，有的高耸挺拔，有的盘根错节……千姿百态，各具诗情画意。要培养好菊花盆景，需注意下列几点：

品种选择：一般常以小菊系品种为材料，也有用大菊品种的。以选枝干粗壮坚韧，节间密集，叶小花疏，花色淡雅的为佳，如白星球、金满天星、一点红、小金铃、一捧雪、小二乔等。

育苗管理：盆景菊多采用扦插与嫁接方法繁殖，6月底7月初可进行扦插。插活后，养护管理需控制肥水，以抑制生长，并配合摘心修剪，按人的主观设计使其长成优美的造型。嫁接法可在2～3月间挖取野外的青蒿植于盆内作砧木，青蒿需经人工牵引，绑扎或将盆横卧、倒置等方法，使其主干成弯曲状态，或用提根法使其长成露根式。以后再用劈接法把选定的小菊作接穗，接活后，注意养护管理，包括摘心、抹芽、去叶、蟠扎等措施，即可成盆景菊。

由于菊花的生命力强，发根容易，开花期也不需要充足的水分和过多的养分。因枝条柔软，便于蟠扎，所以是制作盆景的好材料，可以随心所欲地制作出各种形式的优美的盆景菊来。若配以适当的山石作陪衬，或与其他植物如梅、兰、竹或天竺、红枫、松树等相配合，则可制作成观景的菊花盆景。当然，盆景菊应以菊花为主体，其他为陪衬，所以配景植物不宜过多，还有要选好与之相称的盆。如悬崖倒挂者，用深盆；丛林或山间小景，宜用浅盆。

6. 大丽花

【繁殖及栽培】

（1）繁殖：大丽花以分割块根和嫩芽扦插为主。

①分割块根：在3月底到4月初进行。将块根取出，埋在轻松土壤中，浇透水1次，进行催芽。7～15天根茎处出现小芽后，带1～2个芽用小刀切离原墩，栽在花盆中。

②嫩芽扦插：将块根提早催芽，温度保持于18～20℃。当幼苗长到5～6厘米时，可带少量块根，用刀片切下，插于苗床中。或幼苗长到8～10厘米时，留下一对叶片，上部枝条可作插穗，用于扦插。经20天以后，留下一对叶片的叶腋中又萌发出新芽，可供继续繁殖。扦插时阳光充足对生根有利，但夏季烈日下应适当遮阴，且要勤浇水，注意保证插穗水分供求平衡。

（2）栽培：

①浇水：适当控制水分，可以控制植株高度。每次浇水只给正常浇水的八成，使其经常处于供水不足状态。七八月间雨水较多，盆土不干不浇水。6月和9月天气炎热，雨水少，大丽花蒸发量大，中午往往出现暂时萎蔫，在此情况下，盆里不宜补充水分，以向地面和叶面喷水的方法来减少蒸发，可根据天气情况，每天上午10时以后，喷水1~3次。雨季注意排除盆内积水。

②施肥：从苗期开始，每10~15天施薄肥1次。从现蕾始，每7~10天追施1次肥料。随花蕾长大，追肥时间缩短为4~5天1次，用饼肥水。追肥不宜过稀也不宜过浓。

③其他：大丽花株型大，基部质脆中空，花枝长，开花期易倒伏，因此应适当修剪、整枝、摘心，并立柱支撑。

【病虫害防治】

大丽花常见的病虫害有红蜘蛛、蚜虫和白粉病。

7. 睡莲

【繁殖及栽培】

（1）繁殖：有分株法或播种法，多采用分株法。

①分株法：春季断霜后进行。将地下茎掘出，选健壮的带有新芽的一段切成6~10厘米长的段块。如果是地栽，则于早晨把池水排干，施入腐熟的碎骨渣、鱼骨、鸡毛等含有磷钾肥多的肥料作基肥，将地下茎段平放入泥中，但不能过深，一般保持地下茎上的新芽与土面平，稍晒太阳，然后灌水20~30厘米深，水深宜浅不宜深，待气温升高，新芽开始萌动，加水至30~40厘米，水位超过40厘米，睡莲细弱的叶柄就抽不出来。天气渐热，水位逐步加深，夏季水深要达50~80厘米。冬季若结冰应保持水深1米以上，可保温以免池底冰冻。池栽也可用另一种栽法，即先将睡莲育于盆中，待茎伸长，再将它移入大缸，再伸长则可移入池中。

盆栽睡莲，可用瓦盆或水缸，以高深为宜。若盆深60厘米，则可在底层先放25厘米厚的河泥，再施入含磷钾肥多的肥料做基肥，然后把切好的地下茎顶芽朝上，平埋于土表下，覆土深度以芽眼与土面平为宜。加水至5厘米，置于阳光暴晒，待生叶1~2片时，再加水至25厘米深，以后见水脏则需换水。应放在通风良好，阳光充足处养护。

②播种法：在种子成熟时，容易散出被水冲走，可在开花之后，用布袋把花包上，以便果实破裂后种子落入袋中，种子一经干燥后立即失去发芽能力，故采收的种子，宜置于水中贮藏。于3~4月播种，种子播在底部

无孔的盆内，将土压实，加水高出盆土 3～5 厘米，保持 25～30℃，约经半月可发芽，以后随幼苗成长而增加水的深度。

（2）栽培：睡莲栽培管理中，很重要的是要把睡莲置于阳光充足、通风良好的环境中养护。盆栽中加水深度开始不宜太深，随气温上升，叶片伸展逐渐灌水至 15 厘米，注意保持盆水清洁，开花后及时清除残花枯叶，这能防止消耗养分，并能保持植株美观。生育期间如长势不旺，叶小而薄，可追施少量尿素或饼肥于盆周围土中。

如果庭院中有水池，也可直接种于池内或栽于缸中再放入池内。若保持池水面微弱流动性，则最有利于睡莲生长。生长期水位不得超过 40 厘米，经常剪除残叶残花，并在孕蕾开花期追肥 1 次，可将豆饼粉和河泥混合在一起，做成块，均匀投入水中。

【病虫害防治】

睡莲容易发生蚜虫危害，可用 400 倍中性洗衣粉液，或 60 倍烟草叶水浸出液杀除。

8. 荷花

【繁殖及栽培】

（1）繁殖：荷花繁殖可用播种法和分株法。

①播种法：主要用于培育新品种，一般于 8～9 月采收成熟的莲子贮存，早春播种。播前先将种子先端外表皮用砂纸或锉刀磨破，当栽培莲子的土温上升到 25～30℃时播下，加水 3～4 厘米深度，幼叶出水后，移入大水缸或水池中栽培。

②分株法：荷花繁殖以分株法为主。

盆栽荷花所用的盆宜用桶式瓦盆或小水缸，特点是口大身矮，叫荷花缸。栽前需将瓦盆（缸）洗刷干净，晒干再用。栽时先将盆底部放泥土或田园土 3～5 厘米，再放入磷钾丰富的饼肥，如碎骨头、鸡毛、头发、鱼头、人粪、鸡鸭粪、青草等做基肥（每盆 150～250 克），在上面再放泥土或田园土 4～5 厘米。然后安排种藕。种藕必须用顶芽梢头完好无损，藕身健壮与完整的一节，每盆放 1～3 个，不宜放太多，沿盆边将两条藕首尾顺序连接，顶芽指向盆中央，并向下各部分结构名称斜，尾向上倾斜 30°，再覆河泥 5～10 厘米，使泥面在缸口下 15 厘米，然后置于阳光下暴晒，待河泥干透，再加水使土吸足为止，再晒至八成干。此后经常加水使不干涸，水深掌握 3～5 厘米。5 月下旬，小叶开始出水面，可再加水深至 12 厘米左右。

池栽一般要求土壤含丰富的有机质，水深以 35 厘米为宜，不超过 2 米，水保持不流动或水的流动及涨落都较缓慢，无水淹之患。栽前，先于早春将池水抽干，然后施入大量有机肥料并翻耕一遍，再按照藕的长短挖出 10～15 厘米的栽植穴，行距 1.5～2.5 米，株距 0.8～1.4 米，将种藕头朝下埋入穴内，覆土 10～15 厘米，不能过深或过浅。一般初种时，水深 10～20 厘米。

（2）栽培

①水：种藕栽下后，应按不同生育阶段的需水习性和要求，合理调节水层深度，一般前期宜浅，中期宜稍浅。池栽，初种水深 10～20 厘米，夏季高温花蕾旺盛成长期，水深可达 50～80 厘米，秋季为促使藕节伸长膨大，可逐渐将水深降到 15 厘米以下，可满足生长需水和呼吸供氧两个方面的要求。雨季过后，池水猛涨，因荷花怕淹，所以要及时排水，否则有淹死的可能。

②施肥：荷花盆栽可于栽后 1 月施肥 1 次，立叶抽出后再追肥 1～2 次，主要是追施腐熟的饼肥水，氮肥不宜过量。池栽一般是立叶抽出水面 1～2 片时，施用厩肥 1 次，不宜过浓。当新藕鞭的地下茎开始分枝时，再施追肥 1 次。池栽荷花通常 2～3 年翻种 1 次，以防止地下茎过分密集而影响开花。

③其他：荷花生育期及长藕期要保证充足阳光。保护好叶子，以便能制造更多的养料。平时，荷花应置于阳光充足又通风的地方，有利于生长并且防止病虫害。盆栽荷花的浮叶处理十分重要，一般浮叶过多，应将部分老浮叶塞入泥中。当大立叶伸出水面时，小浮叶及部分小立叶应塞入泥中，使盆内叶片不至于过分拥挤，而且高矮适当，分布均匀，有利通风透光。

荷花开花期间，还要防止大风吹袭，必要时，可设立支架。注意清除水面烂叶及污物。

【病虫害防治】

荷花主要病虫害及防治方法如下。

（1）腐烂病：5 月下旬开始发生，叶上起黑褐色斑点而叶卷曲不展，以后病斑扩大引起腐烂，继之叶柄、茎、藕节相继腐烂。发现病叶应立即摘下烧毁，或喷稀释 800 倍的托布津液。

（2）蚜虫：一般在 5 月上旬开始危害浮叶和小立叶，往往集中危害叶芽、花蕾及叶背等处。常用稀释 2000～2500 倍的 50% 乐果乳剂液喷杀，每隔 1 周重复 1 次。

（3）大蓑蛾、刺蛾：主要危害立叶。用稀释 800～1000 倍的敌百虫液喷杀。

（4）水蛆：吮吸荷花的茎、叶、根的汁液，致使荷叶发黄。一般可施用石灰驱杀。

球根花卉

1. 菖兰

【繁殖及栽培】

（1）繁殖：一般是用分球法繁殖。种球不足时，也可用切球法弥补。

①分球法：10月下旬至11月上旬，菖兰叶片枯萎，在离地面5厘米处剪去茎叶，挖出新球，剔除母球，再将子球按大小分级分开，阴干，放入布袋中，悬挂于通风、干燥且温度变化不大的房间里。如潮湿可连袋再晒，有霉烂的及时拣出，弃之。栽植从4月下旬开始，最迟栽种期为7月下旬，覆土深度5~10厘米。深栽不利于新球、子球生长，但不易倒伏；浅栽新球大、子球多，但易倒伏，抗旱能力差。

②切球法：将一个球茎纵切成2~3块，每块必须带一健壮的芽，切口涂上草木灰，防腐烂。其他方法同分球法。

（2）栽培

①浇水：菖兰是需水较多的花卉，适时浇水，保持土壤湿润是争取多开花的重要措施。南方春季多雨，三叶期前宜控制浇水，见干再浇，以促进根系生长。抽葶现蕾开花时期，需水最多，每天或隔天浇1次水。如遇炎热高温，应及时喷雾增湿，降低温度。雨后注意排水，10月始停止浇水。

②施肥：菖兰施肥不宜过多，盆土太肥易徒长。整个生长期，花前一般需追施3次稀薄液肥：第一次在第二个叶片展开后施用，第二次在孕蕾期（第四叶片抽出后），第三次在花穗抽出后。花谢之后应再追施1~2次稀薄液肥，以促进新球发育。菖兰缺肥表现为叶薄，叶鞘焦黄而起白点，应及时补肥。

③其他：菖兰不耐阴，是喜光长日照植物。切花品种受光照影响甚大，日照充足则长势苗壮，抗逆力强，花艳丽而持久。但炎热夏季，也要避免强烈阳光直射。

适时剪取切花，能延长观赏时间，宜在清晨剪取穗基部最底下含苞待放的花枝。家庭瓶插宜用与气温相近温度的清水，加入浓度为千分之一的食盐和食糖，可延长观赏时间，也可在水中加少量阿司匹林（500克水加一片）。

【病虫害防治】

常见病害为球腐病、枯梢病；常见虫害为线虫的危害。

2. 仙客来

【繁殖及栽培】

（1）繁殖：仙客来的球茎没有分生能力，所以用种子播种繁殖。选优良品种作留种母株，种子于3～4月后逐步成熟，随熟随采，种子需晾干，立秋后进行盆播。播前盆土最好暴晒消毒，种子先用水浸泡1天，按1.5～2厘米的距离进行点播。盖土约1厘米，播后用细孔莲蓬头喷壶浇水，浇后盆面盖玻璃，以保持温度，并每天揭开以换气，并经常注意补充水分，使土壤保持湿润。经40～50天出苗，当生出两片子叶，子球茎直径约0.5厘米时，就可移栽于小盆，按成长情况，渐次更换入大盆。盆土要用含腐殖质多的沙质壤土。移栽时不要埋得太深，以使小球顶部与上面相平为宜。

（2）浇水：栽培时浇水是关键，刚移植和翻盆时要浇透水，以后保持土壤湿润，抽出新叶后，浇水量可增加。对夏季休眠球茎，则减少浇水量。浇水时不要使水沾到花上，以免腐烂，影响开花，也要避免雨水冲淋。

（3）施肥：仙客来性喜肥，但必需"稀肥勤施"。液肥必须腐熟发酵，每隔7～10天施1次。夏季休眠期不施肥。花前宜多施磷钾肥，促使花多、色艳。开花期最好不施或少施氮肥，以免徒长，影响开花，引起落蕾。

（4）温度与光照：仙客来怕高温，30℃以上生长就会停止。所以夏季宜把盆放于阴凉通风处，或搭荫棚遮阴。在室外过夏，要防雨淋以免球茎腐烂。10月下旬移到室内，温度保持在10～20℃，宜放向阳处，11月左右（即播种后15个月）就会陆续开花。如欲加速开花，可在现蕾期喷100毫克/千克的赤霉素（即九二○）于花梗部分，也可促进生长。如发叶过多，可适当剪去部分叶片，以使营养集中于开花。管理得好花可持续开到次年4～5月。

仙客来为多年生宿根植物，在盆中最初2～3年花繁叶茂。一般第一年开花只10～15朵，生长好的可达20～30朵。第二年开花可多达50～60朵，3年生植株多时可不断开出100朵。4～5年后开始衰老，花朵变小。需要重新播种，进行更新。

【病虫害防治】

（1）软腐病：由病原菌引起，多在7～8月高温季节发生，受害叶片或叶柄出现水渍状软化病斑，初时为白色透明、烫伤状，进而变成暗褐色。

严重时可导致球茎变软、腐烂。这主要由于通风不良，或是淋了雨水引起。一经发现，需及时改善通风条件，并控制浇水，将病叶摘除烧毁，以减少病菌蔓延，同时喷1~2次等量波尔多液，或喷0.4度石硫合剂防治。

（2）叶斑病：由病原菌引起，在叶片上出现黑色斑点并逐渐扩大，后变淡褐色并干枯，一经发现，应立即摘除病叶，喷洒或涂株等量波尔多液。加强通风，降低湿度。

（3）根线虫病：由线虫侵入根部，形成许多瘤状物，引起病原菌感染，并发生腐败而破裂，导致植株枯萎。防治方法：在播种及移栽前，对盆土进行消毒、杀菌、杀虫。可用日光暴晒或用铁锅炒、蒸气蒸1~2小时。如在盆栽后发现线虫，可用花卉杀虫杀菌剂或用80%敌敌畏稀释1000倍浇灌土壤。

3. 郁金香

【繁殖及栽培】

（1）繁殖：以分离小鳞茎法为主。母球为一年生，花后在鳞茎基部发育成1~3个次年能开花的新鳞茎和2~6个小球，母球干枯。掘起鳞茎，去泥阴干，分离出大鳞茎上的子球放在5~10℃的通风处贮存。9月可栽种子球，栽培地应施入充足的腐叶土和适量的磷钾肥作基肥。植球后覆土5~7厘米即可。栽植时土壤湿度以不干不湿为宜，覆土后不必浇水。小鳞茎栽植深度约10厘米，不宜过浅，2~3年后开花。早春茎叶及花蕾出现时，结合灌溉施2次液体速效追肥。花后剪去花茎，不使结实，可促进新鳞茎肥大。

播种繁殖可在育种及大量繁殖时用。秋季露地播种，深度1~1.5厘米，次春可发芽，4~5年才能开花。

（2）栽培：

①土壤：要求排水良好的沙质土壤，pH6.5~7，以腐熟牛粪及腐叶土等作基肥，并施少量磷钾肥。

②浇水：生长期间一般可不浇水，保持湿润即可，天旱时适当浇些水。

③施肥：出苗后，花蕾形成期及开花后，进行追肥。

④其他：以养球为目的时，花蕾见色就要摘除，以减少养分消耗，保证鳞茎及小球生长。以生产切花为目的的，则可在花蕾完全变色时剪取。

【病虫害防治】

郁金香花朵上出现花纹，是病毒感染造成的。发现后应及时挖除烧毁，否则将传染给其他植株。

4．小苍兰

【繁殖及栽培】

（1）繁殖：一般用分球繁殖。小苍兰母球基部能生出 5～6 个子球，秋季分离这些子球可用于繁殖，大球次春即可开花，小球需一年后才能开花。播种繁殖也可，采初夏成熟种子，干藏于阴凉通风处，于 9～10 月盆播，覆土 2 厘米左右。

（2）栽培管理：华东地区秋凉后，分子栽于盆中，每盆数个，用排水良好、肥沃的培养土，掺以 20% 砻糠灰，子球覆土 2～3 厘米。发芽后，勤施追肥，每两周 1 次，并保持土壤湿润，置于通风向阳处，室温保持 5～10℃，即可生长。小苍兰不耐寒，冬季宜于室内加温越冬，如要促其早日开花，则需加温至 15℃左右，2 月中旬便可开花，否则温度较低，则花期延迟至 4 月。花后减少浇水，6～7 月茎叶全部枯黄后，挖出球茎，晾干去泥，贮藏在通风干燥处，秋凉后再栽种。

5．百子莲

【繁殖及栽培】

（1）繁殖：常用分株繁殖，时间以秋季花后为宜，春季分株当年多不开花。播种虽可繁殖，但种子需经低温处理，方能发芽，小苗生长慢，播后需经 5～6 年才开花，故不采用。

（2）栽培：百子莲较喜肥，所以分株以后的幼株需加强肥水管理，否则 1～2 年内不开花。夏季炎热时，应置通风阴凉处，并充分浇水，合理追肥，肥料中配以过磷酸钾和草木灰，则可使开花繁茂。冬季是半休眠状态，则应控制浇水施肥。

6．大岩桐

【繁殖及栽培】

（1）繁殖：以种子繁殖为主，也可用叶扦插和分球繁殖。

①播种法：大岩桐多自花不孕，采种需进行人工授粉。一年四季均可播种，长江以南梅雨地区以七八月进行为宜。大岩桐种子细小，用撒播法播于浅盆中，不宜过密，覆薄土，播后盖玻璃，盆底浸水法浸水后，置于半阴处。保持盆土湿润，每天移开玻璃使透气。20℃左右温度下，7～10 天陆续出芽，除去玻璃，注意通风并逐渐接触阳光，1 个月后，移植 1 次，两个月后可上三寸盆。须特别注意肥、水，切不可溅污叶片，以免引起腐烂。

②叶插法：秋季剪取成熟的叶，要求连叶柄一起取下，叶柄基部修平，插在沙盆里，深约叶长的 1/3，插好放于温室中，盆面盖以玻璃。经常揭开

通气，经 1 个月，叶下部会长出块茎，然后长根，生根较易，但后期生长缓慢，一般不用此法。

③分球法：先取有多个芽头的大块茎，用刀将它分割成 4~5 块，每块上需带 1~2 芽头，在切口上蘸草木灰，阴干 1~2 个月，防止腐烂，然后栽于盆中。

（2）栽培：

①土壤：要求肥沃疏松的培养土，一般含有腐叶土、园土、厩肥。

②浇水：浇水要均匀，保持盆土湿润，不能过湿过干。除每日浇水外，尚需经常向空气喷雾、地面喷水，以保持较高的空气湿度，有利植株生长。开花后慢慢减少供水量，以至完全不供水，让它干燥，促其休眠。进入休眠后，仅维持盆土少量湿气即可。

③施肥：大岩桐喜肥。幼苗期施肥要淡，一般每隔 7 天施10%~15% 腐熟饼肥水。生长期每周施 40% 左右腐熟肥水。必须注意水、肥，切不可溅到叶片、花蕾上。一般施肥后立即用水冲洗，叶面及芽处不可有水溅留，如果有水，应用吸水纸或干棉花将水吸去，防止腐烂。

④其他：冬季温度保持在 10℃ 以上，并需充足阳光。春末夏初阳光强烈，中午要适当遮阴，注意通风，才能生长良好。秋季幼苗期也需适当遮阴。花期忌雨淋。

【病虫害防治】

生长季节有尺蠖、红蜘蛛危害，及时施药防治。

7. 百合类

【繁殖及栽培】

（1）繁殖：多用分球繁殖，也可分珠芽、鳞片扦插和播种繁殖。

①分球：用百合老鳞茎（母球）上生出的小鳞茎（新球）进行繁殖。一般每年 10 月将球挖起，弃去母球，将新球与湿沙混合贮藏，待 4 月中旬栽培，栽时宜深，至少要 10 厘米，否则易倒伏，约经 20 天即可发芽，大球当年开花，小球经 2~3 年开花。

②鳞片扦插：9 月下旬，选取成熟健壮的老鳞茎，阴干数日后剥下鳞片，于生长季节内插于疏松、肥沃、排水良好的土壤中，或粗沙、蛭石、颗粒泥炭中。顶端稍露出土面，秋季扦插，20℃ 条件下，月余即可自白鳞片伤口处产生带根的子球，培养 3~4 年，可作种球。春季扦插也可。为节约鳞茎，扩大生产时常用此法。

③珠芽繁殖：叶腋生有珠芽的种类，如麝香百合、卷丹等品种，可于

花谢后、珠芽脱落前，取珠芽栽于土中，1年后可形成小鳞茎，2~3年后可开花。不生珠芽的，可切取单节或双节茎，带叶片扦插，能诱使叶腋长出珠芽，3~4年可长成开花种球。

④播种繁殖：百合为蒴果，种子扁平而有膜翅，每果种子较多可达数百粒。成熟后采收，贮藏到来年春季播种，20℃时10~15天即发芽，自播种到开花所需时间因品种而异，一般需3~4年，王百合较快，一年多即可开花。

（2）栽培：百合栽培要求土层深厚、疏松而排水良好的微酸性土壤。一般9~11月栽种，种植宜较深，18~25厘米。也可于早春3月栽植。盆栽最好用粗沙和肥沃园土等混合，消毒后用。因百合为无皮鳞茎的球根花卉，易发生病害，要加强管理。生长期及时松土，施2~3次稀释液肥，花期前施1~2次磷钾肥，注意夏季遮阴和加强通风。开花多而茎秆纤弱的品种可设立支架，以防花枝折断。秋季枝叶枯黄后，可掘起鳞茎，稍加晾干，藏于沙中，待来年再种。

8. 风信子

【繁殖及栽培】

（1）繁殖：常用分球繁殖。当鳞茎生长到第三年时，在老球茎下面会发生子球，子球分离出后可单独栽培，经2~3年即可开花。子球自然形成较难，可用人工处理，促其发生子球。夏季把鳞茎挖出后，将其平摊于室内阴干，然后选大型种球，用小刀在基部切成十字形，深达其中部，浅埋于土中，至次年夏季末，球根切口处周围即能生长出很多小子球，经1年后将其挖出土壤，干燥，分开种在苗床内，3~4年即可开花。

播种繁殖也可，但易变异，为培养新品种可用此法。

（2）栽培：以排水良好的沙壤土或腐殖土较好。风信子喜肥，9月盆栽或地栽都要施足基肥，生长期每隔10天左右施1次稀薄液肥。盆栽时，球茎埋于土中，茎芽稍露出一点，栽后浇透水1次。注意接受充足阳光的照射。

风信子也能像水仙一样用水培。选大鳞茎置于注水的容器内，于暗处培养8~12天，即能生根，水要经常更换。待根长到16厘米左右时，可移至阳光处。叶开始抽出时，再置于半阴处，待叶长到一定高度后，再给予充足的日照及较高的温度，可使在春季前后进入开花盛期。注意水培时，在发根前要控制发芽抽叶，否则因蒸腾量超过吸水量而影响生长，使花茎短而不利开花。与养护水仙一样，要使其根系固定，勿使倒伏或折断根系。

花开过叶枯黄后，剪去茎叶，将球茎放于通风干燥处贮藏，还可再种。

　　家庭盆栽的风信子开花时，花茎往往缩在几片叶子中间，而影响观赏效果，为使花茎伸长，可将马粪纸（最好用包装糕点的礼品盒纸）裁成长方形，长度稍长于花盆的内径，宽度高于植株的高度 3～4 厘米，卷成圆筒形，用糨糊或玻璃胶纸粘住，一端再用一圆形纸封严，在此圆形纸中心部分开一个 1～1.5 厘米的小孔，可以使光线透入，将此纸筒套于风信子植株上，因花茎有向光性生长的习性，光由顶部小孔透入，花茎就会往上生长，一般套 4 天左右，即可见效，在此期间盆土不能缺水，要保持湿润，以保证花茎细胞伸长时对水分的要求。待花茎长高后，即可移去纸筒。风信子在室内摆放时，要定期转换方向，否则也会因花茎向光生长而弯曲。

　　9. 朱顶红

　　【繁殖及栽培】

　　（1）繁殖：可用播种法和分离小鳞茎法。

　　①播种法：6～7 月种子成熟时，即可采收盆播。将种子按 1.5 厘米一粒的距离均匀撒入盆土上，然而用筛子筛土覆盖，覆土 0.2 厘米左右即可（播前培养土应用细喷壶喷透水）。播种后用玻璃盖住盆口，湿度保持在 90% 左右，每天打开玻璃几分钟，使之透气，防止长霉。这样，10 天左右可发芽。幼苗长出 2 片真叶时分盆。

　　②分离小鳞茎法：这是较多采用的一种方法。3～4 月，当子球生出 2 片叶时，自母球切离，另行栽植，种时鳞茎不要全部埋入土中，应露出1/3。这样 2 年后可开花。

　　近年来，用人工分球的方法，可大量繁殖子球，一般一个母球可得近 100 个子球。具体方法是：首先将母球纵切成几个等分，再用锐利的小刀从各等分中部切开，使每半有鳞片 2～3 层，下端需各附有能发根的鳞茎盘。其次准备好泥炭、沙及少量草木灰或砻糠灰的混合物，要求呈微碱性（pH7.5 左右）。将分离好的鳞茎插入基质，适度浇水，6 周后，鳞片间便发生 1～2 个小球，并在小球下部生根。

　　（2）栽培：

　　①土壤：要求肥沃，且排水良好，通常用含丰富腐殖质的肥沃沙质土壤。盆栽可在春季或秋季进行，大球用直径 20～22 厘米的盆，小球用 15～18 厘米的盆，栽植后将盆置于半阴处，避免阳光直射。

　　②浇水：初栽时不宜浇水，并要保持较低的温度。随植株生长增加浇水量，开花时需水最多，花期应有充足的水分，开花后减少水量，夏季植

株生长一般衰弱，应控制水量。秋凉后减少水分，避免徒长。入冬后，地上部分枯死，剪除枯叶，保持干燥和 10 ~ 13℃ 气温，使鳞茎休眠。鳞茎休眠期内，浇水量减少至维持鳞茎不枯萎为宜。

③施肥：在生长开花期间，每隔半月追施薄液肥 1 次，花期 20 天 1 次，平时可不施，夏季停施。

④其他：花葶从鳞茎抽出后，应使其得到充足阳光。开过花的球茎不要扔掉，将残花梗基部留 5 ~ 6 厘米长，其余剪去，让叶子继续生长，浇水保持盆土湿润，适量施肥，当叶子枯萎时，将球茎储于冷凉、干燥、通风处 3 个月。休眠期后将球茎栽于盆中，管理直至开花。

【病虫害防治】

夏季易受红蜘蛛危害，可喷施稀释 1200 倍的三氯杀螨醇溶液防治。另外，栽培中，若茎叶及鳞茎上有赤红色斑纹，应剪除烧毁，绝对不能对植株喷水，以防病斑蔓延。在鳞茎休眠期出现此病，可用 40 ~ 44℃ 温水浸泡 1 小时，或在春季喷洒波尔多液，有防治之效。

10. 晚香玉

【繁殖及栽培】

（1）繁殖：通常采用分球法繁殖，每年 11 月中、下旬，将地下球茎挖起，将软瘪的老球茎与地下茎除去，把分出的小球，按大小分级晾干后，放在室内干燥处收存。待来年春季 4 月进行分栽。注意两点：一是采挖不宜过早，这样会影响球茎内花芽的形成，二是收藏时不能受潮，以免内部花芽霉烂。

（2）栽培：

①栽植：晚香玉常地栽。栽前将球茎置于水中浸半天，栽植于向阳、排水良好的黏质土壤。栽种块茎的深度应掌握"深长球浅抽葶"的原则，一般深度 5 厘米左右。若当年开花，小球直径宜小于 2.5 厘米。栽下时如天气不十分干旱，可不浇水。

盆栽宜用口径 20 厘米以上的大瓦盆，每盆 3 个球茎。第一次浇足水，放于向阳通风处，每天保持正常湿度。

②浇水：出叶初期浇水不宜过多。花葶抽生前，以营养生长为主，适当控水蹲苗有利于根系发育。随气温升高和植株长大，酌情增加浇水量。花葶抽出时，宜给以充足的水肥，保持较高的土壤湿度。

③施肥：从抽花葶开始直到采收块茎为止，一般每隔半月施 1 次稀薄液肥，施肥后第二天要浇水，并及时松土。栽植后 2 ~ 3 月可开花。花谢之后

需继续增加水肥管理，促使新块茎生长。

11. 鸢尾

【繁殖及栽培】

（1）繁殖：常用分株繁殖，一般每隔2～4年进行1次，春季花后或秋季都可进行。将粗壮的根茎分割，每块带2～3芽，并将老根除去，以利发新根。若需大量繁殖可割根茎，插于湿沙中，保持20℃，约两周后即可萌发不定芽以及长出不定根。如生长良好，秋冬季节花芽分化好的，第二年即可开花。

播种繁殖，应在9月上旬种子成熟后，采收浸种1昼夜，冷藏10天，再播于盆中，10月上、中旬即可发芽。如不加冷藏处理，采后立即播种，则要到第二年春季才能发芽。播种法繁殖的苗，要经2～3年后才能开花。

（2）栽培：宜选疏松肥沃、排水良好、含石灰质的碱性土壤栽培，栽前施入腐熟的有机肥，以及草木灰等作基肥，生长期可适当施以液肥。

12. 美人蕉

【繁殖及栽培】

（1）繁殖：主要用分株法。播种法仅用于新品种培育。分株法既简便，成活率又高。在4月左右芽眼开始萌动时，用锋利的刀将经过室内贮藏或由地下挖掘起的块茎，按每块2～3个芽分割成数块，晾干伤口，然后种植。

播种法于春季将种子外坚硬的种皮磨伤，用温水浸种1昼夜，温室内播种，保持25℃左右，1～2周可出芽，苗高4～5厘米移植。

（2）栽培：

①浇水：美人蕉喜湿，所以生长期应给于充分的水分，使土壤保持湿润。孕蕾开花期需水量大，此时受旱会使新枝伸长缓慢，叶形变小，花序发育不良。但也要注意不要长久积水，这样会引起植株生长不良，虚弱，故雨季要及时排水。块基在花坛内或留于花盆越冬时，不宜浇水，土湿易烂根。

②施肥：开花前追肥1～2次，开花期间适当多施几次肥即可。

③其他：美人蕉喜阳光，阳光充足则株体茂盛，开花率高，花多花好。弱光下蘖枝徒长，常不能开花或过早萎缩。同时，此花忌强风，所以应选择避风向阳的环境，以利延长花期。美人蕉叶大株高，萌枝力又较强，栽植密度不宜过大，使每株都能保持一定营养透光面积，花后将花枝连同部分叶片剪除，有利增加株间光照强度。

【病虫害防治】

此花于5～8月间，有卷叶虫危害，卷曲嫩叶，食害出鞘花序。严重时使苗势衰弱。可于初发现时喷施稀释 200 倍的苏云金杆菌或稀释 800 倍的 50% 敌敌畏以治之。

观叶植物

1. 彩叶草

【繁殖及栽培】

（1）繁殖：可用扦插法，春、夏、秋三季都可进行，可结合修剪、摘心用嫩枝扦插，入土部分至少要保持 1 个节位，插后于阴凉处养护，气温 15～20℃ 时，10 天左右即可发根。也可用种子播种繁殖，种子发芽最适温度为 18℃，种子较小，萌发时需光，所以覆土要薄，按小粒种子的播种法，用浸盆法给水，出苗后间苗 1～2 次，再分苗上盆。

（2）栽培管理：彩叶草对土壤及肥水管理要求不高，最好用沙质土壤，在生长期保持盆土湿润，并常给叶面喷水，以保持叶面清新。每隔 15 天左右施 1 次以氮肥为主的液肥，冬天盆土宜偏干，土壤过湿容易烂根。

彩叶草因原产热带，故性喜温暖，冬季在 5℃ 以上可越冬，但夏季在 25℃ 左右才能很好生长。家庭盆栽在夏季高温时要经常喷水降温，适当遮阴，置于通风的窗口或阳台、天井、庭院的半阴处。彩叶草主要是观叶，所以在苗期应适时摘心，以促使萌发侧枝，使之枝叶繁茂，姿态圆满。如不需留种，则最好在花穗形成的初期把它摘除，因为开花不仅消耗养料，且使株形松散而降低观赏效果。

2. 吊兰

【繁殖及栽培】

（1）繁殖：常用分枝繁殖，早春分离老株根丛另行栽植，或随时剪取匍匐枝上着生的有根小植株，极易成活。

（2）栽培：吊兰生命力强，栽培管理容易。一般均作室内盆栽观叶花卉。土壤以肥沃的土壤较好，但它对各种土壤适应能力强，经常保持土壤湿润，每两周施以氮肥为主的液肥，并经常喷水于叶面，以洗去尘土，保持叶面清新鲜绿，并随时剪去黄叶。平时应注意通风和适当光照，但不宜强光长时间直射，否则叶片变灰绿影响观赏，冬季应置于室内有阳光处越冬，温度不宜低于 4℃。不要施肥，盆土也不要过湿，否则会引起叶片变黄，若在 5 月上、中旬将吊兰老叶剪去一些，会促使萌发更多的新叶和小吊兰。每年 3 月可翻盆 1 次，剪去老根、腐根以及多余须根。

吊兰也可水养，将盆栽吊兰从盆中倒出，用清水洗净盆土，去除老叶、老根，插在盛满清水的容器中，容器可用广口玻璃瓶、玻璃杯，也可将塑料的饮料瓶截去上半部留下半部，或用去盖的易拉罐。7 天内每天换水 1 次，以后可隔两天 1 次。吊兰插入瓶中会不断长出新根，生长在水中的根没有土根那样发达，但形成的根较多，如是透明的玻璃瓶，则还可观赏其根系，很有情趣。水养吊兰不需要直射阳光，放置于散射光处便能生长良好。

3. 旱伞草

【繁殖及栽培】

（1）繁殖：播种、分株、扦插繁殖皆可，以分株最为容易。①播种：旱伞草的瘦果 9～10 月成熟，采收后即可播种。盆播覆土 2～3 毫米，用浸盆法给水，即将播种盆放于浅水盆内浸水，待盆土表面充分湿润后取出，放在向阳处，加盖玻璃或塑料薄膜保温、保湿。苗高 2～3 厘米时，揭去玻璃或薄膜。

②分株：一般在早春 3～4 月结合换盆，将盆倒置把植株扣出，切割若干丛后分栽，先在庇荫处放置 5～7 天，保持土壤充分湿润，很易成活。

③扦插：可分土插和水插两种。

土插：在茎顶伞形苞叶丛下 3～5 厘米处剪下，再把叶片尖端剪去，然后将茎插入湿沙中，叶盘平铺沙面。保持空气湿润，在 20～25℃条件下，约 30 天即能生根，并萌发出许多小植株。

水插：用洗净的广口瓶装凉开水，剪取茎顶伞状叶丛，每片小叶剪去 1/2 左右，保留茎秆 8～10 厘米，倒插在上述盛水的瓶中，在水温 25℃条件下，叶腋产生新芽向上生长，须根伸入水中，20 多天即可成苗移栽。夏季水插时，须每隔 3～4 天更换 1 次凉开水，以防止插穗被细菌污染而腐烂。

（2）栽培：旱伞草栽培简单粗放，可长期在室内养护，生长期间保持盆土湿润，甚至于用水淹没盆土也能很好生长，因其能生于水中，故又名水竹。夏季高温季节，尤其应保持较高的空气湿度，避免烈日照射。每隔 10～15 天浇 1 次稀薄液肥，以使叶色碧绿，生长健壮。旱伞草萌芽力很强，生长快速，宜经常剪除衰老茎叶、黄叶，使造型美观。

4. 万年青

【繁殖及栽培】

（1）繁殖：

①分株繁殖：万年青的地下茎萌蘖力强，每年都能长出许多萌蘖苗，使株丛不断扩大，于春秋将母株切割成带根的数丛，另行栽植即可。

②播种繁殖：早春 3～4 月间盆播，在 25～30℃条件下，约 1 个月可发芽。

（2）栽培：盆栽用微酸性沙质土壤，保持土壤湿润，生长期每15～20天施稀薄液肥1次，并适当增加磷肥。置于湿润而通风良好的地方，否则易生介壳虫。室内陈设应适当见光，以利光合作用。宜常喷水洗叶面灰尘，保持枝叶清新翠绿。

5. 含羞草

【繁殖及栽培】

（1）繁殖：用种子繁殖，春秋都可播种，播前可用35℃温水浸种24小时，浅盆穴播，播后覆土1～2厘米，以浸盆法给水，保持湿润，在15～20℃条件下，经7～10天出苗，苗高5厘米时上盆。采种时选健壮母株，加强管理，于结果期随熟随采，荚果成熟时会自动开裂。

（2）栽培：养护管理无特殊要求。一般土壤均可栽培，生长期需肥不多，施稀液肥2～3次即可，肥料不宜过多，以叶绿生长健壮即可，勿使之徒长，因为含羞草主要为趣味性观叶花卉，以小型为好。

6. 文竹

【繁殖及栽培】

（1）繁殖：有播种和分株两种，文竹生长到3～4年后，秋天可开花结果，果实由绿转褐色（约12月份），待充分成熟后，采下晾干贮藏。到次年2～3月份，于浅盆中穴播，覆土为种子大小的2倍，加盖玻璃或塑料薄膜。温度保持20～25℃，土壤要湿润疏松。40天左右才能出苗。采收种子时先要培养好母株，在文竹开花时，不要移动花盆的方向，否则易引起落花，果实要充分成熟才采收，否则种子发芽率低。分株繁殖：4～5年的大株丛生分枝较多，也可在春秋两季进行分株繁殖，但株形不一定美观。

（2）栽培：①土壤：应选用疏松肥沃、排水良好的土壤。可用腐叶土5份、园土2份、砻糠灰1份、沙土1份、腐熟有机肥1份拌和，每2～3年换盆土1次。②肥料：一般于春秋两季每隔10天施1次稀释5倍的腐熟豆汁水或人粪尿、鸡粪等。夏冬季不施或少施肥。③浇水：春、夏、秋三季盆土可偏湿一点，但也要保持透气。如盆土过干，会使叶状枝从上而下变枯黄。文竹喜欢空气湿度较高但又通风的环境，可经常喷水，以保持湿度。④光照：文竹是喜阴植物，在散射光下生长良好，故宜于室内培养，春季可适当晒晒太阳，夏季切忌太阳直射。⑤温度：文竹不耐寒及霜冻，室温在5℃以上能安全越冬。⑥修剪整形：1～2年生文竹姿态优美，状如松树，但随着植株生长，后来的枝条会长成攀缘型，这时可适当搭架支撑绑缚，可使其长得茂盛，并保持株形整齐美观。但如欲保持低矮的形态，则需加以修剪，随时把老叶、黄叶修去，发现徒长型的新枝，要及时摘去芽尖生长点，以免过长而成攀缘型。

文竹在生长期中需将过密枝、弱枝、枯枝及时剪去，以保持株形美观，并有利通风透光，利于生长。对老茎、攀缘茎在不同高度上进行修剪，促使从切口下端茎的分叉处萌发出新枝叶来，可使株形具有不同层次的造型效果。

7. 天门冬

【繁殖及栽培】

（1）繁殖：以播种繁殖为主，浅盆穴播，如保温保湿在25℃左右，约15天即可出苗。也可分株繁殖，分株繁殖时应把下垂老枝剪掉，使其重新萌发新的枝丛。然后分株上盆。

（2）栽培：方法简单，和文竹相类似。

8. 花叶芋

【繁殖及栽培】

（1）繁殖：花叶芋一般以分株繁殖，春天当块茎开始抽芽时结合换盆，从母株上用利刀切取带芽块茎，栽入盆中培养即可。

（2）栽培：花叶芋在室内栽培要掌握下面几点：①土壤：要肥沃疏松，并经常保持湿润。每隔2~3周施薄肥1次。盆土最好用2份土壤、2份腐叶土、1份腐熟的有机肥、1份细沙或砻糠灰混合而成。

②分株管理：春天当气温在15℃以上时，将花叶芋的块茎埋于装有湿沙土或蛭石的盆中，深2.5厘米，灌水，盆面罩上塑料薄膜以保持湿度，每天掀开一次以利通风换气，防止长霉。当叶子萌生后，将幼株移入装有培养土的盆中。

③光照及湿度：当叶子逐渐长大时，可移至温暖、半阴处培养，但切忌阳光直射，经常给叶面上喷水，保持湿润，可延长叶子的观赏期。

④抑制生殖生长，摘除花蕾：因花叶芋以观叶为主，所以为防养料消耗，要及时摘除花蕾。

⑤休眠期养护：入秋后，叶子逐渐枯萎，进入休眠期，应节制浇水，使土壤干燥，剪去地上部分，将块根上泥土抖去，并涂以多菌灵，贮藏于干的蛭石或沙中。室温维持在13~16℃，贮藏4~5个月后，于春天将其重新培植。

9. 白花紫露草

【繁殖及栽培】

（1）繁殖：白花紫露草生长快，易发根，常用分枝、扦插、压条等法繁殖。

①分株：茎易在节处生根，待生根后剪下另外栽于盆中，即成新株。

②压条：把茎弯于土面，上面再覆盖以土，则在茎节处很易生根，切下移栽即成新株。

③扦插：春、秋、夏三季均可进行，剪 5~8 厘米的枝条水插、土插均可，插后保持 15℃ 左右，约 2 周就可生根。

（2）栽培：白花紫露草为鸭跖草科，该科植物生命力强，管理简单，适合室内栽培。

盆土要求肥沃、疏松、排水良好。对各类土壤适应性较强，每两周施稀薄液肥 1 次，盆土不宜过湿，否则易引起烂根，叶变黄。冬季少浇水，盆土宜偏干。

因其耐阴，宜于室内窗台、朝北阳台及北窗摆设，春秋及冬季可适当照射柔和的阳光，但夏季忌烈日照射，冬季宜于室内越冬。

10. 凤尾竹

【繁殖及栽培】

（1）繁殖：一般用分株分根或嫩枝扦插繁殖，多在秋季挖取部分植株分栽。分根在春天生长前进行。嫩枝扦插，可选粗壮嫩枝于节下剪取一段插入疏松湿润土内，上面罩以塑料袋，置于阴处，约 50 天可生根长叶。

（2）栽培：凤尾竹栽培养护较容易。

①土壤肥料：对土壤要求不严格，一般疏松的壤土、沙质土均可生长，肥料以氮肥为主，每月施 1~2 次稀薄液肥即可，平时保持土壤湿润。

②光照：喜阳但也耐阴，故宜室内盆栽，冬天置向阳处，夏秋可放窗口通风处。

③修剪：凤尾竹生长旺盛时，小笋不断生出，分枝多。为保持生长平衡，株形美观，应及时剪去老枝、及不必要的嫩枝和叶子。

11. 橡皮树

【繁殖及栽培】

（1）繁殖：可扦插繁殖。嫩枝和老枝都可用作插穗，插穗剪下后立即用草木灰或胶泥封住伤口，防止乳汁留出，影响成活。插穗一般选用 1 年生枝条，每段需带 3~4 节，保留顶端 2 片叶，在 5~6 月间扦插，温度 18~25℃，2~3 周即可生根。扦插用土以河沙及砻糠灰为好。夏季要遮阴，保持空气湿润。

（2）栽培：橡皮树对土壤适应性强，树一般肥沃、疏松、排水良好的土壤即可。在生长旺季要多浇水施肥，12～20 天施 1 次液肥。冬季盆土可稍偏干。虽喜光但夏季高温 35℃以上时不要在烈日下暴晒，要置室内或阳台通风处。室内盆栽植株不宜过高，当植株长到 60～80 厘米时，可把顶芽剪除，破坏顶端优势，使其萌发侧枝。以后每年对侧枝进行修剪以保持树冠圆满。家中的橡皮树长得很大而居室面积小时，可以进行适当修剪，不要吝惜，按你认为恰当的株形进行修剪，以后等新的枝条长出后，也要不断修剪以保持株形美观。冬天宜在室内越冬。

12. 龟背竹

【繁殖及栽培】

（1）繁殖：以扦插繁殖为主，4～5 月间从茎先端剪取插条，每段留 2～3 节，带叶插于沙床，或直接插于盆中，浇水并保持一定湿度，放于阴处，成活率较高。

用根繁殖：在"立秋"以后，用 3～4 年生的龟背竹作繁殖材料，轻轻扒开表层盆土，选有粗壮气根的竹节状根茎，从根头数起，在第 3 节处（一定要带有 1～2 个不定根），用锋利的刀切至根茎的一半处，然后用泥土覆盖。3 周左右，见芽从土面萌出时，再将表土扒开，用利刀在原切割处再切下去，把根茎切断，取出即可上盆，盆应置于阴湿通风处，成活率高。

另一方法是将龟背竹母株从盆内取出，抖去大部分泥土，选粗壮的带不定根的根茎，在两节半处切开，如果根茎长且气根多，则可切多段，将此切段插于沙土内，斜插或横放都可以。注意保持盆土湿润，不可过湿，否则易腐烂，过干则迟迟不出苗。盆应放在阴湿通风处。

（2）栽培：

①土肥水：室内盆栽土壤要疏松肥沃，每隔 10 天左右施以稀薄液肥，以氮肥为主。浇水宜偏干以免烂根，但空气湿度宜较高。

②温度光照：因其原产热带雨林，喜高温、高湿，最适生长温度为 30℃，5℃时停止生长，进入休眠期。冬季注意保温，于室内过冬。

夏秋季节，需常给叶面喷水，并向四周喷水以增加空气中湿度。

③修剪：龟背竹分枝多，应适当修剪，以保持优美的姿态。

13. 苏铁

【繁殖及栽培】

（1）繁殖：

①播种：华东、华北等地区栽培的铁树不易开花，故很难收到种子。一般不用种子繁殖。铁树是雌雄异株，所以只有在华南野生的铁树林中可

以收到种子。用种子播种，4个月后才能萌芽出土。

②吸芽繁殖：华东等地一般常把根基分蘖或茎部蘖芽分栽。当铁树长到一定年龄，高约1米时，长势旺盛的可于基部长出分蘖，又称吸芽。在立夏左右，用利刀将此分蘖切下，放置荫凉处，待伤口干后即栽于沙质壤土中，浇水后适当遮阴保湿，2~3个月可长新根。注意在母株切割处，要涂防腐剂（如硫磺粉），以防切口腐烂。家庭盆栽，常可购买吸芽，吸芽无根无叶，尖端有毛茸。买来后，种前需先浸入清水中，2~3天后取出，栽于土中，使土与吸芽密切接触。浇水后保持温度、湿度并遮阴养护。一般母株上的吸芽生长较快，故常用3年生的吸芽进行分割栽种。有时栽后长时间不生叶，如要检验其是否还是活的，可看吸芽茸尖是否发黑。未发黑的表明未死，应加强管理，促其早萌叶，如果发现顶端有黄色苔茸出现，此即为幼叶。

③切干繁殖：将苏铁树干，切成10~15厘米厚的茎段浅埋于湿润的沙中，经常保持沙中含水量60%左右。在半阴处养护，约半年后可从茎段的四周沙面下萌发许多新芽，老茎逐渐萎缩，把新芽移栽，可成新株。

（2）栽培：苏铁盆栽土壤无特殊要求，一般用富含腐殖质的沙质壤土较好，排水要好，保持土壤湿润，冬季盆土偏干，在生长期5~9月，每隔3周施腐熟的有机肥1次，浓度要稀释3倍。如能掺入0.5%硫酸亚铁（即矾肥水或黑矾水），可防止叶子泛黄。也可用生锈的铁钉、铁皮放于土壤中，任其铁质渐渐渗入土中，供植物吸收，使铁树叶子翠绿。

铁树喜光，虽耐半阴但宜常置于日光下生长。特别是在叶子生长期不宜放于光线不足之处，否则叶子会又长又瘦，影响观赏价值。但夏天也不宜烈日暴晒。冬季防冻保暖，0℃以上能安全越冬。铁树生长缓慢，每年只长出一轮新叶，老枝叶也不易枯萎，所以要适当修去老叶，保持美观造型。

14. 黄杨

【繁殖及栽培】

（1）繁殖：播种、扦插或分根法均可繁殖。

①播种：于霜降后种子成熟，采收后秋播，或沙藏层积，一层湿沙，一层种子铺于盆中，不可干存。于春分前后幼苗出土，苗高3~4厘米时，进行分植。

②扦插繁殖：在3月初或梅雨季节及秋分均可进行扦插。取幼茎作插穗，剪长约7厘米小段，下部小枝要剪除，插于沙质壤土中，入土约3厘米。插后保湿遮阴，约45天生根。

（2）栽培：家庭盆栽黄杨常用以制作盆景，小苗 3~7 厘米高时可种于小盆作微型盆景。也可于山石盆景上点缀作树桩盆景先要在地里或花盆中培植几年，移植时需带土，施肥不可过多，以防止徒长，但也要看叶色及植株长势而灵活掌握施肥次数。平时要保持正常湿度，光照要适度，不宜过强，如强光直射，常易导致叶变黄而树势衰弱。光太弱，则茎叶细嫩而不健壮，且易产生病害。

（3）修剪：黄杨长到一定高度时要适时修剪。

15. 五针松

【繁殖及栽培】

（1）繁殖：嫁接法繁殖，用黑松作砧木，用腹接、枝接、芽接法均可。

（2）栽培：

①土壤：用疏松、肥沃、排水良好的微酸性土壤，以山泥最好或自己配置培养土。

②水肥：盆栽五针松水肥要严格控制，以防徒长，五针松喜干，怕湿。春秋季是五针松生长季节，保持盆土湿润，夏季蒸发量大，应注意维持水分供求平衡，并经常向叶面喷水。但切不可使土壤过湿，所谓"干松湿柏"，即松树盆土宜偏干，太湿易烂根。施肥要薄肥少施，冬天重施 1 次。

③光照：盆栽五针松或盆景五针松不能久放于室内，应定期轮流置于阳光充足、空气流通的场所，晚上最好能置室外承受露水。

④修剪整形：宜在春季萌发前进行，以免流脂。蟠扎前 1~2 天停止浇水，使茎枝柔软，以防折断。

⑤翻盆：每隔 2~3 年翻盆 1 次。

16. 棕竹

【繁殖及栽培】

（1）繁殖：可用分株法。4~5 月间结合翻盆，将生长繁茂的植株用利刀分成数丛，分开栽于盆中，先置于阴处养护，即可成活。

（2）栽培：土壤宜用肥沃疏松的沙质土壤。每隔 2 周施以氮肥为主的液肥，并加少量硫酸亚铁，即可保持枝青叶茂，叶色翠绿。空气要保持一定温度，但要置于室内通风处，夏天防止烈日直射。冬天放于室内向阳处越冬，室温要高于 5℃。

17. 红枫

【繁殖及栽培】

（1）繁殖：红枫播种繁殖易发生变异，且生长缓慢。故目前多采用嫁接法。一般在春秋两季进行。这里介绍一种梅雨季节单芽贴皮腹接法。技术要点如下：

①培育壮砧：用青枫（也称小果槭）作砧木，它与红枫亲和力强，且青枫种源较多，发芽率高，长势旺。青枫可冬播和春播育苗。苗期加强肥水管理，经一年多茎干直径在 8 毫米以上时，即可作红枫砧木。

②注意芽穗的发育程度，适时进行嫁接：于 6 月中、下旬选当年生向阳健壮枝条上的充实饱满的芽作接穗。芽穗过小，还未萌动，细胞活性差，嫁接后新芽生长发育缓慢，稍一疏忽，即影响成活率。芽过大，细胞活性强，嫁接后需要营养多，一时供应失调，也影响新芽生长。

③单芽贴皮腹接：

切砧木：在砧木中部背阳面，节间以下 5 毫米左右处大约 15°角斜向下切，切面长 1.2 厘米左右，下部稍带些木质部，上部不带木质部，然后以 45°角在第一刀下 1 厘米处再斜切一刀，与第一刀相连，去掉削皮，留下一个缺口。

削接芽：在作接穗的红枫枝条上选作接芽处的叶片先剪去，留 1 厘米长的叶柄。然后在芽的上方约 6 毫米处，约 20°角用经消毒的利刀斜切一刀，削面同砧木的削面等长。再由芽的下方约 5 毫米处，以 45°角再斜切一刀，与第一刀相交，稍带木质部，即成一个完整的接芽。

插接芽：迅速将削好的接芽插入砧木缺口内。注意使接芽与砧木的切口相吻合。

扎缚：用 1 厘米宽、20 厘米长的塑料带从下往上缠绕，把芽和叶柄留在外面，不要缚着。

④加强嫁接后的养护：红枫皮层较薄，接芽又小，离体后，虽有塑料带绑扎，但芽和叶柄仍露出，所以当空气干燥、相对湿度低时，芽易失水而枯死。因此在接后尚未愈合的 10 天内要注意喷雾保湿。

⑤适时剪砧促进接芽生长：砧木上枝叶的去除需分 3 次进行，前后间隔 1 月左右。不要一次性剪砧，以免苗木枯亡，第一次在嫁接后 10 天左右，新芽一般萌发到 4～5 厘米长时，可剪去青枫枝叶的 2/3。过半月进行第二次剪砧，剪去剩下的青枫枝叶的 1/2。1 周后在接口的上方进行最后一次剪砧。

嫁接后的苗木有接痕。家庭盆栽红枫一般常从市场或商店购买，选购时要注意是否有嫁接痕迹，如果无接痕，往往是实生苗，不易保持其种性而多变异。

（2）栽培管理：家庭土栽或盆栽宜用山泥和园土，与沙子适量拌和，使排水良好，施足基肥，刚栽时注意养护，保持土壤湿润，盆栽的每隔2年于初春萌芽前进行翻盆换土。春天萌芽生长期每月施1~2次稀薄液肥，夏季控肥，夏末秋初视长势而决定是否施肥，秋季保持土壤偏干为好，以免引起秋梢徒长。冬季更要控水，以防烂根。

红枫叶片增红的办法是生长期少施氮肥，多施磷钾肥，并适当多晒日光，但忌烈日暴晒。这样能促使其光合作用加强，大量积累碳水化合物，有利于红色花青素的合成。所以在室内陈设时，要定期移到室外阳台等处养护，不可长期置于室内。

如果把红枫制成树桩盆景，则可做成独干、双干、悬崖、卧干等式，小的枫树苗还可制成丛林式，枝叶要求层次分明。当新梢长到10~13厘米长时，就应摘心，把枝条的顶芽摘除。一些无用的过多的芽，也应及早摘除。如嫌叶片过大不雅，可以在8月份将老叶全部摘去，适当施1次氮肥，于半阴处养护。适当控制水分，不干不浇。约半月后，又能萌发出小叶。此法可用于两头红（即春秋叶为红色，而夏季为绿色）的品种，可使夏季的绿叶也变成红叶，因为新萌出的小叶为红色。此时叶形小而色红，加强整枝造型可得到姿态优美的红枫盆景。

18. 桃叶珊瑚

【繁殖及栽培】

（1）繁殖：常用扦插法。夏季剪健壮枝条做插穗，插入沙土中，很易成活。

也可用播种繁殖。采种后宜立即播种，但播种的幼苗生长缓慢。

（2）栽培：家庭可植于庭院乔木下面，以防太阳直晒。若要观果，则要注意同时栽雄株和雌株，以利授粉结果。一般均为观叶。

也可盆栽，注意夏季遮阴、冬季保暖。吸肥力中等，15~20天浇1次稀薄液肥。

19. 竹节蓼

【繁殖及栽培】

（1）繁殖：常用扦插繁殖，于4月间进行，容易成活。

（2）栽培：土壤以排水良好的沙质壤土最为适宜。夏季生长迅速，每隔15天左右施稀薄液肥1次，保持空气一定湿度，并注意通风换气，常向叶面喷水。

注意修去过密枝，保持株形美观。

冬季室内越冬，温度不能低于8℃。

20. 芭蕉

【繁殖及栽培】

（1）繁殖：用分株法繁殖。当秋末蕉叶凋萎，剪去枯叶，壅土护根。残留茎秆用稻草从茎秆基部向上包扎。到次年4月上旬再将稻草解除，当根上长出许多幼株时，可行分株繁殖。移栽时于坑中施入有机肥为底肥。

（2）栽培：生长期间应随时剪去黄叶，以免徒耗养分，并影响美观。同一地点，栽植过久，易产生发育不良现象，应更换栽植地点。平时不用特别仔细管理。

21. 罗汉松

【繁殖及栽培】

播种及扦插繁殖都可以，夏季嫩枝扦插很易生根，成活率高，但苗木生长缓慢。雨季进行移植最好，并要带好土坨。罗汉松下部枝叶繁茂，不易枯落，可适当修剪。夏季高温干燥时，易发生红蜘蛛及介壳虫危害，可用石油乳剂喷杀，或用小刷刷除。夏季不宜暴晒，置于半阴处，在不结冰条件下可安全越冬。

观果花卉

1. 小叶石榴

【繁殖及栽培】

（1）繁殖：常用播种繁殖，也可用扦插繁殖。3月间可播种，洗净外种皮浸泡1昼夜后播于土中即可。嫩枝扦插可在6~7月黄梅季节进行。老枝扦插可在春季结合修剪进行，取健壮枝条，按常规方法扦插。

（2）栽培：

土壤肥料：小叶石榴宜于盆栽观赏，选好肥沃而中性偏碱的沙质壤土作栽培用土。小叶石榴因花期长，开花多，所以需肥也多，除施足有机肥作基肥外，每隔1~2年需换盆1次。在生长旺盛期每月施2~3次腐熟的有机液肥，稀释度为3份肥7份水。也可用市上购得的颗粒肥料或化肥，如过磷酸钙及硫酸铵、氯化钾等。一般以千分之一或更稀为好。冬天不需施液肥。

浇水：以保持土壤充分湿润，但又不能缺水为好，夏天土面蒸发快，叶面蒸腾作用也强，宜早晚浇水各1次，水分不足，盆土过干，会使叶子发黄，萎蔫甚至脱落，而且还会影响落花。冬天可适当少浇水，只要保持盆土湿润即可。否则肥水太多会使已结出的果实开裂并脱落，影响观赏的效果。

光照：石榴是阳生树种，特别喜光，所以家庭养花最好能摆在阳台或庭院中全天能见阳光的地方，如果条件稍差，至少也要有半天以上的日照条件，而且通风也要好，光照不足，则不利于形成花芽，只长叶而不开花、结果。

修剪：盆栽小叶石榴，要注意植株造型优美，所以要及时修剪。但因石榴花是着生在当年生的枝条上的，所以最好在春季未发芽之前就把过密枝、根部萌蘖枝、弱枝、枯枝剪去，并将一些长枝短截，促使萌发新枝，促使顶梢上孕育花芽，开花结果。请参看本书观花石榴的修剪部分。

【病虫害防治】

石榴常见虫害有蚜虫、吹绵介壳虫尺蠖（即"搭桥虫"）。

2. 南天竹

【繁殖及栽培】

（1）繁殖：采用分株法、扦插法或播种法。分株在初春进行，1年后就可开花。扦插最好在梅雨期，插后易生根。播种法可在种子成熟后随采随播，3个月后出苗，经2～3年培育便能开花结实。

（2）栽培：

土壤：对土壤要求不高，能耐弱碱，但必须排水良好。

浇水：忌积水，每次浇水不宜过多，开花时期应少浇水，或仅向盆土表面喷水，以提高空气湿度，冬天保持土壤稍湿润即可。

施肥：第一年幼苗时应勤施薄肥，每月2～3次，成年植株每年施肥3～4次，肥料以磷钾肥为主。

3. 冬珊瑚

【繁殖及栽培】

（1）繁殖：均采用播种繁殖。果实成熟后，采下几颗，余下的可供继续观赏。摘下后，要尽快去除果肉、果皮，用水淘净后，晒干备用。四季均可播种，若春季在温室播种，1周左右出苗，幼苗高5～8厘米时移栽或上盆，当年夏季就可结果。

（2）栽培：

①土壤：要求肥沃和排水性良好的土壤，对酸碱要求不严，最适宜盆栽。

②浇水和施肥：上盆后，常施液肥（每月两次），开花前施磷肥，则花繁果茂。花盛开时，要少施肥，少浇水，以减少落花，提高坐果率，待结果如绿豆大小时，又要多施肥，多浇水，使其果实大而色红。

③修剪：用作盆花的，待株高 10～15 厘米时要多次摘心，去除顶端优势，使它多发新枝、多结果。作切枝瓶插（观果用）的，当株高 10～15 厘米时，要摘除侧芽，使其主枝长高。

④其他：冬珊瑚老株在春天要松土施肥，3 年以上的老株因枝稀果少，应予淘汰。

【病虫害防治】

盆栽的冬珊瑚夏季高温时易患炭疽病，地栽的少病虫害。

4. 五色椒

【繁殖及栽培】

播种繁殖，春末播种，发芽最适温度为 25℃，5 月中下旬定植于露地或上盆。施足腐熟基肥，生长旺盛期施 1～2 次液肥，促枝多叶繁花茂。苗高 15 厘米后适当整枝、摘心，促使造型美观。9 月开花期间，适当控制水肥，保持土壤湿润即可，以防落花，提高结果率。花期适当多施磷肥，可保证花多果多。

5. 火棘

【繁殖及栽培】

（1）繁殖：用播种或扦插繁殖。播种可在采后秋播或沙藏到第二年春播种。扦插采用嫩枝插或硬枝插均可，随剪随插效果最佳。

（2）栽培：

①土壤：火棘生命力旺盛，管理粗放，若是地栽，一般土壤都可生长。盆栽使用深厚肥沃的土壤。

②浇水：忌旱，浇水要勤。

③施肥：肥料种类不论，只要数量充足。

④其他：地栽用作绿篱的，顶部要常修剪，促进下部多生枝，使篱整齐、丰满，结果后绿叶夹红果，非常美丽。

【病虫害防治】

要防止春旱时的蚜虫，夏秋间的毛虫。

6. 葡萄

【繁殖及栽培】

（1）繁殖：多用扦插繁殖。在葡萄落叶时，选取 1 年生、节间短，具备3个侧芽的健壮枝条，长15～20厘米，成束埋在沙内越冬，第二年3～4月扦插，直接插于苗床或3～4枝一束插于盆里，萌发后选健壮枝条留下。扦插后第一次要浇足水，以后只要保持湿润即可。此外，也可进行高位压条法或环剥压条法进行繁殖，4～5月间进行，9～10月剪下移栽，有时为了改良品种，也可用嫁接法。

（2）栽培：

①土壤：宜植于沙质土壤，对酸碱度要求不严，中性最好，弱酸或弱碱性土壤中也能生长。

②浇水：忌积水，水分过多，则果的品质差，病害多。一般生长期可适当多浇水，结果时要少浇水，冬季保持湿润。

③施肥：合理施肥是葡萄生长的关键。一般冬季换盆时，施氮磷基肥，开花前追施磷肥1～2次，结果后追施磷钾肥1～2次。

④搭架：葡萄是藤本植物，不论地栽或盆栽都要搭架。盆栽时，可用三支竹竿，在中间捆一下，使其成牢固的三角形，风吹不倒，以后再根据需要加横档，把主蔓和结果枝都引到横档上，让果穗有依托，地栽以搭棚架为主。

⑤修剪：葡萄的修剪除为观赏外，还是硕果累累的保证。入冬至萌芽前结果枝要截短，留2～3芽，来春就可萌发出结果枝来。有时为扩大树冠，使来年多生结果枝，要将部分果枝摘去果穗，使它生长成较好的预备结果枝。

盆栽葡萄的修剪，要求控制树体，上盆的第一年，只须培养1根主茎，用竹竿相扶。如要培养成矮干的树形，可待其长到70厘米高时，摘去顶芽，以使其茎长粗壮，同时侧芽会迅速生长。为了使光合作用的养分集中供给冬芽及花芽的分化，当夏芽长成的侧枝在长出两片叶时就应摘去其顶心，在此夏枝上再萌发出的各级副枝，也应及时如上法摘去其顶心。再配合适当的肥水管理，第二年就可以少量结果。

第二年则要控制其结果量，甚至最好不让其结果，以培养健壮的树势。具体做法是，早春，可选留5条左右健壮的结果枝，每一结果枝只留一个果穗，在花期前4天左右，于果枝的第7叶片处摘心。更应严格控制副梢的生长，除果枝顶端副梢留2片叶摘心外，其余副梢只留1叶摘心。冬季，可选留4或5条不同方向生长健壮、芽体饱满的当年结果枝组。于基部留3个芽短截，以培养固定的结果枝组，其余枝条一律剪除。

⑥其他：葡萄根系发达（地栽时根长达3米），盆栽时为避免结根，一

是要用大盆，二是要 1 年或 2 年 1 次翻盆、疏根，冬季注意防冻害。

【病虫害防治】

葡萄病害以黑豆病为多，可用喷波尔多液的方法预防，发现病害，要及时剪除病蔓、病果，多次喷波尔多液即可治疗。虫害主要是天牛，每年发生一代，小幼虫在蔓内越冬，被害枝在落叶后可发现表皮成灰色。因此，可结合冬季修剪，追踪杀死幼虫。

7. 金橘

【繁殖及栽培】

（1）繁殖：多用靠接法或切接法，也有用芽接法，砧木可用橙子等。

①靠接法：在 3~4 月进行，接后 1 个月可与母株切断，切断前要少浇水，只需保持湿润即可，切断后要多浇肥水。

②切接法：在 3~4 月进行，接穗选用 1 年生枝条，剪成 7 厘米长，上带 2~3 个芽，接后 1 个月成活。

③芽接法：可在 6~9 月进行。

（2）栽培：

①土壤：选排水良好的沙质土壤。

②浇水：忌积水。冬季金橘处于半休眠状态，需水量少，蒸发也很弱，要少浇水，浇水多会引起结冰，导致烂根和寒害。夏季高温季节一定要有充足的水分供应，否则易造成落叶落果，春秋两季保持见干见湿即可。

③施肥：生长阶段以施氮肥为主，促进发芽和枝叶生长，开花结果阶段以施磷肥为主（可在氮肥中加过磷酸钙），促其枝条生长，有利于花芽分化，一般每隔 8~10 天施 1 次。

④温度：最适生长温度为 23~29℃，高于 37℃或低于 10℃对生长都不利，会引起落叶和进入休眠状态，因此，高温季节要多喷水，或适当遮阴降温，冬季最好搬入室内，或地窖越冬。

⑤修剪：从春季萌芽到挂果前需进行 3 次修剪，第一次是早春采收果实后春芽萌发前，对所有老枝重剪，隔年生的病弱枝全部剪去，健壮枝条留下部 3~4 个芽，其余的全剪去，每盆留 3~4 枝。第二次是 4~5 月间，当新枝长到 15~20 厘米时，及时摘心，促其萌发二次枝，6 月上旬进行第三次修剪，对二次枝进行摘心，使其发生三次枝，扩大树冠，增加着果部位。另外，开花后还应适当疏花，结出幼果后每根枝条一般留 1 个果实。为利观赏，小果和病果要随见随摘，未结果的枝及遮挡果实的枝叶可剪去，使果实颗颗露在外面，保持株形美观。

⑥其他：金橘的实生后代多变异，变优者少，结果晚，因此在购买苗木时，要选有嫁接痕迹的植株。

8. 佛手

【繁殖及栽培】

（1）繁殖：以扦插为主，在4～6月进行，生长5年后结果，也可采用高位压条法繁殖，8月选结果枝压条，10月剪断，栽盆，果实仍可继续生长。也可选枸橼或酸橙作砧木。在春秋两季进行嫁接，3年后结果。

（2）栽培：

①土壤：用疏松、肥沃、排水良好的酸性土栽培效果最佳。

②浇水：旱季要喷雾增湿，雨季要及时排水排涝，开花后浇水切勿过干过湿，否则易落花、落果。

③施肥：果期要施足磷钾肥。

④修剪：佛手一年多次开花，均能结果，3～4月结的果不耐贮藏，残果较多，因此，这段时间结的果应全部摘除，5月后结的果才开始进行果期管理。一般来说，果实如玉米粒大小时进行第一次疏果，选6～8枚留下，其余摘除，果枝上的侧芽及顶芽要抹掉，只留叶片；当长到葡萄大小时，再疏果1次，选择较大的幼果4～5枚留下（一般一个结果枝上只留一枚），同时要增施磷钾肥。

有人认为，果越多越好，其实不然，佛手果实很大，每结一枚就耗去大量营养，留果过多，生长过程中会渐渐落掉，徒耗营养，剩下的长势也不好。

⑤其他：佛手有明显的隔年结果现象，在结果的第二年，对枝条要进行大修剪，每个1年生枝条，仅留基部的两个侧芽即可。佛手根不发达，2～3年可换盆1次。平时，注意通风透光洗叶。

9. 代代

【繁殖及栽培】

（1）繁殖：多采用扦插和嫁接繁殖，在南方，可在梅雨季节扦插，40～50天生根。嫁接可用任何柑橘类植株的实生苗作砧木，春秋两季都可进行。幼苗3年后即可开花结果。

（2）栽培：

①土壤：要求肥沃和排水良好的微酸性或中性土壤。

②浇水：除正常浇水外，遇到天气干燥，还应经常喷水，使之保持湿润。

③施肥：开花前追施液肥2~3次，果熟后每20天左右追肥1次，促进果实生长。

④其他：代代生长迅速，根系发达，盆栽时每年春季应翻盆换土1次。花期过后要疏果，每枝留果1枚，对徒长枝要进行修剪，使养分集中供应结果枝。另外，盛夏季节，要放到树阴下降温，立秋后放于阳光下养护，冬季移到室内防寒。

10．枸杞

【繁殖及栽培】

（1）繁殖：采用播种、扦插、分株均可。种子不休眠，春季就可播种，播种前先用温水浸泡1~2天，使种皮变软，这样可加快出苗速度（7天左右即可出苗）。扦插选择1年生强壮枝条，春秋两季都可进行。保持土壤湿润，成活率可达90%以上，分株可在春季进行。

（2）栽培：

①土壤：在通风良好的沙质土壤上生长最佳。

②浇水：不干不浇，浇则浇透。

③施肥：开花时多施磷钾肥，促其叶繁果盛。

④其他：秋季修剪，除去枯枝和过密枝条，保证树冠通风透光良好，树姿端正。

11．苹果

【繁殖及栽培】

（1）繁殖：常采用扦插、播种、嫁接等方法繁殖。

（2）栽培：

①土壤：用肥沃、富含有机质、排水良好而又能保持适量水分的土壤。

②浇水：生长期需水量大，应浇足水。如遇高温天气，每天浇1次透水，谨防失水。

③施肥：苹果因其果实丰硕，营养消耗大，需要施足基肥。同时，根据盆栽特点，生长期要进行叶面施肥和根部追肥，以磷钾肥为主。

④其他：盆栽苹果生长量较小，修剪量不大，有些甚至不修剪。修剪可在生长期或休眠期进行。生长期算是春季果树萌动后，生长的新梢长到20厘米左右即摘心，以控制增高，同时疏除新生密枝。休眠期修剪在果树落叶后进行，主要目的是稳定树型，防止逐年增高。修剪首先是将长枝短截，疏除过密的、交叉的枝，摘掉过多的花芽，提高坐果率。

多肉类花卉

1. 令箭荷花

【繁殖及栽培】

（1）繁殖：

①扦插繁殖：6~7月扦插成活率最高。在令箭荷花母株上取老熟的叶状枝基部剪取整个枝片作插枝，也可将两年生枝片裁成6~8厘米长的小段，于阴凉处放2~3天，待伤口干燥后插入素沙土中保湿，不久即可生根，次年就可开花。

②分株繁殖：多年老株丛生后，也可分株繁殖。

（2）栽培：令箭荷花喜肥，盆土要求疏松、肥沃、排水良好，生长旺季每隔10天左右施稀释5倍的腐熟有机肥1次，但炎夏及冬季不要施肥。浇水以见干见湿为原则。喜光照，但盛夏忌烈日暴晒。要放于庇荫处。怕涝，所以雨天要移入室内，如有积水，要及时侧盆倒水。秋天要置于室外充分接受阳光，否则不易开花。枝片长高时适当立支架绑扎。每年4~5月间开花，每朵花期2~3天。室内陈设需放在阳光充足，通风良好的房间内，冬季最低温度不低于5℃才能安全越冬。

2. 昙花

【繁殖及栽培】

（1）繁殖：采用扦插繁殖。家庭扦插一般以6月扦插成活率最高。剪取两年生叶状枝或棒状枝扦插。按2~3节一段剪开，基部削平，于阴处干燥2~3天后，插入沙土内，土中含水量保持在60%左右，30天左右可生根。

（2）栽培：盆栽用含腐殖质丰富的沙质土壤，排水良好，浇水要见干见湿，生长季节每15~20天施1次氮磷结合的液肥，孕蕾期施以磷肥，可使花多而大。如果肥料充足，昙花一年可开花两次，甚至3次。昙花茎枝柔软，长到一定高度时要设立支柱，绑扎茎枝，并使造型美观。光照要适当，夏天忌烈日直晒，冬天室温不低于10℃，才能安全越冬。

昙花一般是在晚上开花的，若要在白天观赏昙花的开花，可在花蕾形成后10厘米左右时，每天上午7点把昙花搬入暗室，或用黑布（黑纸也可）做成遮光罩，罩住整个植株，晚上7点将昙花搬出暗室或将遮光罩揭开，使其接受自然光，天黑后用100~200瓦电灯于花蕾上方1米处照光。

这样 7～10 天后，当花蕾挺起、膨胀欲开放时去掉遮光罩，昙花就能在上午7～9 点开花，并可开到下午 4～5 点。

　　3. 蟹爪兰

　　【繁殖及栽培】

　　（1）繁殖：

　　①扦插繁殖：于 4～5 月间从母株上选 3～5 节茎，于节基部连接处剪下，在阴处晾 1～2 天，待切口风干后，将最后一节插入疏松的沙土中，插后置于阴处，土壤保持湿润即可，温度 20～25℃ 时 20～30 天即可生根。家庭中用小口瓶进行水插，生根也很容易，

　　当其根长出 0.5 厘米左右长时，即可栽于盆中，但扦插繁殖的蟹爪兰长势不旺，开花较少，造型也欠佳，不过当其茎节长而下垂时可作吊盆花卉悬挂起来。

　　②嫁接繁殖：春秋两季较干燥时均可用嫁接法。若在雨季嫁接，切口易腐烂。以 3～4 月和 8～9 月为宜，选粗壮的单片仙人掌、仙人球或量天尺（俗称三角）植株作砧木，因为它们生命力强。每盆栽 1 株。用劈接法：于砧木顶端，用经 75% 酒精棉球消过毒的利刀先平切一刀，放置 2～3 天，待伤口干后，再直切一切口，其深度与宽度要与接穗的削面相吻合。从蟹爪兰母株上选大小适中的茎节 2～5 节，剪下后于最后一节的两面各斜削一刀成鸭嘴形，削面长度约 3 厘米，要求刀口平整，一刀削成（多刀则削面凹凸不平，影响成活）。削好后立刻插入砧木的切口内，使其髓心对齐。再用仙人掌的刚硬长刺（先用以 75% 酒精棉球消毒）刺入接穗与砧木连接处，使其固定，再用两只木夹左右夹住，然后置于阴处。一般在盆土不太干时不必浇水，并防止水滴滴在伤口上引起腐烂。嫁接伤口愈合后约半月成活，当年可望开花。

　　（2）栽培：蟹爪兰盆栽时盆土要选肥沃疏松、排水透气良好的微酸性土壤，平时盆土要湿润而透气，不要过干过湿，浇水时不要当头淋洒，更不要受雨淋。夏季植株常呈休眠状态，应放在凉爽通风处，保持盆土干燥，每隔 15～20 天施稀释的腐熟有机肥。特别要注意在花前和花后要施肥，即立秋后要多施花前肥，但夏季及开花期要停止施肥。

　　蟹爪兰茎节生长到一定长度，要搭架整形，使其茎节下垂，成自然伞状，也可用竹篾或粗铅丝扎成塔型的架子，人工帮助其柔软的茎节沿架匀称分布，并适当整枝使其造型优美，没开花时已有很好的观赏价值，当盛花期在其枝端悬垂许多美丽的花朵，犹如锦帘，故又有"锦上添花"的

美名。

蟹爪兰是典型的短日照植物，所以每年秋季当日照逐渐缩短时开始孕蕾，要给它造成短日照的条件，此时最好不要在晚上把它放在有灯光的室内，以保证其孕蕾所需的短日照条件。另外其孕蕾开花期要特别注意养护，如：盆土不可过干过湿，要经常喷水，湿润花蕾及茎，花前多施以磷肥为主的液肥。蟹爪兰开花期正值冬春季节，室内温度最好保持15℃左右，不能低于10℃，否则也易落蕾，特别是以量天尺作砧木的更不耐寒，在25～37℃温度下生长旺盛，20℃时生长缓慢，15℃左右即停止生长，根系吸收活动降低。所以蟹爪兰最好用仙人掌或草球作砧木，室内可用塑料袋套好，如温度不够，还可加电灯光以增温。花期停止施肥，并少浇水。另外花期不要随意搬动花盆，以防断茎而造成落蕾落花。

【病虫害防治】

蟹爪兰茎节变黄，甚至萎缩脱落其原因有二。一是生理性的，可能是夏天温度过高，并受强光直射，空气干燥，或土壤 pH 值过高（即偏碱性）而引起的。二是虫害引起的，在夏天闷热干燥、通风不良时，极易受介壳虫及红蜘蛛所害，受害后茎节也易发黄脱落。因此夏季要放于遮阴和通风处，并常向植株上喷水，一经发现虫害，可用氧化乐果1000～1500倍的稀释液喷洒杀虫，效果良好。家庭养花，发现介壳虫也可用竹签将其剔除。

4. 山影拳

【繁殖及栽培】

（1）繁殖：

①扦插繁殖：这是常用的方法，多在春秋两季进行。可切取一个茎枝，在阴处晾放2～3天，待伤口干后，栽入沙壤土内，不必马上浇水，6～7天后用细眼喷壶喷少许水于土面，不必很湿，极易发根。

②分株繁殖：有些品种从根部发生侧枝而成丛生状，可用分株法进行繁殖。伤口也要晾干后分栽。

（2）栽培管理：山影拳盆栽选用排水良好的沙质壤土，性喜碱，不必年年换盆，忌大水大肥，家庭盆栽要适当控制水肥，除翻盆时适当施些骨粉外，一般不需施肥。盆土宜稍干燥，以抑制生长，利于形成山石状景观。如浇水施肥过多，不仅容易烂根，而且还会使肉质茎徒长，丧失观赏价值。夏季放在通风良好而湿润的环境中。喜阳光，但也较耐阴，可在北阳台或北窗台上养护。冬季室温5℃左右即可越冬。

5. 仙人球类

【繁殖及栽培】

(1) 繁殖：一般均用扦插或嫁接繁殖。除强刺属的仙人球外，母球上都能萌生出子球，扦插时可从母球上取适当大小的子球，在阴处晾 1~2 天，使伤口变干，以免伤口插下后腐烂，插入沙土中，插后不用浇水，仅喷雾，置于阴处，待生根后再按正常方法浇水养护。

嫁接繁殖：一般于春季进行，夏季高温病菌繁殖力强，最好不要嫁接。可用较大的花盛球（俗称草球）或量天尺（俗称三角）作砧木。量天尺要选用组织充实，髓部柔软的（如髓部发白即表示太老，不宜采用）。用平接法进行嫁接，此法操作简便，对初学者来说不难掌握，所以家庭养花者可用此法嫁接优良品种仙人球。嫁接后，砧木如长出子球或分枝，应及早把其剪除，以保证养分集中于接穗，使接穗生长良好。

有些仙人球类花卉老球的萌芽力较弱，尤其一些名贵的品种，如星球、金琥、黄翁等，所以要进行播种繁殖。但仙人球类的花授粉能力较差，必需人工辅助授粉才结子，种子长在多浆的果实内，成熟后剥去果皮，把种子洗净，晾干后放在干燥的纸袋内贮存，发芽力可保持两年。有的种子成熟时果皮会裂开，种子即自动散落，所以必须在散落前采收果实。第二年 5~7 月份播种。播前先放在温水里浸泡 2 天即可播种，间距 2 厘米以上，不必覆土。用浸盆法给水，把沙浸透，盆面盖上玻璃或白纸，置于室内，温度保持 25℃以上，30~45 天可出苗，幼苗生长很慢，入冬后室温不得低于 10℃，不然幼嫩的小球会受冻死亡。

(2) 栽培：

①土壤：家庭栽培用的培养土，要求疏松、透气，排水良好，能掺点石灰质及沙土更好。因仙人球类植物呼吸作用时放出的二氧化碳大多不能从气孔排出而在体内形成酸类，如果土壤中施放石灰，可以适当中和此酸，调节体内的酸碱度。也可直接种在河沙上。

②浇水：仙人球较耐旱，在养护中要干透浇水，多浇了反而易引起烂根，特别是新上盆的仙人球，因根部受到一定的损伤，土壤太湿易引起腐烂。需待长出新根后，再逐步浇水。夏季气温高，需水量大，宜于早晚浇水，切忌中午浇水，以免引起球体损伤。秋冬季要适当控制水分，使其进入休眠状态，安全越冬。

③施肥：在春夏生长旺季可适当追施液肥，注意不要把液肥施于球体上，以防腐烂。施氮肥不宜太多，以免只长球，而不开花，要适当辅以磷

肥才能孕蕾开花。秋后停止施肥，促其进入休眠状态，以利越冬。

④光照：仙人球类植物喜光，所以春、秋、冬三季应置于阳光充足的窗台、阳台上，夏季则应适当遮光，并注意通风。冬季于室内越冬，温度不能低于5℃。

【病虫害防治】

夏季在干热环境中易受红蜘蛛危害，危害后的球体有黄褐色锈斑，失去观赏价值。初发时可喷氧化乐果防治，但斑点尚存。只有重新嫁接，或去顶以破除顶端生长优势，促其基部萌发子球，再用子球繁殖。所以对红蜘蛛防重于治，预防的方法是夏季注意降温和通风，并保持一定湿度，不要造成干热的条件。

6. 石莲花

【繁殖及栽培】

（1）繁殖：

①茎插繁殖：于生长季节，取其带有顶部叶丛的侧枝，摘去下部几轮叶片，然后插入沙质培养土内，1周左右即可生根。

②叶插繁殖：于生长季节，取叶片平铺于湿润的土壤表面，保持空气湿润，很快会从叶基部萌生出小莲花状的叶丛。

（2）栽培：石莲花栽培管理简便，土壤只要排水良好，生长季节保持土壤湿润即可。每隔15～20天施液肥1次，置于向阳通风处，即可枝繁叶茂，根据各自爱好可栽成各种形式。如每盆可只保一个莲花状叶丛，发生侧枝后，立即剪掉，使其养分集中于一个叶丛而成一朵"大莲花"。也可栽于大盆，任其发出侧枝，然后使其长成大小相等的许多"莲花"。茂盛时还可悬垂于盆外。根据爱好进行适当修剪造型，每隔3年左右要翻盆、淘汰老株、重新扦插，来繁殖新株。

7. 落地生根

【繁殖及栽培】

（1）繁殖：叶缘滋生的新芽落地后可以生根成为新植株，所以用叶片边缘的芽插于盆土表面，不必覆土，一次可得大量的新苗。老株盆土周围由于自己掉落的新芽而成的苗株，也可挖取另栽。

（2）栽培：盆栽植株最好每年更新，保持旺盛的长势。对土壤要求不严。肥料也不要过多，浇水应掌握见干见湿的原则。冬季需在室内保温越冬，不要低于12℃。

8. 芦荟

【繁殖及栽培】

可用分株或扦插。

在春天结合翻盆，将萌发出的侧蘖分出栽种。或剪取 10～15 厘米的茎段，去除基部 2 侧叶，在冷凉处放置 1 天后，使切口略干，再插于培养土内，保持土壤稍湿润，20～30 天即可发根。芦荟生长较快，最好每年翻盆，分植上盆后，缓苗期间要少浇水，使土壤通气湿润，利于发根，防止腐烂。夏季宜放置于室外半阴通风处，并需常浇水避免干燥。入秋后要控制浇水，冬季室内温度保持5℃以上，即可安全越冬。生长期适当施肥，可以保持生长良好。

藤本花卉

1. 金银花

【繁殖及栽培】

（1）繁殖：播种、扦插、压条或用自然根蘖分株，均可繁殖。扦插极易成活，春季扦插成活当年夏季即可开花，故一般采用此法。

（2）栽培：露地栽培于庭院中几乎不需肥水管理就能生长良好。需要搭设棚架，或种在墙边、篱笆边，以利攀缘生长，否则枝条相互缠绕，影响通风，株形也不美，开花少。另外还应及时剪去下部老枝及乱枝。

【病虫害防治】

干热季节易发生蚜虫，应及时防治。

2. 凌霄

【繁殖及栽培】

（1）繁殖：扦插、压条、分株均

可繁殖，以扦插为主。

①根插：3 月间，掘取其根，切成长 3 厘米左右的根段，平铺于土上，盖上细土约厚 2 厘米。春暖即可生根发芽，成活率很高。

②嫩枝扦插及压条：因其藤能节节生根，故扦插或压条也很易成活。

（2）栽培：对土壤要求不严，一般土壤均可栽植。施以基肥，每年开花前追肥 1 次，平时保持土壤湿润，忌积水。因茎蔓生长快，要及时绑扎或牵引使其攀缘生长。

3．紫藤

【繁殖及栽培】

（1）繁殖：常用播种、扦插繁殖，也可用分株与嫁接繁殖。

①播种法：10月果实成熟后，采收种子，晒干贮藏。次年早春3月播种，播前浸种1~2天，点播，气温10~13℃即可发芽。实生苗要多年后才可开花，故不常采用。

②扦插法：于2~3月选取健壮1年生枝条作插穗，剪取15~20厘米长，2/3长度插入土中。注意保湿，以提高成活率。也可于秋季，选当年生健壮枝条，剪长8~10厘米，带踵扦插。将根剪下后全部插入土中，也能抽枝发叶。

③嫁接法：此法应用较多，3月中旬进行。以3年生普通实生苗作砧木，剪取优良品种的两年生健壮枝条作接穗。接穗应当带两芽，切接后培土，把接穗埋在土里，以保持湿度，待新芽伸出土面后，再逐渐把培土除去。也可选直径1厘米左右的枝条进行靠接。

④分株繁殖：紫藤根部易生萌蘖，自清明至立夏其间，可选茎干粗1厘米左右的两年生萌蘖条，带土带根掘出，栽于露地或花盆中，加强管理，也可成活。

（2）栽培：紫藤主根深，侧根少，不耐移植。大苗移栽，必需带土保持根系完整。移植时，树穴一定要施足有机肥作基肥，栽后要浇透水，以后注意生长期施2~3次液肥，冬季施饼肥等有机肥。定植后要设立棚架，以便枝蔓攀缘，棚架一定要牢固。因紫藤枝粗叶茂，重量较大，现园林和庭院中常用造型美观的水泥棚架。在秋末休眠后，要注意剪除弱枝、病枝及过密枝条，以促进花芽形成，利于来年开花。

盆栽紫藤除控制水、肥以外，还要注意整枝修剪和摘心工作，使其造型优美。此外，注意调节营养生长和生殖生长关系，使多开花而营养生长不过旺，培养成姿态优美，观赏价值较高的桩景。

4．爬山虎

【繁殖及栽培】

播种、扦插和压条均可繁殖，栽培也很容易，无需特别管理，只要保持土壤湿润，有一定肥力即可，生长迅速。

5．常春藤

【繁殖及栽培】

常用扦插根。盆栽生长旺繁殖，极易生根。生长季节剪取嫩枝扦插，约半月即可生根。盆栽生长旺季应适当修剪，并设立各种形式的支架，以调整株形。平时采取保温、施肥等一般管理措施即可。夏季忌阳光直晒，冬季须在0℃以上越冬，并保持空气湿度，不可过于干燥，盆土不宜过于潮湿。

第四章　花卉的四季养护

室内植物何时休眠

休眠是花卉对不利温度环境的一种特殊适应形式，一般来说，室内植物的休眠期与它们在自然环境中生长时的休眠期是一致的；耐寒的花卉如月季、牡丹、芍药、石榴、柑橘等在低温严寒的冬季停止生长而处于休眠的状态；不耐炎热的喜凉花卉如水仙、郁金香、仙客来、马蹄莲、吊钟海棠、风信子、香雪兰等都在夏季休眠；杜鹃、五针松、天竺葵、君子兰、四季海棠等花卉在高温酷暑的条件下生长十分缓慢，呈半休眠的状态。

休眠期怎样养护

冬季休眠的花卉，它们原产地冬季的气温也是很低的，因此应顺应其习性，让其休眠，同时停止施肥，减少浇水。经过休眠，第二年的生长才会正常。如果冬季的温度过高，反而对有些植物的第二年生长不利。

夏季休眠的花卉，除停止施肥，控制浇水和防雨外，还要采取遮阴、喷水、加强通风等降温措施，以使夏眠的花木安全越夏。

盆花何时进房好

霜降后，应将原产热带、亚热带的不耐寒花卉盆株移入室内。有些养花者常常把盆花过早地移入室内保暖，实际上这种做法对花卉的越冬是十分不利的。让盆花在越冬前有一个时期的低温锻炼，能使花卉自身的抗寒潜力得到发挥，可以明显地提高花卉对耐寒的适应能力，因而有利于提高它们的抗寒能力。

由于各种花卉对低温的忍耐能力不同，所以掌握花卉适宜的入室时间，必须了解这些花卉安全越冬的温度要求，待气温降低至花卉安全越冬的最低温度时，才把盆株移入室内。常见的花卉忍耐低温是：棕竹、苏铁、蒲葵、蜘蛛抱蛋、八角金盘、桃叶珊瑚为0℃；袖珍椰子为3℃；龟背竹、冷水花、橡皮树、垂叶榕、酒瓶兰为5℃；密叶朱蕉为8℃；兔足斑纹竹芋为10℃；变叶木为12℃等。君子兰过早入室还会影响开花，要使君子兰正常开花，必须使其在花前经过一个低温的阶段，即让它在4℃左右的低温下处理约10天，然后移入室内，才能使君子兰开花正常和花色鲜艳。柑橘类则在气温降低至0℃前入室为好。

当然，如花卉栽培数量大时，应在霜降后即着手安排移入室内的工作，以免寒流侵袭时因来不及移入室内而造成不必要的损害。

盆花出房要适时过渡

清明后，暖空气势力越来越强，气温明显升高，此时应将室内的花卉移至室外。室内越冬的花卉在出房前必须经过一段时间的适应性锻炼。可在白天气温高时，将门窗打开；待晚上寒冷时再把门窗关上。以后随着气温的回升，逐渐延长门窗开启的时间，以降低室内温度，缩小室内外的温差，逐步提高盆花对室外环境的适应能力。

二三月春寒谨防花木"感冒"

喜暖花卉的受冻，常常不是在严寒的冬天，而是气温开始回升的早春。因为花卉在寒冬时期处于休眠的状态，因而对低温具有一定的抗性，随着早春气温的升高，花卉的休眠逐渐解除并开始复苏，对低温的忍耐能力也逐渐减弱；同时，花卉经过一个漫长的冬季，植株的生长比较虚弱，生理机能也明显衰退；加上春天的气温虽然逐渐回升，但乍暖还寒，所以如果天气稍一暖和就认为冬天已过，把盆花过早地移出室外，此时若遇到晚霜或寒流袭击，即使是温度不低，花卉也会由于不适应外界温度的剧烈变化而"感冒"，甚至遭受严重冻害致死。

如果在早春将盆花搬出晒太阳，应采取一定的保险措施。可用塑料袋将花盆罩住后，摆到室外放一段时间。为了便于通风，防止罩内温度过高，应在塑料袋上刺几个通气孔。

室内植物忌冷风直吹

对喜温的花卉在室内越冬时，切忌冷风直接吹袭，否则会使植株受冻枯萎而引起死亡。室内花卉的通风可以采用邻室间接通风的办法，即将邻室的门窗打开，接受新鲜的空气，并使寒冷的空气变得暖和些，然后再让邻室的空气进来，这样就不会出现受冻的现象了。

春季养护要点

1. 适时出室，避免寒害

早春天气乍暖还寒，气温多变，此时将刚刚苏醒而萌芽展叶的花卉，或是正处于孕蕾期，或正在挂果的原产热带或亚热带的花卉搬到室外养护，若遇到晚霜或寒流侵袭极易受冻害，轻者嫩芽、嫩叶、嫩梢被寒风吹焦或受冻伤，重者突然大量落叶，整株死亡。因此盆花春季出室宜稍迟些而不能过早，宜缓不宜急。正常年份，黄河以南和长江中、下游地区，盆花出室时间一般以清明至谷雨间为宜；黄河以北地区，盆花出室时间一般以谷雨到立夏之间为宜。对于原产北方的花卉可于谷雨前后陆续出室。对于原产南方的花卉以立夏前后出室较为安全。根据花卉的抗寒能力大小先后出室，如抗寒能力强的迎春、梅花、腊梅、月季、木瓜等，可于昼夜平均气温达15℃时出室；抗寒力较弱的米兰、茉莉、桂花、白兰、含笑、扶桑、叶子花、金橘、代代、仙人球、蟹爪兰、令箭荷花等，应在室外气温达到18℃以上时再出室较为稳妥。

盆花出室需要经过一段逐渐适应外界环境的过程。在室内越冬的盆花已习惯了室温较为稳定的环境，不能春天一到，就骤然出室，更不能一出室就全天放在室外，否则容易受到低温或干旱风等的危害。一般应在出室前10天左右采取开窗通风的方法，使之逐渐适应外界气温；也可以上午出室，下午进室；阴天出室；风天不出室。出室后放在避风向阳地方，每天中午前后用清水喷洗1次枝叶，并保持盆土湿润（切忌浇水过多）。遇到恶劣天气（寒流、大风等）应及时将其搬入室内。

2. 巧用肥水，生长健壮

盆花冬季在室内经过漫长时间的越冬生活，生长势减弱，刚萌发的新芽、嫩叶、嫩枝或是幼苗根系均较娇嫩，如果此时施农肥或生肥，极易遭受肥害，"烧死"嫩芽枝梢，因此早春给花卉施肥，应掌握"薄肥少施，逐渐增加"的原则。早春应施充分腐熟的稀薄饼肥水，因为这类肥料肥效较持久，且可改良土壤。施次数要由少到多，一般以每隔 10～15 天施 1 次为宜。春季施肥时间宜在晴天傍晚进行。施肥时要注意以下 4 点：一是施肥前 1～2 天不要浇水，使盆土略干，以利吸肥。二是施肥前要先松土，以利肥液下渗。三是肥液要顶盆沿施下，避免沾污枝叶以及根颈，否则易造成肥害。四是施肥后次日上午要及时浇水，并适时松土，使盆土通气良好，以利根系发育。

对刚出苗的幼小植株或新上盆、换盆、根系尚未恢复以及根系发育不好的病株，均应暂停施肥。

早春浇水也要注意适量，不可一下子浇得过多。这是因为早春许多花卉刚刚复苏，开始萌芽展叶，需水量不多，再加上此时气温不高，蒸发量少，因此宜少浇水。如果早春浇水过多，盆土长期潮湿，就会导致土中缺氧，易引起烂根、落叶、落花、落果，严重的也会造成整株死亡。晚春气温较高，阳光较强，蒸发量较大，浇水宜勤，水量也要增多。总之，春季给盆花浇水次数和浇水量要掌握"不干不浇，浇必浇透"的原则，切忌盆内积水。春季浇水时间宜在午前进行，每次浇水后都要及时松土，使盆土通气良好。对于春季气候干燥、常刮干旱风的地区注意经常向枝叶上喷水，增加空气湿度。

3. 适期换盆，花繁叶茂

盆栽花卉如果栽后长期不换土、换盆，就会使根系拥塞盘结在一起，致使土中营养缺乏，土壤性质变坏，造成植株生长衰弱，叶色泛黄，不开花或很少开花，不结果或少结果等不良现象。

如何做好换盆工作呢？首先要掌握好换盆的时间。怎样判断盆花是否需要换盆呢？一般地说，盆底排水孔有许多幼根伸出，说明盆内根系已很拥挤，到了该换盆的时间了。为了准确起见，可将花株从盆内磕出，如果土坨表面缠满了细根，盘根错节地相互交组呈毛毡状，则表示需要换盆。若为幼株，根系逐渐布满盆内，需换入较大一号的盆，以便增加新的培养土，扩大营养面积；如果花卉植株已成型，只是因栽培时间过久，养分缺乏，土质变劣，需要更新土壤的，添加新的培养土后，一般仍可栽在原盆中，也可视情况栽入较大的盆内。换盆的时间，多数花卉宜在休眠期和新芽萌动之前的三四月间换盆为好（早春开花者，以在花后换盆为宜），至于换盆次数则依花卉生长习性而异。许多一二年生花卉，由于生长迅速，一般在其生长过程中需要换 2~3 次盆，最后 1 次换盆称为定植。多数宿根花卉宜每年换盆、换土 1 次；生长较快的木本花卉也宜每年换盆 1 次，如扶桑、月季、一品赶等；而生长较慢的木本花卉和多年生草花，可 2~3 年换 2 次盆，如山茶、杜鹃、梅花、桂花、兰花等。换盆前 1~2 天不要浇水，以便使盆土与盆壁脱离。换盆时将植株从盆内磕出（注意尽量不使土坨散开），用花铲去掉花苗周围约 50% 旧土，剪除枯根、腐烂根、病虫根和少量卷曲根。栽植前先将盆底排水孔盖上双层塑料窗纱或两块碎瓦片（搭成"人"字形），既利于排水透气，又可防止害虫钻入。上面再放一层 3~5 厘米厚的颗粒状的炉灰渣或粗沙，以利排水。然后施入基肥，其上再放一层新的培养土，随即将带土坨的花株置于盆的中央，慢慢填入新的培养土，边填土边用细竹签将盆土反复插实（注意不能伤根），栽植深浅以维持在原来埋土的根颈处为宜。土面到盆沿最好留有 2~3 厘米距离，以利日后浇水、施肥和松土。花株栽好后用喷壶浇透水，放半阴处缓苗。缓苗期间不要施肥并节制浇水，否则土壤过度潮湿会影响成活。待萌发新叶、新根后即可按照花卉的生长习性进行浇水、施肥和给予适宜的光照。

4. 正确修剪，花多果硕

养好花"七分靠管，三分靠剪"的花谚，是养花行家经验之谈。修剪一年四季都要进行，但各季应有所侧重。春季修剪的重点是根据不同种类花卉的生长特性进行剪枝、剪根、摘心及摘叶等项工作。对 1 年生枝条上开花的月季、扶桑、一品红等可于早春进行重剪，疏去枯枝、病虫枝以及影响通风透光的过密枝条，而保留的枝条一般只保留枝条基部 2~3 个芽进行短截，例如早春要对一品红老枝的枝干进行重剪，每个侧枝基部只留二三个芽，将上部枝条全部剪去，促其萌发新的枝条。修剪时要注意将剪口芽留在外侧，这样萌发新枝后树冠丰满，开花繁茂。对在 2 年生枝条上开花的杜鹃、山茶、栀子等，不能过分修剪，以轻度修剪为宜，通常只剪去病残枝、过密枝，以免影响日后开花。究竟哪些花卉应重剪，那些宜轻剪？一般地讲，凡生长迅速、枝条再生能力强的种类应重剪，生长缓慢、枝条再生能力弱的种类只能轻剪，或只疏剪过密枝和病弱残枝。对观果类花木，如金橘、四季橘、代代等，剪时要注意保留其结果枝，并使坐果位置分布均匀。对于许多草本花卉，如秋海棠、彩叶草、矮牵牛等，长到一定高度，将其嫩枝顶部摘除，促使其萌发侧枝，以利株形矮壮、多开花。茉莉在剪枝、换盆之前，常常摘除老叶，以利促发新枝、新叶，增加开花数目。此外，早春换盆时应将多余的和卷曲的根适当疏剪，以利促发更多的须根。

5. 及早治虫，防止受害

春季随着气温的回升，危害花卉的害虫也日益增多。春季常见的害虫有各种蚜虫、红蜘蛛、粉虱、介壳虫、地下害虫等，应及时做好防治工作。详见本书前面有关内容。

夏季养护要点

1. 光照适宜，防止暴晒

一般喜光照充足的花卉，如月季、石榴、桂花、茉莉、梅花、牡丹、一品红、变叶木、菊花、大丽花、米兰、白兰、扶桑、紫薇、金橘及水生花卉、仙人掌类花卉等，春季出室后要放在阳光充足处养护，但到了盛夏，也需移至略有遮阴处，防止强光暴晒。

一般阴性或喜阴花卉，如兰花、龟背竹、吊兰、文竹、山茶、杜鹃、常春藤、栀子、万年青、秋海棠、棕竹、南天竹、一叶兰、蕨类以及君子兰等，夏季宜放在通风良好、荫蔽度为 50% ~ 80% 的环境条件下养护，若受到强光直射，就会造成枝叶枯黄，甚至死亡。这类花卉夏季最好放在朝东、朝北的月台或窗台上，或放置在室内通风良好的具有明亮散射光处培养，也可用芦苇或竹帘搭设荫棚，将花盆放荫棚下养护，这样即可减弱光照强度，以利花卉健壮生长。

2. 降温增湿，注意通风

温度是花卉生育的必需条件，不同花卉由于受原产地自然气候条件的长期影响，形成了特有的最适、最高和最低温度。对于多数花卉来说，其生育适温为 20 ~ 30℃。中国多数地区夏季最高温度均可达到 30℃ 以上，当温度超过花卉生育的最高限度时，花卉的正常生命活动就会受阻，造成植株矮小，叶片局部灼伤，花量减少，花期缩短。许多花卉夏季开花少或不开花，高温影响其正常生育是一个重要原因。

原产热带、亚热带的花卉，如含笑、山茶、杜鹃、兰花等，长期生长在温暖湿润的海洋性气候条件下，在其生育过程中形成了特殊的喜欢空气湿润的生态要求；一般要求空气湿度不能低于 80%。若能在养护中满足其空气湿度的要求，则生育良好，否则就易出现生长不良，叶缘干枯，嫩叶焦枯等现象。

在一般家庭条件下，夏季降温增湿的方法，主要有以下四种：

（1）喷水降温：夏季在正常浇水的同时，可根据不同花卉对空气湿度的不同要求，每天向枝叶上喷水2～3次，同时向花盆地面洒水1～2次。

（2）铺沙降温：可在北面或东面的阳台上铺上一厚层粗沙，然后把花盆放在沙面上，夏季每天往沙面上洒1～2次清水，利用沙子中的水分吸收空气中的热量，即可达到降温增湿的目的。

（3）水池降温：可将一块硬杂木或水泥预制板，放在盛有冷水的水槽上面，再把花盆置于木板或水泥板上，每天添1次水，水分受热后不断蒸发，既可增加空气湿度，又能降低气温。

（4）吹风降温：将花盆放室内通风良好而又具有散射光处，每天喷1～2次清水，利用电扇吹风降温。

3. 合理浇水，恰当施肥

夏季气温高，蒸发快，植株蒸腾作用也强，花卉需水量较多，因此对于大多数花卉来说，都应给以充足的水分供应。至于夏季浇水量应如何掌握？要根据花卉种类、植株大小、盆土实际干湿情况而定。一般草本花卉本身含水量多，蒸腾强度大，浇水宜多，木本花卉浇水可适当少些。在通常情况下，一般花卉宜每天浇1～2次透水，千万不能浇半截水，否则会使叶片卷缩发黄，时间长了整株就会枯死。夏天浇花最好用雨水，或先将自来水晾晒1天。浇水时间以早晨和傍晚为宜，切忌中午浇冷水，因为此时气温很高，叶面气温可达38℃左右，不仅蒸腾作用强，同时水分蒸发也快，猛然间冷水一激，导致叶面萎蔫，使叶片焦枯，严重时会引起整个植株死亡。这一现象在一些草花中较为明显。若在花卉孕蕾、开花、坐果初期，炎夏中午浇了冷水，也易造成落蕾、落花、落果现象。

在这里需要特别提到的是，炎夏由于土温高，阵雨过后必须及时浇水，以排除盆土内的高湿、闷热，降低盆土温度；暴雨后盆内积水，应立即倾出，或用竹签将盆土扎若干个小孔（注意勿伤根），让水从盆底排水孔流出，以免烂根。

夏季给盆花施肥，应掌握"薄肥勤施"的原则，施肥浓度过大易造成烂根。一般生长旺盛的花卉每隔10～15天施1次稀薄液肥。施肥应在晴天盆土较干燥时进行，因为湿土施肥易烂根。施肥时间宜在渐凉后的傍晚，施肥次日要浇1次水，并及时进行松土，使土壤通气良好，以利根系发育。施肥种类因花卉而异。不同类型的花卉，宜侧重施哪些种类的肥料，详见本篇"合理施肥"部分，这里不再复述。

盆花在养护过程中若发现植株矮小细弱，分枝小，叶色淡黄，这是缺氮肥的表现，应及时补以氮肥；如植株生长缓慢，叶片卷曲，植株矮小，根系不发达，多为缺磷所致，应补充以磷肥为主的肥料；若叶缘、叶尖发黄（先老叶后新叶），进而变褐脱落，茎秆柔软易弯曲，多系缺钾所致，应追施钾肥。

4. 休眠花卉，安全度夏

有些花卉，例如仙客来、倒挂金钟、四季秋海棠、水仙、天竺葵、花叶芋、君子兰、小苍兰、大岩桐、郁金香、令箭荷花等，到了夏季高温季节即进入半休眠或休眠状态，表现出生长速度下降或暂停生长，以抵御外界不良环境条件的危害。为使这类花卉安全渡过夏眠期，须针对它们休眠期的生理特点，采取相应措施精心护理。主要措施有：

（1）遮阳避雨：入夏后将休眠花卉移至阴凉而又通风处，避免阳光直射和防止雨淋，否则容易造成烂根，甚至全株死亡。

（2）严格控制浇水：休眠期间浇水过多，盆土久湿，极易烂根；浇水过少，盆土太干，又易使根系萎缩，因此浇水以保持盆土略湿润为宜，但需经常向枝叶上喷水和花盆周围地面上洒水，使之形成湿润凉爽的小气候，以有利于休眠。但对叶面上生有绒毛的大岩桐等花卉以及花芽对水敏感的仙客来等，不宜向叶面或叶心处喷水。

（3）停止施任何肥料：由于休眠期间花卉的生理活动极微弱，因而不需要肥料，若施肥则易引起烂根，乃至整株死亡。

5. 修剪整形，防止徒长

许多花卉进入夏季以后常易出现徒长，影响开花结果。为保持株形优美，花多果硕，需要进行修剪整形。

夏季修剪一般是以摘心、抹芽、除叶、疏蕾、疏果等措施为主要内容。

（1）摘心：一些草花，如四季海棠、倒挂金钟、一串红、菊花、荷兰菊、早小菊等，长到一定高度时将其顶端掐去，促其多发枝、多开花。一些木本花卉，如金橘等，当年生枝条长到5～20厘米时也要摘心，以利多结果。

（2）抹芽：夏季许多花卉常从茎基部或分枝上萌生不定芽，应及时抹除，以免消耗养分，扰乱株形。

（3）除叶：一些观叶花卉宜适当剪掉老叶，促发新叶，以使叶色更加鲜嫩秀美。

（4）疏蕾、疏果：对以观花为主的花卉，如大丽花、菊花、月季等应及时疏除过多的花蕾；对观果类花卉，如金橘、石榴、佛手等，当幼果长到直径约 1 厘米时要疏除多余幼果。此外，对于一些不能结子或不准备收种子的花卉，花谢后应及时剪除残花，以减少养分消耗。

（5）整形：对一品红、梅花、碧桃、虎刺梅等花卉，常于夏季把各个侧枝作弯整形，以使株形丰满优美。

6. 防病治虫，综合治理

夏季气温高，湿度大，易发生病虫害，应本着"预防为主，综合防治"和"治早、治小、治了"的原则，做好防治工作，确保花卉健壮生长。

夏季常见的病害主要有白粉病、炭疽病、灰霉病、叶斑病、线虫病、细菌性软腐病等，各类病害危害的花卉及防治方法等已在前面病害部分作过介绍，这里不再重述；夏季常见的害虫有刺吸式口器和咀嚼式口器两大类害虫。前者主要有蚜虫、红蜘蛛、粉虱、介壳虫等；后者主要有蛾、蝶类幼虫，各种甲虫以及地下害虫等。上述主要虫害的防治方法也已在前面有关部分作过介绍，不再赘述。

夏季气温高，农药易挥发，加之高温时人体的散发机能增强，皮肤的吸收量增大，故毒物容易进入人体而中毒，因此夏季施药，宜将花盆搬至室外，于早晚进行。

秋季养护要点

1. 水肥供应，区别对待

进入秋季，正是大多数花卉一年中第三个生长旺盛期，因此水肥供给充足，才能茁壮生长，开花结果。到了深秋之后，天气变冷，水肥供应要逐步减少，防止枝叶徒长，以利提高抗寒能力。具体地讲，对一些观叶类花卉，如文竹、吊兰、龟背竹、橡皮树、棕竹、苏铁等，一般可每隔半个月左右施 1 次腐熟稀薄饼肥水或以氮肥为主的化肥。对 1 年开花 1 次的梅花、腊梅、山茶、杜鹃、迎春等，应及时追施以磷肥为主的液肥，以免养分不足，导致翌春花小而少甚至落蕾。盆菊从孕蕾开始至开花前，一般宜每周施 1 次稀薄饼肥水，含苞待放时加施 1～2 次 0.2% 磷酸二氢钾溶液。盆栽桂花，入秋后施入以磷为主的腐熟稀薄的饼肥水、鱼杂水或淘米水。对一年开花多次的月季、米兰、茉莉、石榴、四季海棠等，应继续加强肥水管理，使其花开不断。对一些观果类花卉，如金橘、佛手、果石榴等，应继续施 2～3 次以磷钾肥为主的稀薄液肥，促使果实丰满，色泽艳丽。对一些夏季休眠或半休眠的花卉，如仙客来、倒挂金钟、马蹄莲等，初秋便可换盆换土，盆中加入底肥，按照每种花卉生态习性，进行水肥管理；北方地区 10 月份天气已逐渐变冷，大多数花卉就不再施肥了。除对冬季或早春开花以及秋播草花等可根据实际需要继续进行正常浇水外，对于其他花卉应逐渐减少浇水量和浇水次数，盆土不干就不要浇水，以免水肥过多导致枝叶徒长，影响花芽分化和遭受冻害。

2. 摘心除蕾，剪枝摘叶

（1）及时摘心：初秋，气温在 20℃左右，大多数花卉萌发的嫩枝较多，除根据需要保留部分外，其余的均应及早剪除，以减少养分消耗。对于保留的嫩枝也应及时摘心，促使枝干生长充实。

（2）适期除蕾疏果：菊花、大丽花、月季、茉莉等，秋季现蕾后待花蕾长到一定大小时，除保留顶端 1 个长势良好的大蕾外，其余侧蕾均应摘除。金橘等观果花木若夏果已经坐住，在剪除秋梢的同时，要将秋季孕育的花蕾及时除去，以利夏果发育良好，当果实长到蚕豆粒大小时还要疏果。

（3）及时短剪：茉莉、月季、大丽花等在新生枝条上开花的花木，北方地区入秋以后还要继续开一次花，应及时进行适当短剪，以利促发新枝，届时开花；此外，秋天要注意及时摘除花木上的黄叶及病虫叶，并集中销毁，以防病虫蔓延。对于观叶植物上的老叶、伤残叶片，也要注意及时摘除，促发新叶，方能保持其观赏价值。

3. 及时采种，妥善贮藏

盆栽草花，如半支莲、茑萝、桔梗、芍药、一串红等，以及部分木本花卉，如玉兰、紫荆、紫藤、腊梅、金银花、凌霄等的种子均在秋季成熟，要随熟随收。采收后及时晒干，脱粒，除去杂物后选出子粒饱满、粒形整齐、无病虫害、具有本品种特征的种子，放室内通风、阴暗、干燥、低温（一般在 1～3℃）的地方贮藏。一般种子可装入用纱布缝制的布袋内，挂在室内通风低温处。但切忌将种子装入封严的塑料袋内贮藏，以免因缺氧而窒息，降低或丧失发芽能力。对于一些种皮较厚的种子，如牡丹、芍药、腊梅、玉兰、广玉兰、含笑、五针松等采收后宜将种子用湿沙土埋好，进行层积沙藏（即在贮藏室地面上先铺下层厚约 10 厘米的河沙，再铺一层种子，如此反覆铺 3～5 层，种子和湿河沙的重量比约为 1：3，沙土含水量约为 15%，室温为 0～5℃），以利来年发芽。此外，睡莲、王莲的种子必须泡在水中贮存，水温以保持在 5℃左右为宜。

4. 秋播秋种，不违花时

2年生或多年生作一二年生栽培的草花，如金鱼草、石竹、雏菊、矢车菊、桂竹香、紫罗兰、羽衣甘蓝、美女樱、矮牵牛等和部分温室花卉及一些木本花卉，如南天竹、紫薇、丁香等，以及采收后易丧失发芽力的非洲菊、飞燕草、樱草类、秋海棠类等花卉都宜进行秋播。牡丹、芍药以及郁金香、风信子等球根花卉宜于中秋季节栽种。盆栽后放在 3～5℃ 的低温室内越冬，使其接受低温锻炼，以利来年开花。

5. 适时入室，以防受冻

由于花卉种类繁多，每种花卉的抗寒能力不同，故入室时间因花而异。就一般花卉而言，在不至于使花卉受冻伤的前提下，最好稍迟一些时间入室为好。此时可将盆花移至阳台或庭院背风向阳处，使其经过一段低温锻炼，这对多数花卉都是有益的。文竹、扶桑、鹤望兰、一品红、变叶木、仙客来、倒挂金钟、万年青、橡皮树、秋海棠类、仙人掌类与多肉植物等不耐寒花卉，当气温降到10℃左右时入室为宜；米兰、茉莉、山茶、含笑、杜鹃、瑞香、金橘等，气温降到5℃左右入室为好。上述花卉入室后若遇到气温突然回升，仍需搬到室外。天冷以后可不再来回搬动。盆栽石榴、无花果、月季等若先在 -5℃ 条件下冷冻一段时间，促使其休眠，然后再搬入冷室（0℃）保存更好，以利来年生长发育。盆花入室初期要注意开窗通风，以免因室内温度高造成徒长，影响来年正常生育。

冬季养护要点

中国北方冬季漫长，天气寒冷，气候干燥，多数盆花需入室养护。但如不分品种仍照其他季节一样管理，往往容易使植株生病受害，严重时整株死亡。对于多数花卉来说，冬季管理的中心问题是根据各类花卉的生长发育特性，创造其适宜的生活环境，防止受冻害，使其安全过冬，为来年更好地生长发育打好基础。对于少数冬季和早春开花的花卉，则应使其继续正常生长，以便届时开花。要做到这些，需要抓好以下四方面工作。

1. 适宜光照，通风换气

盆栽花卉到了深秋或初冬，要陆续搬进室内，在室内放置的位置要考虑到花卉的特性。通常冬春季开花的花卉，如仙客来、蟹爪兰、水仙、山茶、一品红等和秋播的草木花卉，如香石竹、金鱼草等，以及性喜强光高温的花卉，如米兰、茉莉、栀子、白兰花等南方花卉，均应放在窗台或靠近窗台的阳光充足处；性喜阳光但能耐低温或处休眠状态的花卉，如文竹、月季、石榴、桂花、金橘、夹竹桃、令箭荷花、仙人掌类等，可放在有散射光的地方；其他能耐低温且已落叶或对光线要求不严格的花卉，可放在没有阳光的较阴冷处。需要注意的是，不要将盆花放在窗口漏风处，以免冷风直接吹袭受冻，也不能直接放在暖气片上或煤炉附近，以免温度过高灼伤叶片或烫伤根系；另外，室内要保持空气流通，在气温较高或晴天的中午应打开窗户，通风换气，以减少病虫害的发生。

2. 控制肥水，避免早发

冬季多数花卉进入休眠或半休眠期，或是新陈代谢极为缓慢，是要求肥水极少的时期，因此除了秋冬或早春开花的花卉以及一些秋播的草本盆花，根据实际需要可继续浇水施肥外，其余盆花都应严格控制肥水。处于休眠或半休眠状态的花卉则应停止施肥。盆土如果不是太干，就不要浇水，尤其是耐阴或放在室内较阴冷处的盆花，更要避免因浇水过多而引起烂根、落叶；梅花、金橘、杜鹃等木本盆花也应控制肥水，以免造成幼枝徒长，影响花芽分化和减弱抗寒力。多肉植物需停肥并少浇水，整个冬季基本上保持盆土干燥，或约每月浇1次水。没有加温设备的居室更应减少浇水量和浇水次数，使盆土保持适度干燥，以免烂根或受冻害。

冬季浇水宜在中午前后进行，不要在傍晚浇水，以免盆土过湿，夜晚寒冷而使根部受冻。浇花用的自来水一定要经过1~2天日晒才能使用。若水温与室温相差10℃以上很容易伤根。

3. 增湿防尘，枝叶清新

北方冬季室内空气干燥，极易引起喜空气湿润花卉叶片干尖或落花落蕾，因此越冬期间应经常用接近室温的清水喷洗枝叶，以增加空气湿度。另外，盆花在室内摆放过久，叶面上常会覆盖一层灰尘，用煤炉取暖的房间尤为严重，既影响花卉进行光合作用，又有碍观赏，因此要及时清洗。可用镊子夹住一小块泡沫塑料或海绵等物，蘸上少量稀薄中性洗衣粉慢慢刷洗叶片，然后再用清水将洗衣粉剩残液淋洗净，任其自然风干即可。

4. 保温防寒，安全越冬

原产热带、亚热带的花卉大都有喜温暖畏寒冷的习性，当气温降到0℃时就会受冻害，因此要养好这类花卉，冬季严寒地区必须做好防寒保温工作。对于住房并不宽裕而又养较多花卉的家庭来说，需要自己动手，制作简易的保温防寒棚室等。

（1）简易保温箱：如居室面积较大，可自制简易保温箱，制作方法很简单。先用硬木条或角铁做个高 160 厘米、宽 80 厘米、厚 50 厘米左右的箱框，再用粗铅丝编制成两个网格式托板安放在框内，在托板上分别放入花盆，并在箱的底部放 1 个小水盆和安装 2 个 40 瓦的白炽电灯泡，最后在箱的外面罩上塑料薄膜，将其放在室内人不常走动的地方。这种简易保温箱除有保温作用外，还可提高湿度和增加光度，对性喜湿润的花卉安全越冬和继续生长均十分有益。

(2) 简易小暖棚：在向南阳台上用竹弓搭个简易小棚，棚的要求是前低后高，上面和四周均用双层塑料薄膜覆盖，底部用砖块压紧。寒冷天气夜晚覆盖草帘或旧毛毯保温。一入冬后可将较耐低温的花木，如月季、石榴、牡丹、松柏类放入棚内越冬。

(3) 半地下式简易小温室：在庭院里选背风向阳的地方，做成宽 3~4 米、长 5~7 米的小温室。具体做法是：先在两边挖出约 50 厘米深的沟，再按花盆大小由两边向中央逐层挖成梯坎，最低处作走道。在上部搭起人字形架，约高于地面 60 厘米。层顶分内外两层，层间相距约 15 厘米，每层绷上塑料薄膜，四周角土封严、压实，以免被风刮开。在东侧开一小门，若温度过高时，可以打开一条缝，进行通风散热。这种小温室在北京地区冬季温度可以保持在 5℃ 左右。一般喜中温的花卉，如茉莉、栀子、白兰花、洋绣球、叶子花、梅花、金橘、桂花、夹竹桃等，都能在此安全越冬。

第五章　实用养花新技术

无土栽培

无土栽培，就是栽培花卉不用土壤，而用水、沙、蛭石等基质代替，用营养液代替常规肥料的一种新型栽培方法。是 20 世纪三四十年代出现的新技术，它的出现使花卉栽培发生了重大变革，这种新技术现已在世界上 100 多个国家使用。

1. **无土栽培的优越性**

无土栽培具有许多优越性，主要有：

（1）品质好，产量高：由于无土栽培所使用的营养液是根据每种花卉生长发育的需要精心配制的，使用后由于营养充足，有利花卉生长发育，因而花蕾多，花朵大，花色艳，花期长，香气浓，绿叶保持时间长，而且产花周期短，单位面积产花量高。

（2）清洁卫生，病虫害少：使用土壤养花，施用有机肥，不可避免地会产生臭味，污染环境，并易引起病虫危害，而无土栽培使用的肥料是用无机元素配制的培养液，基质是经过消毒的，既清洁卫生，又可避免由土壤和肥料传染的病虫害发生，因此是一种无公害的养花方式，符合环保要求。

（3）节省肥料，节约用水：使用土壤栽培花卉，由于蒸发和流失，约有 50% 以上的养分和水分白白浪费掉，而用无土栽培，由于有固定容器，所以肥、水损失极少，水分约可节约 90%，养分也可节省约 50%。

（4）劳动强度小、省工省力：无土栽培花卉所用的容器和基质均很轻，如蛭石、珍珠岩等的重量只有土壤的十几分之一，在管理上只要定期补充事先配好的营养液和不断补充水分就行了，操作简便，省工省力。这一优点特别适合老年人养花和由于生活节奏快，抽不出更多时间养花的人。

（5）不受地方限制：由于无土栽培不用土壤，因而摆脱了土壤栽培的种种局限性，扩大了花卉种植范围，可以在窗台、阳台、走廊、拐角、楼顶、墙壁以及沙漠、盐碱地等处进行栽培，只要有水和空气都可采用这种先进技术栽培花卉。

（6）适合大规模生产花卉：无土栽培，可对花卉所需要的光、温、湿等环境条件，进行自动化管理，既可大大简化操作程序，又可根据人们的需要，适期栽培大量花卉，按期供应市场需要。

2. 无土栽培基质的选择

无土栽培基质主要是指代替土壤栽培花卉的物质。其作用是用于固定植株，并提供根系营养的基础物质。选择的原则是：一是适用性。适用性是指选用的基质是否适合所植花卉的生长发育。二是经济性。选用基质除需注意适用性外，还需要考虑基质的资源及其价格，即来源容易、价格便宜。目前国内外常用的是用水或用沙、砾、蛭石、珍珠岩、岩棉、玻璃纤维、陶粒等代替土壤作为栽培花卉的基质。选用固体基质时最好选择保水性能好，同时又有良好的排水性能，无有害物质，清洁卫生并有一定抗压强度的基质。

（1）水：水质好坏直接影响无土栽培的成败。因此一定要选用洁净的水作基质，而不宜使用含氯化钠的水、碱性水，更不能使用含有油污或受到大气污染的水。

（2）蛭石：蛭石为云母类矿物，具有良好的缓冲性，不溶于水，并含有可供花卉利用的镁和钾，但使用时易崩溃粉碎，可以过筛后再用。

（3）珍珠岩：珍珠岩属于铝硅物质，性质稳定，坚固，不会因长期使用而溃碎，但不含矿质养分。

（4）陶粒：陶粒是由火烧陶土制成，呈大小均匀的团粒状，通气性好，不含病菌、虫卵，可长期作基质使用。

（5）玻璃纤维：玻璃纤维清洁、吸水性强，能贮存大量的空气，经久不腐烂，能支持植物的根不倒伏。

（6）合成泡沫：合成泡沫体轻，同时在单位体积内可聚存大量的水分。

（7）岩棉：岩棉是 60% 辉绿石、20% 石灰石和 20% 焦炭的混合制品，具有较强的保水力，使用时可以制成大小不同的方块，新的岩棉 pH 值较高，因而在使用前必须用水浸泡，使 pH 值降到 6.5 以下再使用。此外，沙、砾石等均可作基质使用。

无土栽培的基质长期使用，常易引起病菌滋生，危害花苗，故每次栽培后都要对基质进行消毒处理，以便重新利用，常用的消毒方法有下列两种：

蒸汽消毒：把蒸汽管通入栽培床内，即可进行消毒。

药剂消毒：基质消毒药剂常用的有甲醛、漂白粉等。使用甲醛消毒时取甲醛（40%浓度）加水50升，按每平方米20~30升的用量浇施于基质上，浇后用塑料薄膜覆盖1~2天，然后去掉覆盖物，经2周左右，待药液充分挥发后再播种或栽植；或将1%的漂白粉液浇施于砾石上，浸泡栽培床约半小时，然后再用清水冲洗，以消除氯，其杀菌效果良好。经过杀菌消毒后的基质可重新使用。

3. 营养液的配制

配置营养液所用的各种元素及用量，需根据所栽培花卉的品种及其不同的生育期、不同地区等因素来确定。目前国内外使用的营养液有多种配方，由于本书篇幅所限，这里仅将目前世界上使用最多的霍格兰和阿农大量元素营养液配方介绍如下：在每升水中加入四水硝酸钙0.47克、硝酸钾0.3克、磷酸二氢铵0.057克、七水硫酸镁0.25克。配制时最好先用50℃左右的少量温水，将上述配方中所列的无机盐分别溶化，然后再按配方中所开列的顺序逐个倒入装有相当于所定容量75%的水中，边倒边搅拌，最后加到全量(1升)即成为配好的营养液。这个配方适合水培、沙培、砾培和盆栽花卉使用。在配制上述溶液时也可以根据不同花卉的不同要求，对元素的种类及用量予以适当增减。配制营养液时切勿使用金属容器，而要使用陶瓷、搪瓷、塑料和玻璃容器，以免发生化学反应，也不能用金属容器存放营养液。

家庭养花使用营养液数量不多时，为减少配制营养液的麻烦，可到花木商店购买长效复合花肥，如蛭石复合花肥、颗粒复合花肥等，也可购买无土栽培营养液。

4. 家庭养花无土栽培方法

在一般家庭条件下，使用营养液养花，通常可用塑料盆等作容器，用蛭石等作基质。栽植时先将各种基质按一定比例混合或单独装入塑料盆内，再将已长出3~5片叶子的幼苗栽植在盆中央，栽前先把带土的根系放在清水中，轻轻地把根泥洗净，再把根部放入比正常浓度营养液稀5~10倍的溶液中浸泡约10分钟，让其充分吸收养分。栽好后再铺上一层石英砂或小石子，使植株固定，并立即从容器四周浇入0.5倍的营养液，直到盆底排水孔有营养液流出为止。以后每隔1~3天浇1次水，7~10天浇1次稀营养液，待植株恢复正常生长后再浇正常浓度的营养液。浇营养液的次数及用量，要根据花卉种类、植株大小、不同生育阶段、不同季节及放置地点而定。一般室内盆花生长期间，大苗每7~15天浇1次营养液，小苗每15~20天浇1次；花卉休眠期一般不浇或每2~3个月浇1次即可。每次浇营养液的数量，一般花盆内径为20厘米左右的阳性花卉，约浇100毫升，阴性花卉用量应酌减。如果使用的是长效花肥，其用量要参考产品说明书。对于初学者来说，浇营养液时要注意适量，宁可少些，不可过多，否则常易造成焦叶等，无土养花除应注意掌握浇营养液的时间和用量外，还要根据不同种类花卉对水分的需要量及时做好浇水工作，以保持基质经常湿润，才能使花卉健壮生长。为了避免营养液流失，最好选用不漏水的容器，因为容器漏水不但损失营养液，而且也容易造成盐分积累，影响花卉生长发育。较适合家庭使用的容器由两部分组成，上面部分为一个装有基质的花盆（底部多孔），将花苗栽入其中；下面部分安装上一个不漏水的装营养液的容器。使用这种容器栽植时，植株根系未伸入营养液前需适当多浇些水，每5~7天浇少量稀营养液，待根系伸入营养液后即转入正常管理，即根据花卉生长习性，定期加营养液和水。一般每月彻底更换1次营养液，并洗净盛营养液的容器。平时容器内装营养液的数量约为容器深度的2/3为好，若装得过多，不留孔隙，使根系全部泡在营养液中，易因缺氧而引起烂根。室内面积较小，而又养花较多的，也可自制多层书架式容器进行无土栽培。具体方法是用木条和木板作成3~4层形状和书架一样的栽培槽，槽内衬上塑料薄膜，在最上层右上方安装储液器，在最下层左方放个集水器，在每层栽植槽内栽花，日常浇营养液和水，与上述塑料盆栽培相同。

无土栽培的花卉，平时的养护管理工作与土培法基本相同，也需要根据每种花卉的习性，给予符合其生长发育需要的光照、温度、湿度等环境条件。

通常营养液使用一段时间之后pH值就会发生变化，因此需要及时调整。方法是用pH值试纸测定营养液的pH值，如营养液偏酸时，加入适量氢氧化钠校正；若营养液偏碱时，加适量硫酸校正。

5. 八种名优花卉无土栽培实例

（1）菊花：菊花适用无土栽培，盆栽基质选蛭石、珍珠岩、岩棉、陶粒、泡沫塑料、沙等均可。营养液的配方成分为每升水中含硫酸铵0.23克、硫酸镁0.78克、硝酸钙1.68克、硫酸钾0.62克。磷酸钾0.51克。

（2）唐菖蒲：无土栽培唐菖蒲，目前多选用基质槽培养。即在地面上用砖砌个长方形水泥槽，槽高25~30厘米，槽宽1.0~1.5米，槽的长度应根据需要而定。槽底部设几个排水孔，孔上铺一层洗净的小石子，上面填入约 20 厘米厚的沙、陶粒等作基质。营养液的配方成分采用每升水含硫酸铵 0.336 克、硫酸镁 1.258 克、硫酸钙 0.346 克、硝酸钠 0.68 克、氯化钾、0.68 克、过磷酸钙 1.014 克、磷酸二氢钾 0.501 克、柠檬酸铁 0.032 克、硫酸锰 0.864 毫克、硼酸 1.566 毫克、硫酸锌 0.119 毫克、硫酸铜 0.043 毫克、氧化钼 0.038 克。此营养液配方的 pH 值为 5.8~6.8。12 月份栽种种球，室温保持在 20℃左右，每天补充光照 5 小时，为节省电，也可采用暗期中断法，即在午夜用短暂的灯光照明，打断暗期。具体方法参考"花期控制"有关部分。每周浇灌 1 次营养液。其他管理方法与土培法基本相同。栽培后约经 100 天，到了翌年 4 月上旬便可鲜花绽放，解决了早春少花的矛盾。栽培实践证明，无土栽培的唐菖蒲花序长，花朵大而多，茎粗壮挺拔。

（3）香石竹：无土盆栽香石竹，可选用岩棉、泡沫塑料、泥炭、蛭石、陶粒等作基质，其中尤以泥炭加蛭石按 1:1 混配效果好。营养液配方的成分为每升水中含硫酸铵 0.187 克、硫酸镁 0.54 克、硝酸钙 1.79 克、磷酸钾 0.62 克。生长旺季每周浇灌 1 次营养液。养护要点：生长期间需多次摘心和及时设立支架防倒伏。

（4）非洲菊：非洲菊无土栽培可选用岩棉、珍珠岩、泥炭、蛭石等作基质。营养液配方的成分为每升水中加硝酸钙 531 毫克、硝酸钾 480 毫克、磷酸二氢钾 204 毫克、硫酸镁 185 毫克，硫酸钾 44 毫克，硫酸亚铁 5.56 毫克、硫酸锰 2.23 毫克、硫酸锌 0.863 毫克、硼酸 1.24 毫克、硫酸铜 0.125 毫克、铝酸 0.117 毫克。

（5）花烛：盆栽基质可选用沙、陶粒、蛭石作基质，或用蛭石加陶粒混合基质。营养液可选用北京林业大学改配的配方，即每升水中含硝酸铵 80 毫克、硝酸钾 354 毫克、硝酸钙 236 毫克、硫酸钙 86 毫克、硫酸镁 247 毫克、磷酸二氢钾 136 毫克。

（6）酒瓶兰：酒瓶兰适用于无土栽培。基质选用沙、珍珠岩、泡沫塑料、陶粒等。据北京林业大学试验，以陶粒加 1/3 珍珠岩作基质为好，使用这种基质其根系向着水分含量较高的地方延伸，因此可采用双层套盆栽培，即将营养液盛在下面无排水孔的盆内，通过上面盆底部的排水孔，使营养和水分进入基质，供根系吸收利用。笔者认为这种栽培形式既较好地解决了缺氧的矛盾，又可节省营养液。适合酒瓶兰生长的营养液配方为每升水中含有硝酸钙 1800 毫克、硝酸钾 506 毫克、硝酸铵 80 毫克、磷酸二氢钾 136 毫克、硫酸镁 592 毫克、硫酸亚铁 27 毫克、EDTA 二钠盐 37.2 毫克。

为减少配制营养液的麻烦，也可使用长效复合颗粒花肥（市场上有售），按商品说明书使用。

（7）香龙血树：香龙血树适合使用无土栽培。可选用泥炭、河沙、珍珠岩、蛭石、陶粒等作基质。据北京林业大学试验，以选用泥炭与珍珠岩按1：1混合效果为佳。适合香龙血树生长的营养液配方为每升水中含有硝酸钙1.06克、磷酸二氢钾0.136克、硝酸钾0.303克、硫酸钾0.261克、硫酸镁0.492克。这种营养液不仅对香龙血树的栽培品种适用，同时对其同属的一些观赏植物，如银星龙血树、缘叶龙血树、富贵竹等也都基本适用。

（8）绿巨人：无土栽培的基质可选用陶粒、泥炭、煤渣、沙砾等物。营养液配方为每升水中含有硝酸钙472毫克、硝酸钾267毫克、硝酸铵80毫克、磷酸二氢钾136毫克、硫酸钾174毫克、硫酸镁246毫克、硫酸亚铁27.8毫克、EDTA二钠盐37.2毫克、硼酸5.72毫克。

花 期 控 制

1. 花期控制的原理

在自然界的气候条件下，花卉开花时间都有一定期限，即总是在固定的季节里开花。俗话说："花开有时，花落有期。"例如在华北等地，碧桃、玉兰、牡丹等在春季开花，睡莲、荷花等在夏季开花，桂花、秋菊等在秋季开花，腊梅、梅花等在冬季开放。很久以前人们就希望让花卉随人意而开，以满足常年观赏的需要。经过多年国内外许许多多观赏园艺科学工作者的研究，终于摸清了花卉植物开花的内在因子、外界环境条件和开花之间的关系。花卉之所以会开花，从内在因子讲，需要经过一定营养生长阶段之后才能转入生殖生长阶段，进行花芽分化而开花。花卉开花必须以正常代谢为基础，在有一定的营养物质积累之后，并在某些激素的作用下才能使植物的开花基因活化，改变生长点的代谢类型，使之形成生殖器官而进入开花期。当花卉达到一定的生理状态后，适宜的光照、温度、水分、肥料等外界的环境条件，对促进花芽分化和开花起着重要作用。若此时光照、温度等环境条件不适宜，就会延迟开花。根据上述原理，在花卉栽培中人们可以通过人为地改变或创造某些环境条件以及采用一些特殊的栽培管理方法等措施，使之按照人们的意愿提前或延期开花，即在一年内某一时期开花。这项技术称之为花期控制，也称催延花期。

2. 花期控制的主要措施

控制花期的主要措施有以下四个方面：

（1）通过光照处理调节花期：人们通常所指的花卉开花所需的日照，实际上就是指花芽分化所需要的日照，各类花卉花芽分化所需要的日照长短不同，比如只能在短日照条件下才能形成花芽的秋菊等，在晚春、夏季和初秋长日照条件下，无论其他条件如何适宜，也是只长叶而不开花。相反，需要长日照才能形成花芽的唐菖蒲等，在秋末和冬季短日照条件下，也不能开花。为了打破这些花卉的自然生长习性，令其按照人们的意愿如期开放，就需要人为地控制光照时间，进行遮光或补光处理，改变光照长度，以满足其花芽分化阶段对日照长度的要求，便可使不同日照长度的花卉在它们不开花的季节开放。

短日照处理法：经多年研究得知，短日照花卉花芽的形成，需要连续没有光照的较长黑暗期，所以在长日照季节里如果想要短日照花卉提前开花，就要采取加长暗期的办法进行遮光处理。通常是用不透光线的黑布、黑塑料布、黑纸等物，将被处理的花卉整个植株罩严，使其有个较长的暗期，以满足花芽分化和花蕾形成过程中对光照的需要，就能促使其提前开花。例如秋菊、一品红、叶子花、蟹爪兰、长寿花等短日照花卉，一般可于下午5时至次日上午8时进行遮光处理，其余时间使其接受日照，秋菊经50~70天，一品红经40~50天便可开花。如欲让秋菊在国庆佳节开放，可从7月中、下旬开始进行遮光处理，届时即可鲜花绽放。采取短日照处理，应注意以下几点：一是被处理的植株一定是生长健壮的，一般要有30厘米左右高度；二是处理过程中，一定要保持连续性和严密性，不能漏光或间断遮光；三是处理时间多在高温的夏季，应注意通风和降温。

长日照处理法：在日照短的冬季，要想让长日照花卉提前开花，可采用人工补充光照的办法，并适当提高温度，才能如愿以偿。与此同时，在冬季采用延长光照的方法，也可使短日照花卉推迟开花。例如冬季在温室内栽培唐菖蒲、晚香玉等花卉，于日落之后用白炽灯、日光灯等照射，使其叶片等感光部位接受光照的时间延长3~5小时，每天保持14小时以上长光照，同时要注意增加温度。只有长日照伴以适当温度，才能促使其形成花芽和使花蕾正常发育，然后开放。为了节省电，在短日照季节里，对长日照花卉的处理，不用延长光照的方法，改用暗期中断法，效果良好。所谓暗期中断法，即在夜间用短暂的灯光照明，将黑暗打断，相当于暴露在长日照之下，因此经暗期中断法处理后，能促进长日照花卉开花，抑制短日照花卉开花。实践证明，光照时间以午夜（通常23时至次日凌晨2时之间）效果最佳。这是因为午夜是全暗期的中间，此时进行中断处理，正好是将长暗期划分为各短于临界暗期的两个短暗期，因此能最有效地起到缩短暗期的作用。进行暗期中断所需要的照明时间的长短和光照强度依花卉种类、品种等而异。一般长日照花卉用高度荧光灯照明1.5小时左右即可。如欲抑制短日照花卉，也不需要用补充光照的方法，一般只要于半夜给予30分钟左右低强度的光照即能达到目的。

（2）通过温度处理调节花期：许多中日照花卉，如米兰、扶桑、大丽花、仙客来、矮牵牛、石竹、万寿菊、紫茉莉等孕蕾开花，对日照时间的长短反应并不敏感，只要能满足它们开花时的温度，不论日照长短，都能提前开花。但不同种类的花卉，开花时所需要的温度是不同的。如能人为地满足花芽分化及花蕾发育对温度的要求，设法创造适合其开花条件，即可提前开花。反之，采用人为降温的方法，即能抑制花蕾形成，推迟开花时间。

增加温度：栽培实践证明，增温可使大多数喜温花卉的开花期提前。如冬季加温，可使瓜叶菊、大岩桐等提前开花；若想让梅花、腊梅、碧桃、迎春等花木在元旦、春节期间开放，可在预定开花前20～25天将秋末移入冷室内越冬的植株移至18～24℃的室内，给予适当的水肥，10天左右花蕾即能逐渐膨大，出现透色后再移至8～15℃环境下，届时即可开放，并能延长花期。许多花卉，如月季、茉莉、大丽花、美人蕉、文殊兰、百子莲等，在秋末气温降低时，在其生长停止之前，及时采取加温、施肥、修剪等措施，则可继续生长，不断开花。

降低温度：降温使处于休眠状态的花木继续休眠，即能达到推迟花期的目的。这种处理方法适用于耐寒、耐阴花卉，一般做法是：在早春气温上升前，趁休眠花卉还处在休眠状态时，将它们移入冷室内，室温一般保持在1～3℃为宜（不耐寒的花卉温度可略高些）。室内设有微弱的灯光，每天照射3～4小时，同时注意适当喷雾和浇少量水，保持盆土稍湿，在这样的环境条件下植株可一直处于休眠状态，存放到预定开花期前20天左右移出冷室，届时即可开花。杜鹃等花木的花期调控常用此法。此外，较低的温度能使花卉新陈代谢活动变缓慢，从而延续开花。如10℃以下的低温能使月季、杜鹃、天竺葵、唐菖蒲等已形成的花蕾推迟开花。对于一些原产热带的炎夏休眠的花卉，如仙客来、倒挂金钟、四季海棠、石蒜等，如能在6～9月间降低温度，放在凉爽的荫棚下养护，就能打破休眠，使其继续开花。此外，如想将秋播草花改为春季播种，可将已开始萌动的种子置于 0～5℃ 低温条件下进行处理，使其通过春化阶段之后改在春季播种，当年也可正常开花。

（3）应用植物生长调节剂调节花期：植物生长调节剂种类较多，有些种类对花卉有促进开花作用，也有些种类有抑制开花的作用。现分别加以介绍。

促进开花：应用生长促进剂，即可加速生长，促进开花。有些种类低浓度有促进作用，高浓度有抑制作用，若使用得法，便可按照人们的需要提早开花或推迟开花，例如郁金香，株高 5～10 厘米时，每株滴 300～400 毫克/升的赤霉素水溶液 1 毫升，即有促进株高伸长和提前开花的效果；用 800～1000 毫克/升乙烯利于开花前 3 个月向叶面上喷洒，可使观赏凤梨提早开花；兰苗长到 4～5 厘米高时，用 0.01～0.5 毫克/升三十烷醇喷布叶面，每月喷 1 次，连续喷 3 次，可促使兰花提早开花；用 0.5 毫克/升三十烷醇于茉莉花蕾期和花期，每 7～10 天向叶面上喷 1 次，共喷 7 次，不仅能促进茉莉开花，而且花朵数量多，收花率比对照增产近 20%。此外，许多一二年生草花，在其花蕾膨大尚未透色时喷布 100～200 毫克/升赤霉素、吲哚丁酸或萘乙酸溶液，均有提早开花的明显效果。

延迟开花：使用生长延缓剂，如 B9、矮壮素、多效唑等都具有抑制花卉生长，延迟开花的作用，例如杜鹃开花前 1～2 个月，用 B9 1000 毫克/升溶液喷布花蕾，整个花期可延迟 10 天左右；又如应用 5 毫克/升 2,4-D 溶液喷洒秋菊叶面，花期可推迟 20～30 天。

（4）通过改变栽培措施调节花期：通常可采用以下几种措施人为地调节花期：

干旱处理：人为地制造干旱环境，促使一些花木提早休眠，提早进行花芽分化，达到控制花期的目的。如欲使白玉兰在当年国庆节第二次开花，可于春季开花后给予充足的水肥管理，使新叶、新枝、新芽提前生长，到了夏末即停止浇水，进行干旱处理，同时进行摘叶，5～7 天后移至树阴凉爽处，并向植株上喷水，使其恢复生机，促使花芽分化，这时要多施些磷肥和喷布硼酸，以加速花芽分化，即可在"国庆"节前后开放。早春开花的丁香、紫荆等花木，也可用类似的处理方法促使其提早开花。

修枝摘心：通过修枝和摘心，可以使一些花卉连续开花。月季花谢之后及时将花枝剪短，并加强水肥管理，以后抽生的新枝又可不断开花。茉莉开花以后进行摘心，并给予合理的水肥管理，则一年中可使其开花 3～4

次。夹竹桃每次开花以后及时进行摘心，可促使其陆续开花。金鱼草春季开花后立即剪除残花，7月上、中旬重剪，10月上旬则可第二次开花。摘心不仅有促进开花的作用，同时也可以推迟开花期，如一串红、翠菊、矮牵牛、石竹、荷兰菊、香石竹等，通过摘心，促发侧枝，不仅能增加开花数量，而且还能推迟和延长开花时间。

分期播种：许多草花，例如一串红、半支莲、彩叶草、孔雀草、百日草、翠菊、藿香蓟、凤仙花等，在一年中采取分期播种方法，即可在较长的季节里陆续开花，如百日草春季播种，夏季可开花，初夏播种，则可推迟到秋季开花。又如瓜叶菊 4～10 月份分期播种，4 月初播种的，11 月下旬至翌年 2 月开花；6 月播种的，翌年 2～4 月开花；10 月播种的，可在来年"五一"节前后开花。再如唐菖蒲采用分期播种法，辅以适当的温度和光照，可以基本上做到四季有花可赏。此外，通过分期扦插，大丽花的花期也能人为地控制。

切花保鲜技术

鲜切花一方面用作馈赠礼品，另一方面用于家庭、办公场所装饰，为美化环境增添光彩。但切花离开母体后不久即陆续凋谢，人们希望能延长切花的寿命，以便增加观赏期，为满足广大读者需求，现将切花保鲜知识与方法简介如下。

1. 切花凋谢的原因

引起鲜切花凋谢的主要原因，大体有以下 3 个方面：

第一，花卉采收后，花枝脱离了植株，原来由根部吸收供给的水分来源断绝，但这时花朵和叶面的水分蒸腾仍在继续进行，因此造成水分供不应求，其生命活动只能靠本身贮藏的水分维持一段时间（一般花卉为 3～5天）。由于缺水，体内水分平衡遭到破坏，引起生理代谢活动失调，花朵就会很快萎蔫凋谢。这是引起切花凋谢的一个重要原因。

与此同时，由于花枝切离植株后失去了有机营养物质的供应，仅靠自身所含的有限营养物质维持生命活动，这时因营养物质不足，破坏了体内水分与养分的代谢平衡，如不及时补充水分和营养物质，则花朵很快就会凋萎。

第二，随着鲜切花花朵的开放过程，体内逐渐产生一种名叫乙烯的物质，这种物质是一类催熟剂，它能加速花朵衰老，缩短鲜花的寿命。国内外大量的实验证明，切花体内生成的乙烯物质是导致切花早衰的内因。

第三，花枝切取后由于其基部切口常易滋生大量微生物，这些微生物的繁殖体及其代谢产物侵入导管内，就会直接堵塞导管，影响水分和养分的吸收，这也是造成切花衰退的一个原因。

2. 延长切花寿命的方法

切花鲜嫩娇美，人们总希望"好花常开"，延长它的观赏时间，可以采用如下保鲜措施，延长其寿命。

（1）对花枝进行适当处理：对于枝条较柔软的草本花卉，如唐菖蒲、大丽花、菊花等的枝条，将其基部用纸包住切口，浸入80℃热水中，经2～3分钟取出再插入瓶中，这样可起到梗死切口的作用，防止花枝组织中的汁液外溢，从而延长花期；对于梅花、蜡梅、月季、玫瑰、牡丹、杜鹃等木本花枝，将其末端放在蜡烛火焰上烧焦，然后再将烧焦的部分剪去一些，再放入酒精溶液中浸泡约1分钟，取出后放入清水中漂洗干净，最后插入瓶中，这样既可避免花枝的输导组织被堵塞而妨碍吸水，又可防止浸在水中的枝条剪口被细菌感染，使花朵不断得到水分供应，从而起到保鲜作用。此外，对于含汁液多的一些木本花枝，如一品红等，也可采用上述方法处理。

（2）养护要得法：插花在养护过程中注意以下几个问题，即可延长鲜切花寿命。

①选用清洁的容器：切忌使用带有油腻的器具。

②合理用水：插花时宜选用清洁、接近室温的软水（河水、塘水等）。若用自来水，需先放缸（桶）内存放1天后再用。同时要注意经常换水，一般夏季宜每天换1次水，春秋季宜每2～3天换1次水，冬季宜4～5天换1次水。为防止水变质，炎夏季节可向瓶中投放几小块木炭或少量食盐等防腐，每次换水时都要注意将花枝基部剪去约2厘米长，重新更替切口，以利花枝吸水，延长切花寿命。

③保持空气湿润：室内空气湿润，有利保持花材的新鲜。在没有加湿器的情况下，夏季约隔1天，春秋季每隔2天，冬季每隔2～3天，要向花枝上喷1次清水，同时还要注意保持室内空气新鲜而流通。

④插花摆放位置要得当：在插花养护期间不能将其放置在阳光直射地方，也不宜放在窗口和暖气、火炉以及电炉附近，以免风吹日晒或受热，否则会加速花材的呼吸作用和水分的蒸腾，导致花朵凋萎早谢。最好将其放在具有散射光而且空气流通，温度又较低的地方。同时也不能将插花摆

放在成熟水果附近，因为水果在后熟作用中会释放出乙烯气体，而切花只要遇到少量乙烯，就会过早凋谢，缩短寿命，故一定要远离水果。

⑤使用具有保鲜效果的物质：如在 500 克水中放入碾成粉末状的阿司匹林半片，或用 4000 倍的高锰酸钾溶液，对多种花卉来说，均可延长观花期 3~5 天。又如取洗洁精少许，配成 2%~4% 浓度的溶液，将花枝基部迅速插入该溶液中，一般可延长鲜花寿命 1~2 倍时间，这种溶液对一二年生草花的效果尤为明显。此外，有资料介绍，在瓶中加入 0.05% 的硼酸或硫磺、水杨酸、维生素等，都能延长花枝的保鲜时间。还有资料介绍，在花瓶中滴入几滴用过的胶片定影液，也能起到延长花期的作用。

第六章 家庭插花制作

插花的器皿

插花要置放于一定的器皿中，如花篮、花瓶或是花盆。这些器皿可以承载插花，给插花提供一定的水分。造型优美的插花器皿还可以衬托插花。插花专用的器皿有很多，品种不一，款式精美，色彩丰富，做工精细。

1. 木制插花器皿

这类插花的器皿可以摆放在简朴、传统风格的居室内。它主要有竹子、藤条或是树木做的 3 种类型。这些插花器皿具有轻盈美观，容易加工的特点；有较浓的自然风味，可以给插花增添自然美。用这类插花器皿时要注意两点：一是如使用竹藤制作的器皿，要在花器里装一小水盆，以方便花泥和水的贮置；二是插花要尽量选用小巧轻盈的花材，因为这样的花材才能与质地轻盈的插花器皿相协调。

2. 玻璃制作的插花器皿

这类插花的器皿可以摆放在现代化风格的居室内。以玻璃为材料制作的插花器皿一般都是做成玻璃花瓶，这种花瓶很受人们的喜爱，因为它工艺精细，样式多样且美观，有现代化的时尚风格。玻璃花瓶一般分为透明的、磨砂的和水晶刻花几类。插花一般用的是前两类，因为水晶刻花的玻璃花瓶，艺术性比较高，单独放置已经具有很高的观赏价值，不需要插花的衬托，而且这种花瓶的价格比较昂贵。选用玻璃花瓶时，要注意选取瓶口较大、瓶身较深的花瓶。因为这样的花瓶装水量比较大，利于插花的保鲜、插花的通风透气和插花的造型设计。

3. 陶瓷制作的插花器皿

这类插花器皿可以摆放在具有传统风格的家居内。陶瓷制作的花瓶具有传统风味，造型一般都比较古朴典雅。既可以摆放在居室内作器饰，也可以用于插花。

4. 金属制作的插花器皿

这些花瓶多用于插放干花，主要有中国的景泰蓝，南亚风格的锡器、铜器等。

插花的工具

插花所需用的工具较简单，有剪刀，花插或花泥，细线或细铅丝，大头针等。

1. 剪刀

家庭常用剪刀或养花专用的板剪都可以用来修整枝叶或花。

2. 花插

水盆式插花时常用针状花插或花泥固定花板，花插有圆形、方形及长方形，大小规格均有，花鸟商店有售。其下部是平底的重金属块，上面密饰许多金属针，在水中不会生锈。花泥为多孔性的，具有许多毛细管，花枝插入后便于吸水，也可起固定作用。

3. 铅丝或细线

当所用花枝较短时可用铅丝或细线接长花枝，可把一截小枝接在花枝上，用细线或铅丝绑扎。当一些花枝较柔软不能按理想造型时，可用铅丝缠绕于花枝上，再按需要弯曲整形后，插于瓶或盆中。

4. 大头针或订书针

有些叶片或枝条为了造型的需要，将其弯曲后可用大头针或订书针固定。

5. 小篮或小盒

盛放上述所需工具以及小的竹签等零星物品，便于取用。

中国传统插花的特点

中国传统插花有以下几方面的特点。

1. 线条造型

中国插花艺术以自然式线条型为主，可以说线为中国插花造型之骨。线的表现力极为丰富，不同线条表现不同形神，有的柔美，有的刚劲；有的纤细，有的粗犷；有的秀雅，有的苍古。插花艺术利用自然界千姿百态的花木枝叶，通过其线条长短，粗细，曲直顿挫，强弱相柔，虚实疏密，勾画出不同造型，塑造出了一幅幅多姿多态的艺术插花作品。

2. 讲究意境

插花要讲究意境，如同中国画使人看了"画尽意在"。它是作者主观意志与客观境物相融合的艺术形式，即通过作者想像、联想和幻想来完成形象思维过程。所以，艺术插花不是自然形象的简单重复，也不是做花卉模型，而是要将意与境、形与神、景和情交融在一起。因此，每件艺术作品由立意和立形两个方面组成。

诚然，艺术插花的创作活动，由于受到空间范围和自然材料的局限，在意境表达上不能像绘画那样丰富、自如。同时，在插花艺术构思立意中，同样也采用了中国画借物寓意的手法，如以松表现高洁、长青、刚强等题材；以竹表现刚直、清高、平安等题材；以梅表现坚骨、孤傲、迎春等题材；以荷表现一尘不染、洁身自好等题材；以兰表现脱俗清雅、与世无争等题材。

3. 崇尚自然

中国插花以自然式为主。在艺术手段上，以装饰美反映自然美，即按照植物生长的自然姿态，通过曲、直线条的组合，表现诗情画意，源于自然而又高于自然，各种花木虽然经过剪裁加工和艺术装饰，仍不失其自然风姿。

由于中国式插花讲究自然，因此构图上多数采用不对称均衡手法，避免机械对称。植物材料注意表现单体姿态，即每朵花、每根枝条、每张叶片都要在作品中得到展示。因此，对中国插花而言，在一件作品中，植物品种、用材数量、色彩变化均宜少不宜多。中国插花在取材上，花、枝、叶、果、藤等均可使用；就花而言，未绽的花蕾、半开的花苞、盛开的花朵并用，以此来表现植物生命过程的变化。

插花材料的选择及处理

随着观念和科学技术的发展，插花使用的装饰材料越来越多。然而，植物材料依然是插花的主要内容。按其观赏部分可分观花、观叶、观果、观茎等类，如牡丹观赏其艳丽的花朵，观叶植物主要欣赏它的叶形和叶色。

1. 选择花材

季节变化能够告诉我们花的盛衰，花卉的最佳观赏期也是在季节的变化中体现的。春季可供选择的花木很多，如迎春、玉兰、桃花、樱花、丁香、杜鹃花、鸢尾、芍药、郁金香、紫罗兰等。夏季可用的花卉有荷花、睡莲、夜来香、菖兰、大丽花、扶郎花、百合花等；秋季可用桂花、木香、月季、红枫、菊花、石榴、柑橘等。冬季应选用康乃馨、一品红、腊梅、山茶、银柳、水仙、南天竹、火棘等。

2. 花材处理

选枝、修枝、弯枝是插花的基本技能。插花时，先要对剪取下来的枝叶观察、琢磨，再动刀剪裁，修去多余的侧枝、小枝、杂叶等。若经过修剪的枝条其弯曲仍不尽人意，可进行人工弯曲。硬枝弯曲时，两手拿着枝条，手臂贴着身体，然后慢慢用力向下弯曲，再不行可用刀先切割需弯曲部位的背面，然后再慢慢用力向下弯曲。草本枝条用揉弯法，即在需要弯曲的花梗和叶柄处，用手慢慢揉擦，直至弯曲。这些方法一般用于含水量高的花茎或叶柄，如马蹄莲、水仙花、文殊兰、睡莲、非洲菊等。此外，还有一卷弯法，如同蛋卷的手法，一般用于扁平长叶，如箬叶、丝带草、鸢尾叶、菖兰叶、野鸡毛山草、水仙花等。揿弯法，即用拇指、食指、中指捏住需弯曲部位，慢慢揿弯，银柳、月季、香石竹、菊花等均用此法。勾弯法，即借助铁丝小钩，把两端钩住成圆弧形，如铁树叶、黄馨、丝带草等。

插花的构图形式

插花构图的基本规律是多样的统一和不对称的均衡。从事插花创作，既要掌握植物的生长规律和特性，又要掌握一般艺术创作的规律。由于插花材料极其丰富，自然界千姿百态的花、枝、果、叶为插花创造了多样变化的条件，但变化要在统一前提下进行。中国式插花以自然式为主，一般采用不对称的均衡手法，避免机械的对称，按照植物生长的自然姿态通过各种曲线和直线表现诗情画意。中国式插花每一件作品中植物品种、用材数量、色彩变化宜少不宜多，使每朵花、每根枝条、每张叶片的姿态在作品中得到充分表现。

插花构图最常用的形式是不等边三角形图法。一般自然式插花以3根花枝为主要的材料来表现主题，顶端3点相连构成不等边三角形，作为作品的骨架。其一枝长度为盆长1.5~2倍的花枝为主干，插在花插或花泥中央；一枝长度相当于主干2/3的花枝为次干，微斜插在主干右方；一枝长度相当于主干1/3的花枝为从干，斜插于主干的左右。由此构成一幅作品的基本骨架，其余花朵或枝叶在这3枝花的高度和宽度内添补。这样，一件插花作品的构图就初步完成了。

插花构图形式有直立型、倾斜型、悬崖型等。直立型是插花第一枝直立，第二、三枝分别向一侧倾斜，主干直立给人以端庄、娴静的感觉。倾斜型是第一主枝（主干）向一侧倾斜，主干倾斜有运动感，给人以潇洒、轻快感觉，第二花枝（次干）向另一侧倾斜，第三主枝下垂或外倾，给人以活泼大胆的感觉。悬崖型又称下垂型。

插花配置的要领

1. 插花配制6法

（1）高低错落：花朵的位置要高低前后错开，切忌在同一横线或直线上。

（2）疏密有致：每朵花、每张叶都具有观赏效果和构图效果，过密显繁杂，过疏显空荡。

（3）虚实结合：花为实，叶为虚，有花无叶欠陪衬，有叶无花缺实体。

（4）仰俯呼应：上下左右的花朵、枝叶要围绕中心顾盼呼应，既反映作品整体性，又保持作品均衡感。

（5）上轻下重：花苞在上，盛花在下；浅色在上，深色在下，显得均衡自然。

（6）上散下聚：花朵枝叶基部聚拢似同生一根，上部疏散多姿多态。

掌握以上6法，能使插花造型既有韵律又稳定，在动势中取得平衡，在装饰中取得自然。

2. 插花艺术配置原则

（1）韵律变化原则：就是利用不同花卉种类、色彩、花形，花朵大小、高低、开放程度的差异，以及枝条横斜的变化来增加作品画面的韵律，同时使这些变化符合客观规律和艺术构图要求，才能产生真实感，达到预期效果。如梅、杏的插花可取其苍劲虬曲的特点，将其横插或斜插入陶瓷古瓶中就别具一格，而水仙、鸢尾具有挺拔、亭亭玉立姿态，将其直插在浅水盆中富有诗意。

（2）均衡配置原则：主要处理好轻与重的关系。在插花中，一般给人感觉"重"的花，即高大、量多、色彩浓的花插在中下方，以其为主，并起到稳定的作用；给人以"轻"感觉的花，即色浅、清雅、纤细、小巧、量少的花和叶插在四周作陪衬，能起到均衡作用。

（3）注意调和原则：不仅要求插花材料的大小、形态相协调，还要注意插花颜色与容器及环境用具的颜色相调和，与周围气氛相协调。

家庭插花的常见形式

插花方式一般有花瓶式、野趣式、盆景式。

1. 花瓶式插花

也称瓶花，就是剪下适时的花枝或配上红果绿叶插于花瓶。常见的形式有：用1~2枝腊梅花单插或配以红果累累的南天竹或数枝红色圣诞花，花黄果红叶绿，为新年增添吉祥如意和欢乐的气氛。剪取红梅、绿梅、白梅花枝，用高大花瓶单插，有苍劲古朴之感。春天，桃、李、樱花、海棠等争妍斗奇，剪取几株插入瓶内，使人顿感万物繁荣。秋天菊花色彩缤纷，大株插入大瓶中，小菊插入小瓶中，花叶相映，显示五谷丰登的欢乐景象。此外，月季、香石竹、唐菖蒲、晚香玉、圣诞花、文竹以及鲜艳草花，都是十分理想的瓶插花卉。

2. 野趣式插花

以自然野草、野花为材料，打破一般繁华艳丽的传统插花手法，使其变得自由、清丽、脱俗，富有生气。在小型居室，利用生活中盆、碗、杯、烟灰缸、酒瓶等容器盛花装饰。小型插花材料、小型的插花器皿跟小的居室相配，也可为家庭增添和谐气氛。

3. 盆景式插花

将花、叶、果配置后插入浅盆，可以配以山石、亭子，用清水供养，将大自然美景缩在盆盎之中，使人浮想联翩。常用组合有：以梅花为主体，配以松枝、翠竹，组合成"岁寒三友"，潇洒庄严。将水仙花栽于清水瓶内，下铺卵石，犹如精美艺术品。带上红果穗的万年青插入水盆中示吉祥如意。花挺色艳的扶郎花，配上几片绿叶，富有诗意。此外，栀子花、银柳等插入浅盆，也别有情趣。

盆式插花和瓶式插花的特点

盆插是插花的一种形式，它生动活泼，优美和谐，各种场合均可使用。

插花用盆的形状有圆、方、长方、荷花等，盆不宜深，过深会显得笨拙和比例失调；色彩以淡雅朴素为佳，色彩浓重会显得喧宾夺主。盆和所用的花色彩上要有对比，又要统一协调，白盆插白花及红盆插红花都不会有良好的效果。

插花时，花枝要固定在用铜钉或铅浇铸成的插座上（又称作剑山），插座有方、圆、月牙形、五角星、菱形等形状，也有大小不同的规格。按花枝多少选用大小不同规格的插座。木本花卉枝条坚硬，可将枝条末端纵切几刀再插；花枝较细的草本可将细长枝先插进一段粗的草本植物茎上，然后一起固定到花插上。万年青、兰花叶、山草、箬叶等叶不容易固定，可将叶的基部用细铅丝扎上一段草本植物的花梗，连花枝一起插到花插上固定。

盆式插花有规则式、自然式、盆景式等几种形式。规则式是将花插成一定几何形体，如球形、扇形、金字塔形等，外形雄伟端庄、气派非凡。自然式则花枝高低起伏、疏密聚散、错落有致，还有一些绿叶陪衬，构图自然活泼。盆景式是仿照自然风景的一角加以概括、提炼，在盆中表现出来，其意境深远，虽一花一叶也能表现满园春色。

木本花枝在剪取时以虬曲多变为好，根据造型适当剪去侧枝，每一花枝要清洗，剥去黄叶、焦瓣，使插花材料整洁，富有生机。

自然式插花要讲究比例，一般以 3 根花枝为主体，这 3 根花枝顶端形成不等边三角形，最高主枝其长度应是盆直径加高度的 1.5 倍左右，第二根次枝长度应是主枝的 2/3，第三根从枝长度应是主枝的 1/3，其余的插花材料均在这 3 根长枝构成的不等边三角形周围，添加合适即可。插花材料讲究主次，主枝的材料、花的直径及花形要占绝对优势，其他枝叶作为陪衬。

瓶插不需要插座，使用方便，但受到瓶口限制，其表现形式不如盆式插花广泛。瓶式插花要注意以下几点：

选材：瓶插是花卉枝条、花、果、叶和瓶相协调的一个整体。选择木本枝条的自然美作为线条，枝条要经过修剪，控制疏密，宜选一种长的材料作为主题，而其他材料作为陪衬。选择的花形应包括花蕾、盛开的花、半盛开的花，以显示自然而有动感。叶片能衬托花，又能填补空间，但忌过密。瓶的造型、质地、色彩要和插花材料相协调。

高度：一般计算香石竹、月季、菊花、非洲菊等高度是指花托以下的部位；菖兰、晚香玉等是指花梗上花朵露色以下的部位；四面观赏的瓶插花，其插花高度以不超过瓶口直径加瓶高度的 1 倍为宜；单面观赏的插花高度应是瓶口直径加瓶高度 1.5～2 倍。此外，可根据花瓶造型和空间位置调整插花的高度。

蓬径：指花枝横向伸展的范围，即通过瓶直径的两个端点之间的距离。一般大于瓶身最大部分的 3 倍左右。

层次与重心：一般掌握左高右低或右高左低，还要注意前后层次，在瓶口上方一般选择起重心作用的花卉位置。

花枝的整理和固定

花枝剪下后，为减少水分和营养的消耗，除必要的花朵和少数叶片之处，要将多余的花、蕾、枝、叶剪去。根据所插容器的大小、形状以及插花的造型，决定每根花枝的长短，并清理叶面的污物、灰尘。然后将它们的基部浸在盛水的容器中，或摊在干净的塑料布或温毛巾上，洒些清水保湿待插。

插花的容器如果是体深而口较小的，则花较易按我们所需要的姿态固定。如果是直筒形、喇叭口形、球形且口较大的容器，插花固定时可采用下列方法：

①木本粗枝可将基部劈开，横夹一段小枝或小石块。

②有一定韧性的花枝可将下部枝条折曲再插入容器中。

③在容器口设置井字形或十字形插架，也可用竹签或装饮料用的塑料瓶、杯做成此支架置于容器口，目的是缩小容器口，便于固定花枝，符合插花造型的要求。

④在浅皿如碗、盆、盘等容器中插花时需用花插或花泥固定。枝条稍粗的可直接插于花插的针座上。如果使用天门冬、文竹等纤细花枝时，可在花插上插一段海芋叶柄或其他较粗壮、疏松的植物茎段，或泡沫塑料、橡皮泥，再将细枝插于此叶柄或塑料块、橡皮泥上面，以便固定并吸水。

延长插花观赏时间的方法

花插好后，如养护得法，可以延长观赏时间，否则很快就会花凋叶萎，令人遗憾。现将有关知识介绍于下：

1. 切花衰老的原因

插花用的切花离开母株后，它代谢所需的营养源被割断，在相同的环境条件下，比留在母株上衰老变质得更快。影响切花采后衰老变质的原因有下列几个方面：

（1）水分失去平衡：鲜花是很娇嫩的器官，如果得不到充足的水分就会萎蔫。只有当其细胞保持一定的膨压，使其保持一定的紧张度，才能维持正常的代谢活动，并保持花的固有形态，这只有在吸水速度大于蒸腾速度时才能获得。如果木质部的导管部分被堵塞，使吸水减少，最终引起缺水而造成切花衰老凋萎。导管的堵塞有以下原因：一是微生物在切花茎的切口部位繁殖而造成堵塞；二是插花用的水不洁，水中的微生物代谢产物被花枝吸收而封闭了木质部导管，干扰水分的吸收，导致切花失水凋萎；三是花茎切口处受伤细胞的分泌物质会引起茎堵塞，这种现象在采后 2 ~ 3 天特别明显，先是靠近切口处，然后逐渐向上；四是在植株水分亏缺情况下剪切花枝，空气容易进入木质部导管而防碍吸水，引起切花凋萎。

（2）缺乏能源物质：切花衰老的另一主要原因是离开母体的切花缺乏生命活动必需的能源——糖，因为切花所带绿叶较少且离体后各种因素都不利于光合作用正常进行，所以糖源越来越少，以致影响正常代谢而使鲜花寿命缩短。

（3）乙烯促进切花衰老：乙烯是植物自身产生的一种内源激素，它是健康的花以及果实的代谢产物，也可由衰老和受伤的植物组织产生。在低温、低氧条件下乙烯生成较慢。乙醇（即酒精）也能抑制乙烯的合成。

2. 延长切花寿命的方法

（1）保证切花导管畅通：

①切花剪取的方法要合理，应适时剪取花枝。有些花枝宜在含苞待放时剪取，如月季、唐菖蒲、郁金香、金鱼草、晚香玉、百合等。菊花、大丽花、百日草等应在盛花初期剪取。山茶、芍药、马蹄莲宜在半开时剪下。寒冷季节则可选用开花盛期的花枝，以免温度低而花蕾不易展开。

切花应在早晨或下午日落后或植物水分含量充足时用锋利的刀具剪取，以免花朵萎蔫。如果从市上购得的鲜花剪后，应立即浸入水中。花插入花瓶前应重新修剪，将有气泡的部分剪去，以免影响吸水。如有条件从整株上剪取时，可将花枝弯入水盆中再剪，使切口立即与水接触而避免空气进入切口面在导管中形成气泡，使切花吸水顺利，以延长观赏时间。

②做好消毒灭菌工作，防止水中微生物繁殖堵住切花导管。首先，花瓶等容器必须清洗干净，可用自来水洗净后再用高锰酸钾稀溶液浸泡消毒。插花用水也要干净，最好用冷开水，也可用自来水。经常换水，平常每天

换 1 次水，夏季每天换 2 次水。

切花的切口最好也进行消毒，方法是：木本花枝可在火上烧一下，特别对一些切割后有乳汁流出的花卉如一品红等应立即将基部烧焦；月季、水仙等切口可浸于 75% 酒精中数秒至数 10 秒钟；一串红、虞美人等切口可浸入稀盐酸溶液中数秒至数 10 秒钟；大丽花、菊花等切口可在 0.5% 硝酸银溶液中浸 5 分钟；也可将花枝基部浸入热水中，促使已经进入导管的空气逸出。

换水时如发现切口腐烂或有黏液，则应将这部分剪去以更新切口，利于吸水。

③对插花用水进行处理。水质对切花寿命有很大影响，在水中可添加防腐剂、酸化剂及沉淀剂，以延长切花寿命。家庭插花可用冷开水，或适当加些盐酸，使水的酸度增加，pH 值为 3~4 的水可延长切花寿命。大丽花在水的 pH 值从 8.9 降到 2.2 时，切花寿命从 1.4 天增至 6.4 天，因为强酸性条件可抑制氧化作用，而切口受伤细胞分泌的酚类物质的氧化物可堵塞导管，在强酸性条件下，可克服这种堵塞作用。

另外，在水中加入酒精、抗生素类物质及 8－羟基喹啉盐等，也可延长切花寿命。

（2）喷洒高分子膜，可以降低蒸腾作用：切花从母株剪下后，立即失去水源，但蒸腾作用继续进行。为减少蒸腾作用，可及时喷洒高分子（醇、蜡）膜，以封闭部分气孔，达到防止缺水、延长切花寿命的目的。

（3）补充能源物质：在水中适当加些食糖，也可延长切花寿命。糖水浓度一般以 3%~5% 为宜。在室温 28~30℃ 条件下用 3% 的糖水，能使翠菊、金鱼草、万寿菊等的保鲜天数分别达到 8 天、6 天、7 天。

（4）抑制乙烯的生成，以降低呼吸作用：抑制乙烯的生物合成也是防止切花衰老的关键因素之一。常用的乙烯合成抑制剂有 8－羟基喹啉硫酸盐或 8－羟基喹啉柠檬酸盐、硫代硫酸银、硝酸银等。家庭切花水养时，可在水中滴入几滴冲过胶卷或洗过照片的定影液，因为这种溶液中含有银盐，它也可以阻止植物体产生乙烯，同时这种溶液是酸性的，利于保鲜。另外，插花容器附近切不可放水果，也不可燃点各种卫生香，因为水果会释放乙烯，而香燃烧放出的烟中也含有乙烯。

（5）切花保鲜剂的应用：康乃馨以硫代硫酸银（1∶4）作保存液效果最好，浸花茎 10 分钟就能使瓶花寿命从 5 天增至 10 天以上。麝香石竹用硫代硫酸银处理 20 分钟后，再用 200 毫克/千克 8－羟基喹啉和 1.5%~2% 的蔗糖处理，可延长寿命4倍。用50～500毫克/千克硝酸银和3%蔗糖处理万寿菊和金鱼草切花，可延长时间3～4倍。使用保鲜剂不仅可延长寿命，而且可使花开放彻底，金鱼草的花可一直开到顶部，并可防止万寿菊的花头下垂。

现在市上切花保鲜剂尚少供应，家庭插花可用以下简便的方法：

①在1升水中加1片阿司匹林药片（事先将其碾成粉末，以便于溶解）和1片维生素C，用此水溶液插花，具有防腐、杀菌作用，并可防止花茎导管堵塞。

②在1升水中加入10～20毫升洗洁精也可延长切花寿命，因为洗洁精含有表面活性剂，能活化水质，杀灭水中的细菌，溶解花茎切口流出的汁液，防止导管被堵，保证花茎吸水通道畅通。用此溶液喷雾于叶片及花瓣表面，可形成一层很薄的膜，减少蒸腾作用，延长鲜花的保鲜时间，此法对一二年生草花效果更好。

③在1升水中加入0.1～0.5克明矾（如钾明矾、铵明矾），用此水溶液插花也可延长鲜花寿命。

④在1升水中加入0.25克高锰酸钾，配成残红色溶液，也可使切花保鲜。

⑤在1升水中加入30～50克食糖及150毫克硼酸或柠檬酸，可延长月季、香石竹、唐菖蒲及芍药的保鲜时间。

⑥在1升水中加柠檬酸与维生素C各0.1克、食糖50克，可延长菊花瓶插时间。

第七章　人与花卉

花卉种植与日常家居

1. 室内花卉种植的目的与作用

（1）目的：在室内种植花卉的目的是使我们的生活更美好，而且这个目的是通过花卉的多种功能与作用来体现的。

（2）作用：在室内栽种花卉的作用有很多，如净化空气，美化环境，装饰家居等。下面简单介绍室内栽种花卉的 8 种作用。

①室内种植花卉，可以在室内创造一种自然的环境，让主人犹如生活在百花齐放、鸟语花香的自然环境中；可以为居室增添诗意和美的情意，使主人在美的花的世界中感受生命的美好，从而更加珍爱生命。

②在居室内栽种花卉，可以代表一定的感情和情操，为主人的生活增添美感，体现主人的品位。例如在庭院里栽种竹子，可以表达主人"咬定青山不放松"的情操；在室内栽种菊花，可以显示主人傲视一切困难的奋进精神；而栽种"出淤泥而不染"的荷花，可以表达主人高尚的情操。

③室内栽种花卉可以环保居室、装饰居室、绿化居室中的环境；还可以改善和稳定人的情绪，使焦躁的心情得到平静，使愤怒的心情能够安静下来。例如绿色给人安全、平静和舒适感觉，可以使人的心情平和安宁；粉红色代表青春和活力，可以使人的心情明快开朗。

④室内栽种花卉可以激发主人的想像力。面对色彩斑斓、姿态优美的花卉，主人的想像力得到激发和培养，同时智力也得到了发展。如面对婀娜多姿的吊兰，给人一种生动飘逸的联想，正如一首古诗所言："午窗试读离骚罢，确怪幽香天上来。"

⑤室内栽种花卉可以陶冶人的情操，使主人的视野得到扩展，感悟到人与自然其实是相生相依、不可分割的。

⑥花一般都是有花语的，代表了一定的语言和感情。室内栽种花卉可

以用无声的花语表达主人的言语。如兰花的花语是美好幸福；月季的花语是美丽长存，爱情幸福；牡丹、海棠和玉兰相搭配，代表富贵满堂。

⑦有些花卉散发的香味是有益于人体健康，有益于病人疾患的治疗。如橘花的香味可以帮助治疗头痛和感冒；玫瑰花的香味有助于咽喉肿痛和扁桃体发炎的治疗；丁香花的香味对治疗牙痛有帮助。

⑧有些花卉可以吸收空气中的污染物，环保居室。在室内栽种这些花卉有助于清除居室空气中的污染物，可以使室内的空气清新。如吊兰可以清除空气中的甲醛和苯；文竹和马蹄莲能吸收空气中的二氧化硫；月季可以吸收空气中的氯气。

2. 不同窗户朝向与适宜盆栽的花卉

窗户所面对方位的不同，得到的光照也不同，适合栽种的花卉也不同。

（1）朝南的窗户：得到的光照比较强，一般可以有较长的光照时间。一般来说，如果南窗的光照时间达到 5 个小时以上，则可以在这栽种风信子、茉莉花、米兰、郁金香、水仙、金莲花、天竺葵、茶花等。

（2）朝东和朝西的窗户：光照强度一般，可以在这栽种仙客来、吊兰、花叶芋、仙人掌、文竹等。

（3）朝北的窗户：光照强度较弱，可以栽种的花卉为万年青、棕竹、龟背竹、常春藤等。

3. 种植室内花卉时应注意哪些问题

在室内栽种花卉时可以选取盆栽、吊篮和插花等。它们有各自的特色美，但无论是哪种，都应注意以下几个问题：

（1）花卉的色彩、大小和形态都要与居室的色调、居室空间的大小相吻合：花卉叶片的颜色、花朵的色彩以及花盆的颜色都要与居室的墙面、顶面、地面和家具的色调相协调。如深色调的居室可以栽种淡色调的花卉，使用淡色的花盆。空间较大的居室可以栽种植株较粗、高挺的花卉，如橡皮树；空间较小的居室则可以栽种中型或小型的花卉，这样更能显出居室的精巧优雅。花卉的姿态分为直立形、悬垂形、扭曲形等，直立形的花卉可以栽种在居室的低处，如地面上；悬垂形的花卉可以栽种在室内的较高处，如设计吊篮悬挂在墙上；扭曲形的花卉可以摆放在室内的桌柜上。

（2）室内栽种的花卉应选择耐阴性较强的观叶类花卉：因为室内接受的光照不及室外的充足，比较适合耐阴性较强的花卉生长，这些花卉可以在室内生长比较长的时间。

（3）花卉由室外移室内要除虫：如果是将花卉从室外移入室内的，要注意彻底清除花卉中带有的病虫害。

4. 室内盆栽花卉种类的划分

室内栽种的花卉大致上可以划分为喜光类、半耐阴类和耐阴类 3 个种类。

（1）喜光类花卉：主要有五针松、龙柏、罗汉松、花柏等盆栽观叶类花卉，以及扶桑、石榴、丁香、一串红、鸡冠花和牡丹等盆栽观花、观果类花卉。这类花卉的植株一般比较雄伟，姿态优美，花色和果实的颜色都比较鲜艳，它们比较适合大房间的正厅，一般的客厅以及卧室等地方。

（2）半耐阴类花卉：主要有橡皮树、苏铁、石楠、棕榈等盆栽观叶类花卉，以及长春花、月季、白兰花、金莲花、山茶花、杜鹃花等盆栽观花、观果类花卉。这类花卉的叶片形态比较奇异，叶片的颜色墨绿，花朵和果实的颜色也比较鲜艳，它们也比较适宜摆放在大房间的正厅，一般的客厅以及卧室等地方。

（3）耐阴类花卉：主要有龟背竹、棕竹、万年青、吊兰、玉簪等观叶类花卉，以及菊花、水仙、茉莉、马蹄莲、珠兰、昙花等观花观果类花卉。这类花卉叶片的形态也是比较奇异的，而且大小不等，花艳而有香味，它们可以摆放在正厅、门厅、餐厅、过道、书房和卫生间等地方，还可以悬挂在墙上。

5. 如何提高花卉的观赏价值

室内栽种花卉主要目的之一是使居室美观，为居室创造一种自然舒适的环境。所以要充分地提高花卉的观赏价值。下面介绍几种提高花卉观赏价值的方法。

（1）在适宜的地方摆放适合的花卉：例如五针松、龙柏和南洋杉等植株较为粗壮、伟岸的花卉，可以摆放在客厅，为居室增添一份大气的自然美；绿萝和常春藤等悬垂式花卉，可以设制吊篮栽种，悬挂在墙上，或是摆放在柜台、组合家具上，使它能够充分展现枝叶悬垂的美；在风格简朴的居室内栽种花色比较鲜艳的花卉，可以对居室起到点缀、衬托的作用。

（2）精心栽种花卉：要为花卉创造良好的生长环境，为它的正常生长提供适宜的光照、温度、水分和土壤等条件，使花卉能够健康正常地生长；还要掌握一定的养花知识，了解花卉的生长习性，科学地养花。

（3）掌握一些花卉的整形修剪知识：通过整形修剪花卉，可以提高花卉的观赏价值。当花卉的枝叶过长或是出现病枝时，可以对花卉进行整形修剪，使花卉的植株美观。例如，当花卉的植株过高时，可以通过摘心的方法，使花卉的植株生长得粗壮、枝繁叶茂，增加花卉外观丰满的观赏效果；水栽花卉出现老根或是腐根时，可以剪除，以提高它们根系的观赏价值。

（4）选择与花卉配套的花盆：水栽花卉选用的器皿要有良好的清晰度，以无色透明为最好；对于植株较高的花卉，可以选取深度较大的花盆；对于悬垂式的花卉，可以设计一吊篮栽种；对于小型的花卉，要选用小巧轻盈的花盆栽种。

（5）其他：还要考虑到花卉的姿态、大小、色调及花盆的款式、颜色和大小，与居室的风格、居室空间的大小的搭配。

6. 室内花卉盆景的价值有哪些

盆景是中国传统的花卉艺术珍品，享誉世界。中国的盆景有悠久的历史，它集合自然美和艺术美于一体，具有很高的艺术价值。

（1）文化含义：花卉盆景集合了自然风貌和自然精神，是中国传统园林艺术的奇葩。

①盆景的原形来自于大自然的景物，在此基础上，它集合了园林的栽培，人文的绘画、设计等艺术，使自然风貌与人文艺术美妙地结合在一起。创作者运用独特的创作技巧，采用合理的布局，使用精美的盆器，精心养植花卉，使其具有艺术风味。在这些盆景的身上，可以看见大自然的风貌，也可以领略到创作者的精心设计和匠心独运。

②盆景是在盆栽的基础上发展而成的，它溶入了创作者的艺术和情感。人们欣赏盆景，不仅是欣赏盆景里栽种的花卉的枝叶、花朵和果实，还在于欣赏盆景表现出来的艺术风味和诗情画意。面对花卉盆景，人们既可以领略到大自然的伟大美妙，同时也能体会到创作者的艺术风格，联想翩翩，陶冶了情操，扩展了视野。

③花卉盆景将大自然的百花百草浓缩在精致的盆中，它需要有创作者的精心设计和巧妙的构思，以及对盆栽的细心呵护。优秀的盆景融优美的自然风景和文雅的文化气息于一体，可以振奋人们的精神，陶冶人们的情操，激发人们的斗志，使人们观赏盆景的同时受到教育。例如，挺拔矫健的松柏和傲雪独立的梅花可以激励人们培养高洁坚贞的情操。

（2）美学意义：花卉盆景可以给人以美的感受，使人们的审美观得到提高；盆景具有一定的诗情画意，可以陶冶人的情操；盆景中蕴含的文化艺术气息，又是耐人寻味的。

（3）不同地域生态的体现：中国地域广阔，各地制作的花卉盆景风格和造型也是不同的，可以充分体现地区的特色。例如岭南地区的盆景因该地具有肥沃的土壤、充足的水分，具有特有的花卉品种，它在中国的花卉盆景艺术上占有很重要的地位。

7. 什么是室内盆景的观赏价值

室内盆景具有很高的观赏价值，因为它具有以下5个特性。

（1）盆景艺术的自然属性：盆景的这个特性主要表现在盆景的取材上，它以自然界的山水土石，花草树木为素材，经创作者的加工而成。人从自然中来，最终也将回到自然中去。所以，人们总是向往大自然，渴望亲近大自然，回归自然。盆景的自然性，迎合了人们的这一心态，能够得到人们的承认。当然，盆景的制作还需要有创作者的艺术，具有一定的文化美。近年来，中国盆景在传统盆景的基础上，更加注重了盆景造型的自然风味，使盆景更具有自然美。

（2）盆景材料的多样性：盆景中的峰、峦、岛、石等材料来源于大自然，有各种各样的选择。特别是现代的盆景，拥有了树木、山水、微型、花草和果树等多种类型。而且，各个地区的盆景是有其特色的，具有不同的风味，如广东有传统风味的金橘、年橘盆景；上海有以技术占优势的天竺葵、万寿菊盆景。另外，盆景的多样性还表现在创作者的构思和设计上，创作者运用独特的艺术表现手法，创作了造型和风格多样的盆景。

（3）盆景的创作具有独特个性：这主要通过创作者的独特设计风格来表现。由于创作者的生活经验、学识思想、审美情趣、文化修养和艺术才能的不同，他们创造出来的盆景也是不同的，具有自己的独特的个性特征。中国的盆景历来都追求意境和深远，这种境界主要通过创作者来完成，它与创作者的个性特征有很大的关系，体现了个性特征。

（4）盆景的艺术性：这主要体现在盆景的艺术表现手法上，盆景的艺术手法有很多种，主要的是对比。如主客、高低、大小、远近、虚实、刚柔、疏密等对比手法；色调的冷暖、明暗对比；材料的轻重、质地的对比。此外，创作者运用独特的艺术构思和设计，创作出具有艺术风味的盆景，所以盆景集合了自然景物的人文艺术。人们在欣赏盆景时，不仅是为了观赏景物，还可以从中体会到一定的人文艺术，触景生情，联想翩翩。

（5）盆景的包容性：盆景取材于自然界的江、河、湖、海、溪、瀑布等水景，峰、峦、岛、坡和崖等山景，以及梅花、兰草、杨柳等花草树木。盆景把这些景物概括地缩小在一精致的盆器中，人们在观看这些小巧的盆景时，能够联想到大自然风貌。如可以从高不过尺的盆景树木中找寻出伟岸、虬曲苍古的树木的风貌，想像到参天的百年老树。

花卉种植与人体健康

1. 牡丹

牡丹，别名鼠姑、鹿韭、木芍药和百两金。牡丹被称为花中之王，是繁荣富强、吉祥幸福的象征。

（1）生态习性：牡丹是毛茛科属落叶小灌木，植株可以高达 2 米左右。花期在 4 ~ 5 月，开各种颜色的花，花朵硕大丰满，以花色红者为上品；秋季结果，形圆呈绿色；冬季的时候果实变为赤色。牡丹喜凉怕热，忌强光的直射，有较强的耐寒能力；喜燥恶湿；对土壤的要求比较高，要深厚肥沃而且排水良好的沙质土壤，不可以使用盐碱土。

（2）食用价值：牡丹的花瓣可以直接食用，也可以用于酿酒。

（3）药用价值：牡丹的根皮在中医里称为"丹皮"，其内含有牡丹酚原甙、牡丹香醇、安息香醇和葡萄糖等，具有很高的药用价值，是一种常用的药材。可以用于清热、凉血、散淤、镇痛、降压和抑菌，治疗吐血、衄血和各种妇女病等。牡丹的叶片还可以用于治疗细菌性痢疾。

（4）净化功能：牡丹对大气中光化学烟雾浓度的升高有比较敏锐的反应，当大气中光化学烟雾的含量高出百万分之一时，牡丹的叶片上会出现斑点。随着污染程度的不同，它的叶片颜色也会不同，主要有赤褐色、淡黄色和灰白色等颜色。现在，牡丹已被广泛用来监测大气污染。

（5）摆放要点：牡丹一般都是露地栽种，家庭养植时也可以采用盆栽。可以摆放在客厅、阳台等处。但要注意在夏天时给它提供阴凉的地方避开强光直射；冬季时要在室内过冬，温度保持在零度以上。

2. 兰花

兰花因为叶子长得像马兰，所以得名。它的别名有兰草、山兰、幽兰、芝兰和香草。被称为"花中美女"。春天开花的称为春兰，色泽比较深；秋天开花的称为秋兰，色泽比较淡。

（1）生态习性：兰花为兰科兰属多年生草本植物。根为须根；叶为带状，四季常绿；花比较奇特，为六瓣，多为白色和米黄色；果实为蒴果，成熟后为黑褐色。兰花喜温暖湿润的气候；对土壤的要求比较高，要富含腐殖质的酸性土，有良好的排水通透性。适宜生长的温度是 15 ~ 25℃，光照好；最好浇用酸性水，如雨水或放置数天的自来水。

（2）食用价值：兰花以香味著称，可以用于制作各种香料和香精；还可以用作茶酒、菜肴、糕点的配料。在泡茶时的茶叶中加入少量的兰花，能使普通茶水具有独特的幽香；在煮汤时加入少量的兰花，可以使汤具有独特的风味。

（3）药用价值：兰花可入药，可用于治疗盗汗、虫积和痔疮等。《本草纲目》有这样的记载："（兰花叶）久服益气轻身不老，通神明。除胸中痰痹。其气清香，生津止渴，润肌肉，治消渴。煮水，治风病。消痈肿，调月经。"不同品种的兰花其药用功效是不同的，如建兰的根可以治疗淋浊白带。虎头兰的根可以治疗跌打损伤。

（4）净化功能：兰花有净化空气的作用，它可以吸收空气中的一些污染物，如一氧化碳、甲醛等。

（5）摆放要点：兰花有比较浓郁的香味，可以制作成盆栽和盆景，置放于家中的客厅、窗台、阳台等地，让居室飘满香味。因为兰花"爱朝阳，避夕阳，喜南暖，畏北凉"，所以特别适合栽种在南方。

（6）注意事项：兰花的香味较浓，人与它接触久了，会变得很兴奋；所以，兰花一般不摆放在卧室，以免造成失眠。

3. 月季

月季是四季常开的花卉，所以得名月季。它有月月红、斗雪红、长春花、四季花等别名。

（1）生态习性：月季是蔷薇科蔷薇属落叶灌木。它的叶为椭圆形，花色较多，多是红色。适宜月季生存的环境是：光照充足，土壤肥沃，温暖湿润，有良好的通风透气性，最适生长温度是20～25℃。

（2）食用价值：月季因为其浓郁的香味，可以用于提取香精油，广泛用于食品和化妆品等行业。

（3）药用价值：月季也具有很好的药用价值，有活血调经、消肿散结和清热解毒的作用，可以用于治疗淤血肿痛、水火烫伤、瘰疬以及妇女的月经不调等症。

（4）净化功能：月季有比较强的净化空气作用，它可以吸收空气中的一些污染物，如二氧化碳、硫化氢、苯和氟化氢等。

（5）摆放要点：月季可以在园林中露地栽种；还可以在室内盆栽，制作插花或是盆景。月季的耐寒力较强，可在零下15℃的低温下生长，所以可以栽种在寒冷的北方。

（6）注意事项：月季的花香比较浓郁，有呼吸系统疾病的患者不宜与月季长期接触；否则容易加重病情，或是引起呼吸的阻塞，甚至是憋气。

4. 杜鹃花

杜鹃花在杜鹃鸟啼鸣时开放，传说杜鹃花是杜鹃鸟啼叫流下的血所染红的，所以人们给它取名为杜鹃花。它还有山石榴、映山红和山鹃等别名。春杜鹃先开花后舒叶，夏杜鹃则先舒叶后开花。

（1）生态习性：杜鹃花是杜鹃花科杜鹃花属常绿灌木，植株可以高达2米左右；花期在3~6月间，开出的花有红、紫、白和黄等颜色，以红色为多。杜鹃的习性是耐寒怕热、喜酸怕碱、喜湿怕燥。比较适合它的生长环境是：阴凉湿润、土壤肥沃且呈酸性。

（2）食用价值：杜鹃花的花朵可以直接食用。南方一些地区的人把大白杜鹃和粗柄杜鹃的花朵当作蔬菜食用；另外，杜鹃花的叶片可以用于提取芳香油。

（3）药用价值：杜鹃花有一定的药用价值。它有止痛、活血调经、祛除风湿的功效，可以用于治疗跌打损伤、风湿疼痛、痔疮出血、腹痛和妇女的月经不调、痛经和闭经等症。

（4）净化功能：杜鹃花有较好的清洁空气的作用，可以吸收空气中的一些污染物，如二氧化碳、一氧化碳等。

（5）摆放要点：杜鹃花可以露地栽种，也可以盆栽和制作盆景，用于装饰家居。用鲜红似火的杜鹃花给居室起到欢快的衬托作用。

（6）注意事项：有的杜鹃花却是有剧毒的，如黄杜鹃花，人或动物误食后可产生头昏、恶心、呕吐等现象，严重的还可以导致死亡。

5. 山茶花

山茶花因为花叶长得像茶叶，所以得名山茶花。又因为它多在深冬开花，所以又名耐冬。另外，山茶花还有小茶花、川茶花、晚茶花、洋花和玉茗花的别名。

（1）生态习性：山茶花为山茶花科山茶属常绿阔叶灌木或小乔木。春冬季开花，花大而艳，有多种颜色，红色的较多。比较适合的生长环境是温暖湿润、含有少量肥料的疏松酸性土壤。

（2）食用价值：山茶花的叶、花和种子都具有很高的食用价值。山茶花的种子可以榨取油脂作为食用油；金茶花可以当作茶饮用，还兼有治疗高血压的作用；山茶花的花朵还可以用于制作茶花酒。

（3）药用价值：山茶花的花和根都可以用作药材，它们有清热解毒、降血压、收敛止血的作用；遭遇烫伤时可以将山茶花研末，与麻油调匀后涂于伤口。不同类型的山茶花有不同的功效，如红山茶花研末与姜汁和酒调服可以治疗吐血、衄血和便血；用不同颜色的山茶花与糯米煮粥可以治疗痢疾。

（4）净化功能：山茶花有较强的净化空气、环保的作用，可以吸收空气中的一些污染物，如二氧化硫、硫化氢、氟化氢和氯气等。在住宅小区栽种山茶花，可以绿化和保护环境。

（5）摆放要点：山茶花可以露地栽种，也可以盆栽摆放在家中。另外，山茶花还是很好的插花材料。

6. 桂花

桂花因为叶脉的形状像中国古代帝王诸侯举行礼仪时用的玉器柜，所以得名桂花。又因为它的香味特别的浓郁，可以随风飘得很远，所以又名"九里香"。主要有金桂、银桂、丹桂和四季桂 4 个品种。

（1）生态习性：桂树是木樨属常绿阔叶乔木，花小如粟，有迷人的香味。桂花的习性是喜阳光和温暖的气候，喜欢肥沃的土壤，有较强的耐低温和高温的能力。

（2）食用价值：桂花气味香甜，含有芳香油，有很高的食用价值。可以用桂花制作桂花露、桂花饼、桂花酒、桂花糕、桂花糖、桂花茶等，如直接饮用的桂花熏茶，还可以在泡普通的茶时加入一些桂花，会使茶有特别的香味。

（3）药用价值：桂花有较好的药用价值，它的根有强筋骨、通血络、暖腰膝、除淤血的作用；它的花有祛痰止咳和顺肺开胃的功效。出现口臭、痰多或是牙痛时，可以用桂花止痛；风湿疼痛、筋骨疼痛时也可以用桂花根。

（4）净化功能：桂花有较好的净化空气的作用。对空气中的一些有毒气体有较强的吸收能力，如氯气、二氧化硫、二氧化碳、氟化氢等，还可吸收空气中的粉尘和水银挥发气体。

（5）摆放要点：桂花可以露地栽种在家中的庭院里；也可以盆栽或是制作盆景；还可以用作插花和瓶花的材料。

7. 水仙花

水仙花生性好水，而且长得婀娜多姿，所以有"水中仙子""凌波仙子"的美名。水仙花的花葶梃呈筒状且中空似葱，所以又被称为"天葱""雅蒜"。另外，水仙花还有金盏、银台、雅客、姚女花等别名。

（1）生态习性：水仙花是石蒜科水仙属多年生宿根草本植物。叶片碧绿，花期为 1～3 月，花朵白色，细根白色，球茎也是白色。水仙花夏季休眠，喜温暖湿润的气候，需要生活在阳光、水充足的环境里，有较强的耐寒能力。

（2）药用价值：水仙花有较好的药用价值，可以入药，有清热解毒、消肿止痛、活血通经的作用。可用于治疗腮腺炎、痈疖肿痛以及蚊虫叮咬。使用时把水仙的鳞茎捣碎取汁即可。

（3）净化功能：水仙花含有多种生物碱，对空气中的一些污染物有较好的抗性，有比较好的清洁空气、保护环境的作用，如水仙花对二氧化碳、二氧化硫、一氧化碳都有比较强的抗性。

（4）摆放要点：水仙花多栽种在室内，可以摆放在客厅、书房、餐厅等处。元旦、春节的时候在居室里摆放一盆水仙花，可以增加节日的气氛，给居室带来春意。水仙花还带有素雅的清香，可以为居室创造一个清新优雅的环境。

8. 向日葵

向日葵因为有张大大圆圆的脸，长得像太阳，还永远向着太阳，所以得名向日葵。它还有太阳花、向阳花、朝阳花等别名。

（1）生态习性：向日葵为菊科向日葵属一年生草本植物，叶片可以长达 30 厘米。花期在 7～10 月，果期在 9～11 月。花朵有深红色、褐红色、金黄色、乳白色和铜色等。向日葵喜阳光和温暖的环境，有较强的耐涝、耐盐碱和耐热的能力。向日葵的适应性比较强，可以在各种土壤环境中生长。

（2）食用价值：向日葵的种子叫葵花子，它的含油率高达 45% 左右，油里面含有很高的亚油酸，可用于防治冠心病和高血压。向日葵的种子是高蛋白质，其含量高于 50%，并含有维生素 B。葵花子榨油后剩下的油粕可以用作饲料；葵花子的果壳可以用于酿酒；炒熟的葵花子是人们日常的小零食。

（3）药用价值：向日葵的花朵、种子、花心、花盘和根都可以作药用。向日葵的花朵有祛风明目、治头昏和牙痛的作用；种仁有透除脓血和止血痢的功效；花心可用于治疗百日咳、气管炎和哮喘等病症；花盘可以治疗疝气、乳腺炎和各种胃病以及胃出血；向日葵的新鲜根可用于治疗便秘、胸痛等。另外，据现代医学的研究，葵花子有增强老年人记忆力的功效，可以治疗癌症、高血压、心脏病、抑郁症和缺铁性贫血等病症。

（4）净化功能：向日葵有较强的净化空气的作用，对空气中的一些污染性气体有较强的吸收能力，如二氧化碳等。

（5）摆放要点：向日葵一般是露地栽种的，可以栽种在公园、风景区，以及住宅的庭院中。此外，向日葵还可以用作插花的材料。

（6）注意事项：向日葵的植株比较高大，在庭院里栽种向日葵时要远离窗户，避免遮挡阳光进入室内。

9. 鸡冠花

鸡冠花因为花形、花色都与雄鸡的鸡冠相似而得名。

（1）生态习性：鸡冠花为苋科青葙属一年生草本花卉，植株高度不一，花期在7～10月。鸡冠状的花形是由许多的小花聚生而成的；种子黑色且有光泽。鸡冠花喜欢干燥怕潮湿，喜热怕寒，需要有比较肥沃的疏松、通透性好的土壤。忌霜冻。

（2）药用价值：鸡冠花的花朵和种子都可以入药。它有凉血止血、止带止泻的作用，一般用作收敛剂。如吐血不止时可以用醋煮白鸡冠花后研末，热服；便后出血的患者可以煎服炒熟的白鸡冠花，煎服；月经不止的患者，可以用晒干的红鸡冠花研末，调服。

（3）净化功能：鸡冠花可以吸收空气中的放射性物质，如铀等。

（4）摆放要点：鸡冠花可以用多种方法栽种，可露地栽种在花坛、家居的庭院里，室内盆栽，还可以用作插花的材料。

10. 牵牛花

因为它的花是清晨开放，朝日则蔫，所以又名朝颜花，还叫喇叭花。有裂叶牵牛花、大花牵牛花和日本牵牛花等品种。

（1）生态习性：牵牛花是旋花科牵牛属一年生或多年生缠绕草本植物。秋季开花，花大，形似漏斗，有紫色、蓝色、红色和白色等颜色。喜欢温暖的气候，有较强的耐旱能力，但不耐寒。适应性强，可以在干旱、瘠薄的土壤中生长。

（2）食用价值：牵牛花的鲜嫩果实，可以用盐或是蜂蜜浸渍后，作为茶点食用。

（3）药用价值：牵牛花的成熟果实中含有的种子，称为牵牛子。它有毒，但有药用价值。因为牵牛子有黑色和土黄色两种，又被称为"黑丑"和"白丑"。它有消水逐积的功效，可以用来治疗水肿腹胀、大小便不利和脚气等病症。如可以将牵牛子捣烂，用蜂蜜制成绿豆大小的丸，每天吞服5丸，以治疗脚气；可以用黑丑研成的末，用葱汤调好敷于眼睛处，以治疗风热性的红眼病；还可以治疗急性肾炎。

（4）净化功能：牵牛花对大气中的光化学烟雾中的二氧化硫有比较强的抗性。现在，牵牛花已经成为监测化学烟雾污染的比较理想的植物。

（5）摆放要点：牵牛花是缠绕性花卉，可以用作垂直绿化的材料，布置墙面，篱笆；或者是制作小型的支架，使其攀缘而上，覆盖整个支架，用于绿化和遮阴；另外，牵牛花也可以用于制作盆栽，这时要注意使用摘心的修剪方法，以保持植株的低矮状。

11. 百合花

百合花的花朵、叶片和根系都是向周围生长的。百合花的鳞茎形如大蒜，气味却像山薯，所以又名蒜脑薯。此外，百合花还有摩罗、中逢花等别名。百合有"百年好合"的意味，可以用作节日礼品送人。

（1）生态习性：百合花是百合科百合属多年生草本植物。花期在6~8月，果期在9~10月。百合花喜阳光，需要有较凉爽的生长环境及较高的空气湿度。对土壤的要求也比较高，应肥沃、湿润、有丰富的腐殖质和良好的排水性，土壤还应是微酸性的。

（2）食用价值：百合的花朵和鳞茎都有很高的食用价值。百合的鳞茎含有丰富的营养；百合花味甜，可以用作点心和菜肴。此外，百合还可以用于做汤，是夏日消暑的佳品。现在，市场上有销售百合粉、百合干的，用它调成稠状的甜膏，具有消暑和清热的作用。

（3）药用价值：百合有比较好的药用价值，具有清心安神、润肺止咳、止血等功效。可以用来治疗心悸失眠，肺燥咳嗽，以及肺痿，咯血等症。

（4）净化功能：百合花有较强的净化空气的作用，对空气中的一些污染性气体有较强的吸收能力，如二氧化碳、一氧化碳等。

（5）摆放要点：百合花可以用多种方法栽种，如栽种在花坛、家居的庭院里；也可盆栽，有装饰家居的作用；还可以用作插花的材料。

（6）注意事项：因为百合花散发出来的香味有使人兴奋的作用。所以，一般不宜把百合花摆放在卧室里，以免造成失眠。

12. 萱草

萱草的花是黄色的，形状像针，而且可以食用，所以，萱草又名黄花菜和金针菜。另外，萱草还有忘忧草等别名。

（1）生态习性：萱草为百合科萱草属多年生宿根草本植物，植株可以达到1米，花期在6~7月。花为橘黄色或是橘红色，早晨开花，晚上凋谢。萱草的生命力和适应性都比较强，喜阳光和温暖的气候，有较强的耐寒和耐旱能力。对土壤的要求比较高，要求土壤肥沃、湿润，有良好的排水性，且是沙质的。

（2）食用价值：萱草可以用作菜肴，称为黄花菜。黄花菜可以晒干食用，但不要鲜食，因为鲜食容易中毒。黄花菜可以用作菜肴，也可以煮汤。

（3）药用价值：萱草有比较好的药用价值。它有促进食物消化，消除胸膈满闷，轻身明目的作用；萱草的根可以煎水，有利尿、祛水消肿、清热消炎和止痛等作用。另外，食用萱草还可以除烦、安神。

（4）净化功能：萱草对氟有较强的敏感性，当空气中含有的氟气时，萱草叶片的尖端会出现红褐色斑点。所以，萱草已经成为监测空气中氟污染的比较理想的植物。

（5）摆放要点：萱草的栽种方法一般是栽种在园林中，如可以露地栽种在花坛、路边或是家中的庭院里等。

13. 郁金香

郁金香有洋荷花、旱荷花、洋牡丹和洋水仙的别名。郁金香的品种很多，大约有数千种。

（1）生态习性：郁金香是百合科郁金香属多年生草本植物。植株高大约是30厘米，一般有3～5片的叶子；花期在3～5月，白天开花，傍晚或是阴雨天闭合。郁金香喜欢温暖、湿润的冬季生长环境，凉爽稍干的夏季生长环境。对土壤的要求是：含有丰富的腐殖质，有良好的排水性。另外，郁金香有较好的耐寒力。

（2）食用价值：郁金香的鳞茎里淀粉含量较高，因而可以食用。

（3）药用价值：郁金香的花朵和鳞茎都可以入药；花有促进肠蠕动的功能，有利排泄；鳞茎则有镇静的作用。

（4）净化功能：郁金香可以消除空气中的污染气体，可以避秽祛浊，净化空气。

（5）摆放要点：郁金香有多种方法栽种，如露地栽种在花坛、家居的庭院里、草坪中；中小型的郁金香可以栽种在盆中，装饰家居；节日时可将开花的郁金香制成盆景，摆放在客厅等处。

（6）注意事项：郁金香的花朵里含有某类碱性物质。所以触摸郁金香的花朵后应该及时地洗手，未洗手时不可触摸头皮；否则，容易造成头发的脱落。

14. 天门冬

天门冬有天冬、天冬草、武竹等别名。天门冬的变种有矮天门冬和斑叶天门冬。

（1）生态习性：天门冬为百合科天门冬属多年生常绿草本植物，叶片呈鳞片状。花期在 5~6 月，花形由淡红色或白色小花组成。有香味；果期在 10~12 月，果实呈球形，成熟时为鲜红色。天门冬喜欢温暖湿润的气候，怕烈日，有较强的耐阴能力，但耐寒能力较差。

（2）食用价值：天门冬根是肉质的，把它蒸熟了剥除皮后可以直接食用，味道甜美。

（3）药用价值：天门冬的根是传统的中药，有滋阴养肺、滋补肾阴、清热化痰和止咳嗽的功效，可以用来治疗阴虚咳嗽、支气管炎、百日咳、津枯便秘和咯血等症。现代科学研究表明，天门冬的根含有天门冬酰胺和 5－甲氧基呋喃甲醛等成分。

（4）净化功能：天门冬可以杀灭空气中的病菌以及吸附空气中的金属颗粒，对空气起到净化作用。

（5）摆放要点：天门冬属于观叶类或是观果类植物，可以栽种在盆中以供观赏。如可以将天门冬吊挂在居室中；还可用作插花材料，插在花篮、花瓶以衬托其他的花，如可将天门冬插在一束花中，起到点缀的作用。

15. 吊兰

吊兰因为根、叶长得像兰花，花葶在叶丛中像钓鱼竿而得名。它又名钓兰、挂兰。吊兰的种类很多，我国有 4 种，即阔叶吊兰、银边吊兰、金心吊兰和金边吊兰。

（1）生态习性：吊兰为百合科吊兰属多年生常绿宿根草本植物。花期在春夏间。吊兰喜欢温暖阴湿的气候，适于长期生长在湿润、半阴的环境中。对土壤的要求比较高，喜欢疏松、肥沃、沙质的土壤。吊兰的耐寒力较差，也不喜欢炎热的生长环境，夏季的时候要注意遮阴，冬季的时候要注意保温。

（2）药用价值：吊兰的药用价值很高，全草都可以入药。有滋阴润肺、清热化痰和止咳祛痰以及活血的功效。可以用来治疗发热感冒、肺热或是肺阴虚、咳嗽、吐血咯血等症。另外，还可以煎服治疗咽炎等口腔疾患。

（3）净化功能：吊兰有很好的空气净化作用，它可以吸收空气中的一氧化碳、二氧化碳、甲醛和苯等对人体有害的气体；另外，吊兰发出的气味还可以杀灭空气中的病菌。

（4）摆放要点：吊兰在居室内的摆放一般都是悬挂式、壁挂式的。可将吊兰悬挂在居室的高处，使它的枝蔓自然下垂。在居室中用吊篮栽种吊兰悬挂在居室的顶面，这样可以不占用居室的地面空间，又可以使它充分展现枝叶蔓垂的美，比较有立体感。

16. 万年青

万年青因为四季常青，所以得名万年青，也叫冬不凋草。它具有吉祥如意的象征。

（1）生态习性：万年青是百合科万年青属常青常绿草本植物，植株的高度一般是50厘米左右，叶片长而且肥厚。花期在5～6月。花形呈穗状，由小花密集而成。果实成熟在9～10月，浆果是球状的，颜色为红色或是橘红色。万年青喜欢温暖湿润而光照强度不大的环境。夏季的时候要注意遮阴，避免强烈的光照；冬季时要生长在阳光比较充足的环境里。要求肥沃、微酸性的沙土壤。另外，万年青较为耐寒。

（2）药用价值：万年青的叶片、根茎都可以入药。它的叶片、根茎中含有万年青甙，有强心作用，并有清热解毒、强心利尿的功效。当出现疔疮肿毒、水火烫伤、乳腺炎和毒蛇咬伤时，可以用万年青捣碎成烂泥状敷在患处。

（3）净化功能：万年青可以吸收空气中的有害气体，它释放的气味可以杀死空气中的一些细菌，起到净化居室空气的作用。

（4）摆放要点：盆栽的万年青，可以摆放在书房、客厅和门廊等地；还可以在家中阳台的种植池以及庭院露地栽种万年青。

（5）注意事项：万年青可以作药用，但同时也有一定的毒副作用，所以内服时应严格控制食量。另外，孕妇不可服用万年青。

17. 大丽花

大丽花的形态像菊花，所以也叫大丽菊、苕菊。大丽花的地下根茎和地瓜的根茎很相像，所以又有地瓜花的俗称。此外，大丽花还有天竺牡丹、洋菊和洋芍药等别名。

（1）生态习性：大丽花为菊科大丽花属多年生草本花卉。植株的高度在50～250厘米；花期在6～10月。开白色、黄色、橙色、红色或是紫色的花，有些还开双色花。大丽花喜阳光充足、气候干燥而凉爽的环境，适宜的生长温度是10～30℃。大丽花的耐寒和耐热性都不太强。

（2）药用价值：大丽花的叶、根、茎和花都可以入药。据研究，大丽花的根茎内含有与葡萄糖作用相似的成分，此外，还有清热解毒的作用。当出现疔疮肿毒时，可以将大丽花捣成烂泥状敷在患处。

（3）净化功能：大丽花可以吸收空气中的有害气体，如二氧化碳、硫化氢等，对居室空气起到净化的作用。

（4）摆放要点：大丽花可以露地栽种在屋顶花园和庭院中。另外，中小型的大丽花可以作为插花的材料。

18. 君子兰

君子兰因为植株风度翩翩，有君子的风度，开出的花像兰花，所以得到了君子兰这个美名。另外，君子兰还有大花君子兰、达木兰等别名。

（1）生态习性：君子兰为石蒜科君子兰属多年生草本植物，叶形似剑。开花以春夏季为主，可以终年开花，花形由 7～30 朵小花组成。君子兰喜温暖、凉爽和光照强度不很强，温度在 15～25℃ 的环境。君子兰有一定的耐旱性，但耐寒性较差，忌强光直射。

（2）净化功能：君子兰可以吸收空气中的一些有害气体，如二氧化碳、一氧化碳以及硫化氢等，对净化居室空气有明显作用。

（3）摆放要点：在室内盆栽的君子兰，可以摆放在客厅、书房和卧室里。

19. 晚香玉

晚香玉因为在夏季夜晚开花，散发出浓郁的香味，所以得名晚香玉，另外，它还有夜来香、夜怀香和月下香的别名。

（1）生态习性：晚香玉为石蒜科晚香玉属多年生球根类草本植物。植株可高达 1 米多，花期一般在 7～10 月，花香浓郁。晚香玉喜阳光好、温暖，土壤肥沃而且湿润的环境。

（2）净化功能：晚香玉对空气中的一些有害气体有较强的清除作用，是美化、净化庭院环境的理想花卉。

（3）摆放要点：晚香玉因为有较浓郁的香味，可以对室内的空气起到净化作用；还可以用作插花的材料或者是盆栽，摆放在门厅、门廊等处。

（4）注意事项：晚香玉的香味较为浓郁，体质较弱者，特别是患有心血管疾病的患者，不可以将晚香玉摆放在卧室里。

20. 留兰香

留兰香花香甜美，有香花菜和绿薄荷的别名。

（1）生态习性：留兰香为唇形科薄荷属多年生草本植物。植株高大，多是 1 米左右，夏季和秋季开花。留兰香喜湿润、阳光充足的环境，它有较强的耐寒能力，适应性比较强。

（2）食用价值：留兰香的香味较特别，甜美清凉。用叶茎可以提取绿薄荷油，用于制作糖果、点心等食品的辅料。

（3）净化功能：留兰香可以清除空气中的有害气体，如一氧化碳、二氧化碳和硫化氢等；另外，还有较强的避秽去浊的作用。

（4）摆放要点：留兰香可以在布置屋顶花园时种植；在室内可以盆栽，摆放在书房、客厅等处；留兰香还可以用作插花材料，制成的插花可以放在卫生间。

（5）注意事项：留兰香的香味甜美清凉，有较强的醒脑提神的作用，忌摆放在卧室，以免造成失眠。

21. 唐菖蒲

唐菖蒲因它的叶子形状似剑，所以又称剑兰。另外，唐菖蒲还有十样锦、扁竹莲和尧韭的别名。

（1）生态习性：唐菖蒲为鸢尾科唐菖蒲属多年生草本植物。一植株高度在 1～2 米；花大，有各种颜色，如白、粉、黄、红、浅紫、蓝等，而且有开双色花的品种。

（2）药用价值：唐菖蒲的茎叶都有药用价值，并含有维生素 C。它的球茎有清热解毒和消肿等作用。如痈疮肿毒时，可以将唐菖蒲的新鲜球茎捣烂，敷在患处；治疗腮腺炎时，可将唐菖蒲的新鲜球茎捣烂，取汁，涂抹患处。

（3）净化功能：唐菖蒲对大气中氟化氢等有毒气体反应敏感，可以用来监测大气污染。

（4）摆放要点：因为唐菖蒲对空气中的有害气体有比较敏锐的反应，所以可将它摆放在室内以监测室内的空气质量。可以盆栽于居室内，也可以制作插花摆放于室内。

22. 蜀葵

蜀葵因为生长在四川，花形较大，与葵菜很像，所以得名蜀葵。又因为它长得比较高，可达 3 米左右，而且开红花，所以也叫一丈红。此外，它还有蜀季花、什锦花、端午花等别名。

（1）生态习性：蜀葵为锦葵科蜀葵属多年生宿根草本植物。花期在 5～9 月。开各种颜色的花，有深红、浅红、白、紫、蓝和墨紫等颜色。蜀葵喜肥沃深厚的土壤，喜凉爽、光照不很强的环境。它适应性较好，并有较强的耐寒能力。

（2）食用价值：蜀葵的嫩苗和鲜花可以用作蔬菜食用；蜀葵花瓣中的色素易于溶解，可以用作点心和饮料的着色剂。

（3）药用价值：蜀葵具有除热、祛除浓血、利小便和通利肠胃功效，可以入药。

（4）净化功能：蜀葵对于空气中的一些污染气体有较强的抗性，如硫化氢、二氧化硫和氟化氢等，可对居室周边的空气起到净化作用。

（5）摆放要点：蜀葵一般用作背景材料，如在庭院的墙角、篱笆边种植蜀葵，有较好的绿化效果；还可以盆栽，具有较高的观赏价值。

（6）注意事项：蜀葵因其性寒凉，不可多食；也不宜与猪肉一起食用。

23. 秋海棠

秋海棠因为在秋季开花，而且花美如海棠花，所以得名秋海棠。另外，它还有八月花、相思草和断肠花的别名。

（1）生态习性：秋海棠为秋海棠科秋海棠属多年生草本植物。植株高度在50~70厘米。花期在8~9月。花色浅红，间有白黄者更为名贵。秋海棠喜欢温暖湿润的环境，不宜直接在阳光下暴晒。它对土壤的要求比较高，疏松且通透性比较好，酸性的腐殖质土壤适宜其生长。

（2）食用价值：秋海棠的叶片、花朵都可以食用，可将秋海棠的花瓣和少量的面粉和匀，用油炸好，食用时蘸以白糖或是蜂蜜，秋海棠的叶片可以绞汁当饮料饮用。

（3）药用价值：秋海棠的叶片、根系和茎都可以作药用，有活血止血、散淤消肿、利尿、止痢和补虚的作用。可以用水煎秋海棠的根茎，加以红糖或白糖调服以治疗痢疾。

（4）净化功能：秋海棠对大气中的氮氧化合物有比较敏锐的反应，可以用来监测和预防大气污染。秋海棠还对氟化氢有较强的吸收能力，可以清除空气中的氟化氢以净化空气。另外，有些品种的秋海棠还有其特殊的环保作用，如柔毛秋海棠的植株比较多毛，可以捕拦空气中的粉尘，在室内盆栽这类秋海棠，可以给居室提供天然的"吸尘器"，起到净化室内空气的作用。

（5）摆放要点：盆栽秋海棠，适宜摆放在客厅、书房和卧室里。

24. 睡莲

睡莲因为花叶酷似荷花、白天开花、夜间闭合而得名睡莲。也因它的花叶浮于水面而又取名为水浮莲。另外，它还有金莲、子午莲、午时莲的别名。

（1）生态习性：睡莲是睡莲科，属多年生水生草本植物。叶片呈圆形或卵状的椭圆形，花有白、红和黄等颜色，独生于细长的花柄顶端。睡莲喜阳光充足，温度高、湿度大的水生环境。要注意的是睡莲在光照不足的条件下是不开花的。

（2）食用价值：睡莲的根系含有很多的淀粉，可以食用，也可用来酿酒。

（3）药用价值：睡莲的叶、花和根都可以入药。有消暑、清肺、安神、止汗、定惊和解酒的功效。如可用7朵睡莲花煎汤服用治疗小儿惊风；用水煎15克的睡莲根茎以治疗盗汗。

（4）净化功能：睡莲的根系有净化污水的作用，因为它可以吸收水中的铅、汞和苯酚等有毒物质，还能过滤水中的一些有害微生物。

（5）摆放要点：睡莲是水生植物，在家中养植睡莲可以在庭院中建一水池来养植；还可在客厅中用金鱼缸、玻璃缸等器皿来养植。

25．天竺葵

天竺葵的花形似彩球，由几朵或是十几朵小花聚在一起形成，所以它又有绣球花、洋绣球的别名。另外，天竺葵还有石蜡红、洋葵等别名。天竺葵的种类很多，有金边天竺葵、银边天竺葵、银心天竺葵等。

（1）生态习性：天竺葵为多年生草本植物。天竺葵有特殊的气味。花期比较长，一般在4~6月。开深红色、大红色、桃红色的花朵。天竺葵喜阳光充足，温度在10~25℃，土壤疏松且有较好排水性的环境。天竺葵耐干燥、耐低温，但忌水湿。

（2）药用价值：天竺葵的叶片、花朵、根茎都可以入药。有清热解毒和收敛的功效。可将天竺葵捣烂成泥状，敷在患处以治疗痈疮和乳腺炎；还可用天竺葵的花榨汁滴进耳朵，以治疗中耳炎。

（3）净化功能：天竺葵对空气中的氯气有比较强的抗性，对遭受氯气污染的空气能起到净化作用。

（4）摆放要点：天竺葵在家中一般栽种在庭院里，还可采用小型盆栽形式。

（5）注意事项：过敏体质的人不宜与天竺葵长期接触，因它会导致皮肤瘙痒症。

26．熏衣草

熏衣草因为经常在收藏贵重衣物时驱虫防虫用，所以得名熏衣草。另外，它也叫香草，因为它有浓郁的香味。

（1）生态习性：熏衣草为唇形科多年生草本或小矮灌木，植株高可达1米。花期是春季和秋季，开淡蓝紫色、粉红色或是粉白色的花。熏衣草忌高温和多水，夏季时喜欢凉爽干燥的环境，冬季时喜温暖湿润的环境。

（2）药用价值：熏衣草可以入药，用于治疗神经性心跳和腹痛等病症。

（3）摆放要点：熏衣草可以露地栽种在庭院中，也可盆栽摆放在室内，如客厅、书房、门廊和卫生间等处。

27. 仙人掌

仙人掌因为形态扁平酷似手掌而得名。它的茎节上长满细小的刺。

（1）生态习性：仙人掌为仙人掌科仙人掌属多肉植物，经常是丛生的，呈大灌木状。夏季时开花；果实呈梨形，红色或是紫色。仙人掌喜干燥、阳光充足的环境，忌水涝，要求疏松的沙质土壤。仙人掌有很强的耐干旱性，但抗寒性和耐湿性都比较差。

（2）食用价值：仙人掌的茎和果实都可以食用。如富含营养成分的果实俗称为"仙人桃"，可制作成果酱和果汁；仙人掌的茎可以制成蜜饯食用，还可腌制食用；仙人掌能酿酒，仙人掌的汁可以用作糖果和糕点的天然色剂。

（3）药用价值：仙人掌入药的历史已经很久，它有清热解毒、消肿止痛的作用。可用来治疗腮腺炎、乳腺炎、疮疖痈肿等病症。将仙人掌去皮和刺后，捣烂敷于患处，能治疗水火烫伤。

（4）净化功能：仙人掌有很好的空气净化功能，它能吸收空气中的二氧化碳。

（5）摆放要点：因为仙人掌喜干燥、阳光充足的环境，所以可将仙人掌养植在庭院中。盆栽在室内时要注意摆放在靠近吸收阳光比较好的位置如窗台、阳台等处。

（6）注意事项：因为仙人掌的茎节上长满细小的刺，容易刺伤人。所以，有小孩的家庭最好将仙人掌摆放在高处，避免刺伤孩子。

28. 仙人球

仙人球呈球形或是短圆柱形。仙人球的品种有很多，有的刺如针样，有的白毛披身，有的则没有刺；有的仙人球呈红色，有的呈黄色，有的则是橙色。

（1）生态习性：仙人球是仙人掌科仙人球属多浆植物。植株可以单生，也可以是丛生，高度可达到70厘米左右。花期在7～9月，一般是傍晚开花，第二天清晨凋谢，夏季休眠。仙人球喜干燥、阳光充足的环境，忌水涝。要求肥沃程度适中并含石灰质的土壤。仙人球有很强的耐干旱性，也比较耐寒。

（2）药用价值：仙人球可以配合其他的药煎服，用来治疗胃溃疡、十二指肠溃疡和痢疾等病症；仙人球外用时则可治疗水火烫伤、乳腺炎和虫蛇咬伤等症。

（3）净化功能：仙人球可以吸收空气中的二氧化碳。

（4）摆放要点：因为仙人球喜干燥、阳光充足的环境，所以家居中一般将仙人球养植在庭院中；养植在室内时要注意摆放在靠近吸收阳光的地方，如客厅的高几上。

（5）注意事项：因为仙人球的球形茎节上长满细小的刺，容易刺伤人。所以，有小孩的家庭要注意不要让孩子靠近仙人球，避免刺伤。

29. 紫藤

紫藤因是藤本植物，且开紫色花而得名。它还有藤萝、朱藤、葛花、葛藤和藤蔓树的别名。国外的两个著名的紫藤品种是开白色或淡黄色的日本夏藤和开紫色花的美国藤。

（1）生态习性：紫藤是豆科紫藤属大型落叶木质藤本植物。植株高有十几米。紫藤是雌雄同株的开淡紫色花的植物。紫藤喜阳光和高温的环境。要求深厚且肥沃的沙质土壤。紫藤有较好的耐旱、耐阴和耐寒性，但不耐涝。

（2）食用价值：紫藤的叶子和花朵都是可以食用的。如市场上销售的"藤萝饼"就是用紫藤的花瓣做成的；紫藤的嫩叶和花瓣可以洗净后，炒熟食用。

（3）药用价值：紫藤的全株都可以用作药材。有解毒、除虫和止泻的作用。另外，它的茎有抗癌的功效；它的花有利小便的作用，如用水煎紫藤花成膏，冲服以治疗腹水肿胀。

（4）净化功能：紫藤对空气中的氯气、二氧化硫和氯化氢等有毒气体有比较强的抗性，可以对遭受污染的空气起到净化作用。

（5）摆放要点：紫藤的摆放方法有两种：一是露地种植在庭院、墙角下。紫藤是攀缘性植物，可以顺着院墙向上攀缘，爬满院墙面，有较好的绿化作用。二是制作成盆景或是插花，将它摆放在居室的客厅、卧室和门廊等处，以美化环境。

30. 金银花

金银花初开时是白色的，逐渐成熟为金黄色。因为花期的不同，植株会出现黄白两种颜色的花，所以得名金银花；又因为金银花是藤本植物，故有金银藤之称谓。另外，金银花还有忍冬、鸳鸯藤、金钗股的别名。

（1）生态习性：金银花是忍冬科忍冬属多年生常绿或是半常绿藤本植物。植株可高达5米。夏秋季开花，花期在4～6月，花色先白后黄，有芬芳的香味。果期在 8~10 月。金银花喜阳光和肥沃的土壤，有较强的耐寒、耐旱性。

（2）食用价值：金银花散发出芳香的气味，可以与茶叶一起泡服，也可单独泡服（代茶饮），夏季经常饮用，有消暑明目的作用。

（3）药用价值：金银花是一种很好的中草药，有清热解毒、生津止渴、消炎杀菌和止痢等功效。可以用来治疗疔疮肿毒、热毒血痢和热盛津亏等症。

（4）净化功能：金银花对空气中的一些有害气体有比较强的抗性，如一氧化碳、二氧化碳等，并可以杀灭空气中的一些病菌。

（5）摆放要点：金银花的摆放方法有露地栽种、盆栽和制作盆景。可在庭院里、阳台的栏杆上栽种金银花；还可在盆里种植金银花，摆放在客厅、餐厅和门廊等处；也可用金银花制作盆景，置放在客厅、卧室等处。

31. 爬山虎

爬山虎因为有很强的爬墙能力，可以从墙底爬上墙顶，所以又称为爬墙虎；它还有地锦等别名。

（1）生态习性：爬山虎是落叶藤本植物。它的茎蔓上有分枝卷须，其顶端有吸盘，借以吸住墙壁向上爬升。花期在 6 月开黄绿色小花。果期在 10 月，结蓝紫色的浆果。爬山虎喜阴湿、土壤肥沃的环境；但也可以在任何的环境中生长，因为它有很强的生命力，耐寒性和耐湿性都比较强。

（2）药用价值：爬山虎的藤茎和根都可入药。有止血活血、消肿解毒、祛风活络和止痛的功效。可以用来治疗疔疮的初起、风湿关节痛和跌打损伤等症，如将爬山虎的新鲜叶片捣烂成泥状外敷来治疗疔疮的初起。

（3）净化功能：爬山虎对空气中的一些有害气体有比较强的抗性，如二氧化硫，可以起到净化空气的作用。

（4）摆放要点：爬山虎最大的绿化特点是装饰墙壁。它是垂直绿化的好材料，可以很均衡地爬上墙壁，铺满墙面，夏季似绿毯，秋季像五彩斑斓的锦被。因此可以将爬山虎栽种在院墙的底部，用于绿化墙面。

32. 龟背竹

龟背竹的叶片呈椭圆形，中部叶脉间有两列椭圆形的孔，形状与龟背极其相似；它的茎同竹一样有节且常青，所以称为龟背竹。（1）生态习性：龟背竹是常绿藤本植物，但它并不像别的藤本植物那样具有攀缘性或是缠绕性。龟背竹是雌雄同株的植物，花期在8~9月，开淡黄色、长20~25厘米的花序；果实是长椭圆形的淡黄色浆果。耐旱、耐寒性较差，但有比较好的耐阴性，龟背竹适宜生长的温度在温度为 22～26℃湿润的环境中。忌阳光的直射。

（2）食用价值：龟背竹的花朵和果实有一定的食用价值。如它的淡黄色花序，可以当作蔬菜食用；花序外的苞片可以生食，还可以裹上一层面油炸吃。它的淡黄色浆果可以当作水果食用，也可榨汁当饮料，有菠萝的味道。

（3）净化功能：龟背竹对空气中的有害气体有比较强的清除作用，能清除一氧化碳、二氧化碳等。

（4）摆放要点：不同大小的龟背竹的摆放方法是不同的。大型的龟背竹可以盆栽在庭院里，门廊里；中小型的龟背竹可盆栽摆放在书房、客厅或是卧室里。具有很高的观赏价值，但要注意的是要尽量将它栽种在半阴处。

33．腊梅

腊梅因为花的外观如蜡，而且与梅花的开花时间相同，花姿态和花香都与梅花极其相像，所以也叫蜡梅；另外，它叫腊梅，是因为它在农历腊月开花。腊梅还有黄梅、寒客、久客、檀香梅等别名。

（1）生态习性：腊梅是腊梅科腊梅属落叶灌木，植株高度在2～4米，丛生。在冬季开花，花香浓郁。耐寒、耐旱、耐阴；怕冷风、怕水涝、怕高温。要求疏松、中性或是微酸性的有良好排水性的土壤。

（2）食用价值：腊梅的花可以用作花茶，有生津止渴的作用，而且可以从花朵中提取芳香油。

（3）药用价值：腊梅的根、花朵和茎都有药用价值。有祛风除湿、生津止渴、解暑、止咳的作用。可以用来治疗风湿病、暑热、津少口渴、咳嗽等病症。如久咳不止时，可以用花泡开水当茶喝，以治疗久咳。

（4）净化功能：腊梅对空气中的有害气体有比较强的清除作用，还可以吸收掉空气中的水银挥发气体。

（5）摆放要点：一般来说，腊梅在室内多制作成盆景和插花，摆放在客厅、餐厅和卧室等处。如用腊梅制作插花时，可以配以梅花、南天竹等别的花卉，呈现出绿叶、黄花、红花相映的美丽景象。

34．茉莉花

茉莉花是由国外传入中国的，古时还有茉利、抹厉、抹丽的写法；茉莉花的别名有奈花、远客等。

（1）生态习性：茉莉为木樨科茉莉花属常绿小灌木，它的植株最高可达 3 米。枝条有点像藤状。花期很长，一般是从夏季开到秋季，花有很浓郁的香味。

（2）食用价值：茉莉花可以用于制作花茶，泡茶时可以直接用几朵茉莉花泡茶，也可以和一般的茶叶一起泡制，泡出的茶有清丽的香味。另外，茉莉花还可用作蔬菜炒了食用；用于做汤，使汤的味道非常有特色。

（3）药用价值：茉莉的花朵、叶片和根都可以入药。可以用于治疗目赤肿痛、跌打损伤、中耳炎等病症，如用茉莉花制成的水剂可治疗角膜炎。另外，蒸的茉莉花汁液有美容的作用。

（4）净化功能：茉莉花对空气中的多种有害气体有比较强的清除作用，如一氧化碳、二氧化碳、硫化氢和氯气等。

（5）摆放要点：茉莉可以盆栽或是制作盆景摆放在居室中，如客厅、书房和卧室等。

35. 夜丁香

夜丁香因为在夏季的夜晚开花，散发出浓郁的香味，而且形状与丁香花相似，所以得名夜丁香。又名夜香树、夜香花。

（1）生态习性：夜丁香为茄科夜香树属常绿灌木，植株高度多在 2~3 米。花期在 7~10 月，花朵白天闭合，夜间开放。夜丁香喜有阳光、温度在 20~35℃、通透性好的环境；要求疏松且肥沃的土壤。夜丁香的生命力强，有较强的适应能力，但耐寒性不够好，忌寒冷。

（2）食用价值：夜丁香的花可以食用，如煮汤或是炒菜，味道鲜美。另外，夜丁香可用于制作香油和茶叶。

（3）药用价值：夜丁香的花朵、叶片和根都有药用价值，它有清热、明目和消肿的作用。可用于治疗角膜炎、结膜炎、疔疮肿毒和溃疡等，用水煎汁服用，也可以将夜丁香捣烂成泥外敷。

（4）净化功能：夜丁香散发出来的香味有一定的驱除蚊子的作用，夏季可用于驱蚊。

（5）摆放要点：夜丁香可以盆栽放在室内，如摆放在门廊、客厅、卫生间等处。

（6）注意事项：虽然夜丁香散发出来的香味有一定的驱除蚊子的作用，但人与这种香味接触久了会出现头昏的现象。所以，夜丁香开花时一般不摆放在书房和卧室。

36. 玫瑰

玫瑰有美玉、珍珠的意思。因为玫瑰用分株繁殖极易成活，所以又叫

"离娘草"。此外，它还有徘徊花的美名，因为玫瑰花会使人徘徊流连。

（1）生态习性：玫瑰是蔷薇科蔷薇属落叶灌木。有刺，花期是 4～5 月。开各种颜色的花，有红、白、紫等色。玫瑰喜欢阳光、温暖环境。土壤要求肥沃，有较好的透水性。玫瑰的耐寒、耐旱性都比较强，但耐涝性较差。

（2）食用价值：玫瑰的食用价值主要表现在玫瑰花上，可以从中提取香料，这种玫瑰精油可用于食品、医药及化妆品工业；玫瑰花还可以食用，如用糖渍发酵制成玫瑰酱，还可制成玫瑰酒、玫瑰茶和玫瑰糖糕等。

（3）药用价值：玫瑰的花朵和根可以入药，具有清凉解毒、消肿止痛和活血止血的作用，可以用于治疗痈肿疮毒、血淤、出血等症。

（4）净化功能：玫瑰对空气中的一些有害气体有比较强的吸收作用，如氟化氢等。

（5）摆放要点：玫瑰可以盆栽摆放在家中，也可在居室的屋顶花园种植；在庭院养植，可作为篱笆用；也可以作插花用或单枝插放在瓶中。

37．木香

木香别名木香藤。

（1）生态习性：木香是蔷薇科蔷薇属半常绿攀缘灌木。花期在 5～6 月，开白色或黄色的花；果期在 9～10 月，果实红色，呈球形。木香喜阳光，土壤要求肥沃，有良好的通透性，且是沙质的。木香的生命力强，适应性强，可以在简单的管理下成活。

（2）食用价值：木香花可以食用，可将未开的木香花用于制茶；还可将木香花用白糖腌渍，制成木香花糕，味道鲜美。

（3）净化功能：木香对空气中的多种有害气体有比较强的抗性，如一氧化碳、二氧化碳、氟化氢和硫化氢等，可以有效的净化和美化环境。

（4）摆放要点：因为木香是攀缘植物，所以可以将木香栽种在墙壁下，使其向上攀缘，爬满墙壁，用于绿化墙面；也可以在庭院或是屋顶花园里栽种木香，但需制作花架；此外，木香还可以用作插花的材料，制成插花摆放在客厅、餐厅或是书房里。

38．夹竹桃

夹竹桃因为花像桃花，叶似竹，所以得名夹竹桃；也有人说它的叶似柳，所以也叫柳叶桃。

（1）生态习性：夹竹桃为夹竹桃科夹竹桃属常绿灌木。植株高度可以达到 6 米。花期较长，夏季到秋末，开各色的有着杏仁香味的花。夹竹桃喜欢充足的阳光、肥沃的中性土壤和温暖湿润的环境。

（2）药用价值：夹竹桃的叶片、花朵和树皮都可以用作药。有强心利尿、化痰定喘和祛淤消肿的功效。可用于痰多咳喘等症。另外，夹竹桃的果实和叶片都是有剧毒的，可以用来杀灭苍蝇和蚊子之类的害虫。

（3）净化功能：夹竹桃对空气中的多种有害气体有比较强的抗性和吸收作用，如二氧化硫、氯气和烟尘等有毒有害气体。据测定，面积1平方米的夹竹桃叶子可以吸收5克左右的烟尘。可见，夹竹桃有良好的消除烟尘、净化空气的作用。

（4）摆放要点：夹竹桃有很好的美化居室的作用。可以在居室内盆栽夹竹桃；也可以在屋顶花园里露地栽种；另外，还可以用作插花材料。

（5）注意事项：夹竹桃有姿美味香的枝、叶和花，但它都是有毒的，不管是人还是其他的动物误食了都会中毒，甚至有生命危险。作为药用时一定要掌握好量（应在医生的指导下使用）。另外，夹竹桃散发出来的气味有一定的抑制作用，因为可以使人昏昏欲睡，所以一般不摆放在书房和客厅，可以摆设在卧室。

39. 栀子

栀子因为果实像古时用的酒杯而得名；又因为它生长在山地，所以也叫山栀子；另外，栀子还有黄栀子、越桃、木丹、林等名称。

（1）生态习性：栀子是茜草科栀子属常绿灌木。植株的高度一般在3米左右，花期在4~5月，花大白色，有浓郁的香气，果期在11月，形态特别。栀子喜阳光充足、温暖湿润的环境。土壤要求酸性且肥沃。栀子的耐寒性较差，必须温度在18℃以上才能开花。

（2）食用价值：栀子的食用价值主要表现在栀子花上，栀子可以用于制作茶；也可与面粉和油调匀制作糕点。

（3）药用价值：栀子的花朵、叶片、果实和根都可以入药，具有清热解毒的作用。栀子的根研磨成粉称为天花粉，可以治疗肺热咳嗽、热毒生疮和血淋、鼻出血等病症。

（4）净化功能：栀子花有较强的环保功能。它对空气中多种有害气体有比较强的抵抗作用和吸收作用，如二氧化氮、氧化氢和硫等。据有关的数据显示，1千克的栀子叶片可吸4.4克的硫，可见，栀子有较好的吸硫、净化空气的作用。

（5）摆放要点：栀子有很好的美化居室的作用。可以在室内盆栽栀子；也可以在屋顶花园，庭院露地栽种栀子；另外，还可以用栀子作插花材料或是用它们编织花篮，悬挂在居室里。

40．扶桑

扶桑因为叶片和桑叶的叶片很像，而且一般是两棵树同根生长，所以得名扶桑；又因为扶桑的花形、花色与木槿花相似，所以又有朱槿、朱槿牡丹、赤槿、大红花的美名。

（1）生态习性：扶桑是锦葵科木槿属常绿大灌木。植株的高度可以达到6米；全年都可以开花，以夏秋季为最旺盛；花有红、黄、粉等各种颜色。扶桑喜阳光充足、温暖湿润、土壤微酸的环境；扶桑的耐寒、耐阴和耐旱性都较差，在北方养植时要注意保温越冬。

（2）食用价值：扶桑的食用价值主要体现在扶桑花上，扶桑花可以当作蔬菜食用，还可以当作色素使用。

（3）药用价值：扶桑的花朵、叶片和根都可以入药，有清热解毒、利水、止咳和消肿、调经的作用。可用于治疗月经不调、痈肿疮毒、肺热咳嗽等病症。如将新鲜的扶桑叶片或花朵，捣烂成泥状外敷患处以治疗疔疮初起。

（4）净化功能：扶桑对氯气有比较强的吸收作用。

（5）摆放要点：扶桑有很好的美化环境的作用，可在庭院露地栽种扶桑；也可在居室内盆栽扶桑，摆放在书房、客厅和过道等处；另外，还可以用扶桑的花枝作插花材料。

41．铁树

铁树因为树干如铁打般的坚硬，喜欢含铁质的肥料，所以得名铁树。另外，铁树因为枝叶似凤尾，树干似芭蕉、松树的干，所以又名凤尾蕉、凤尾松。

（1）生态习性：铁树是苏铁科苏铁属常绿植物。茎干都比较粗壮，植株高度可以达到8米。花期在7～8月。雌雄异株，雄花在叶片的内侧，雌花则在茎的顶部。铁树喜强烈的阳光、温暖干燥的环境。要求肥沃、沙质、微酸性、有良好通透性的土壤。铁树的耐寒性较差，多是栽种在南方，在北方栽种时植株会比较矮小。

（2）食用价值：南方有些地方的人食用铁树的嫩叶，把它当作蔬菜吃；还把它茎部的淀粉取出，制成一种叫"西米"的食品，味道甜美。

（3）药用价值：我国古代医学家早就发现了铁树的药用价值，如《本草纲目拾遗》记载铁树可以"消食宽中、除痰止嗽、益气润颜"。铁树的花朵、叶片、果实和茎髓都有药用价值，有活血止血、消炎止泻的功效。如用铁树花治疗吐血和咯血等症。

（4）净化功能：铁树对空气中的二氧化硫有比较强的净化作用。

（5）摆放要点：铁树四季常青，是较好的观赏植物，可以美化庭院、居室。可以在庭院露地栽种铁树，也可以用大盆栽种；在居室内摆放，可摆放在客厅和过道等处。

（6）注意事项：铁树的根和茎顶部的心是有毒的，用铁树的根和茎作药用要充分注意。

42．石榴

石榴是从国外传入中国的。石榴还有若榴、丹若、金罂和天浆的别名。石榴有花石榴和果石榴两类。

（1）生态习性：石榴是石榴科石榴属落叶小乔木。植株高度可以达到5米，叶片与柳叶相似。花期在5～6月，花有黄、白、红和红白相间等颜色；果实在秋季成熟，呈黄红色，多汁，可以食用。石榴喜阳光充足，温度在22～25℃，土壤肥沃的环境。石榴的耐寒、耐涝性较差。

（2）食用价值：石榴的食用价值主要表现在石榴果上，可以酿酒；石榴的子粒多汁，甜中带酸，是一种很美味的水果，也可以用榨汁机榨汁当饮料饮用。

（3）药用价值：石榴的果实、花朵、叶片都有药用价值。如石榴果有生津止渴的作用；叶和花可以治疗出血、痢疾和水火烫伤等症；煅烧的石榴根有治疗黄水疮的作用；鲜石榴可以治疗牛皮癣。

（4）净化功能：石榴叶对空气中的二氧化硫和氯气有比较强的抵抗作用，有关数据表明，每千克的石榴叶可以净化6克左右的二氧化硫。

（5）摆放要点：石榴的植株姿态优美，有较高的观赏价值，可以在庭院露地栽种石榴；小石榴和墨石榴等小型石榴也可以盆栽，在居室内摆放，可摆放在书房、客厅和过道等处。

（6）注意事项：石榴的根皮有毒，内服的时候要注意。

43．丁香

丁香因为花形细长如钉，而且有芬芳的香味，所以得名丁香；另外，丁香还有百结、情客的别名。

（1）生态习性：丁香是木樨科丁香属落叶灌木。植株的高度在3～4米。花期在4月，开各种颜色的花，花香甜美。丁香喜阳光充足、温暖湿润的环境。对土壤的要求不高，丁香的耐寒和耐旱性都较好。

（2）药用价值：丁香有较好的药用价值，如丁香有暖胃、暖肾和止呕的作用；可用于治疗腹胀、胃寒和呕吐的病症。现代医学认为丁香的花蕾里含有的挥发油有抑制细菌的作用。

（3）净化功能：丁香对空气中的二氧化硫和氟化氢等多种有害气体有比较强的抵抗作用，可在住宅小区栽种丁香，以绿化美化环境。

（4）摆放要点：丁香可以露地栽种在庭院里；也可以盆栽摆放在居室内，如摆放在书房、客厅和过道等处；还可以作为插花的材料，制作插花，摆放在书房、客厅和过道等处。

44. 无花果

无花果因为开的花很小，而且隐蔽，不易看见，人们误以为它是不开花的，所以才得了"无花果"的名称。它的别名是映日果。

（1）生态习性：无花果是桑科榕属落叶灌木。高度一般是 3～5 米；无花果的果实是由花形成的。无花果喜欢温度在 25～30℃，适于稍干燥、土壤沙质、排水性好的环境；一般在南方多见，北方可用盆栽养植。

（2）食用价值：无花果的食用价值主要表现在果实上。无花果的果实直接食用味道鲜美，而且含有丰富的营养，适合于各个年龄段的人食用；也可以蜜饯无花果的果实，作为零食食用；有些冻霜后未成熟的无花果可以制成蜜煎果。

（3）药用价值：无花果有较好的药用价值。有健脾益肺、化痰理气、清肠、通乳、清热解毒等功效，可以治疗肠炎、热盛生疮、痰多哮喘等病症。现代医学证明，无花果树的乳胶，果实的乳汁中，都含有一种可以抑制癌细胞的成分。

（4）净化功能：无花果对空气中的二氧化硫有比较强的抵抗作用，特别适宜在住宅区栽种，以净化空气、美化环境。

（5）摆放要点：无花果主要是露地栽种在庭院里；也可以盆栽摆放在居室内，如摆放在书房、客厅和过道等处。

45. 木槿

木槿花早上开花，傍晚掉落，所以有暮落花的名称；又因为花多红紫色，所以又叫朱槿；另外，木槿还有篱障花、碗麻花、芙蓉麻和面花的别名。

（1）生态习性：木槿是锦葵科木槿属落叶灌木。植株的高度一般在 2～3 米。花期很长，从夏季开始一直到秋末。木槿喜阳光充足、温暖湿润、土壤肥沃的环境。木槿可耐干旱和寒冷。

（2）食用价值：木槿的食用价值主要表现在木槿花上，以白色者为最好。木槿花可以与面、油和葱一起煎成"面花"食用；木槿花还可以和豆腐一起煮汤，味道鲜美。另外，木槿的嫩叶也可以用于煮汤，制作茶叶；红色的木槿叶还可以制作菜肴。

（3）药用价值：木槿的花朵、叶片和根都可以入药，有清热解毒、凉血和消肿的作用。可以用于治疗吐血、下血等出血症，如用冰糖加水煎煮木槿花，以治疗吐血症，还可以治疗疔疮痈肿和痢疾等病症。

（4）净化功能：木槿对空气中的二氧化碳和氯气等有害气体有比较强的抵抗作用，而且有一定的吸尘功能，可以在住宅小区和临近街道的居室旁栽种木槿，以净化空气，美化环境。

（5）摆放要点：木槿有很好的美化居室的作用。可以在庭院里露地栽种木槿，以点缀庭院；也可以在院子、墙壁的旁边种植，做成花篱或是绿篱，绿化院墙；还可以用木槿的枝条编织花篮或是其他造型，悬挂在居室里。

46. 木芙蓉

木芙蓉因为花似荷花，所以又叫木莲。

（1）生态习性：木芙蓉是锦葵科木属落叶灌木或是小乔木。植株高度一般是 3 米；花期在 10~11 月，开红色、白色和黄色的花。果期在 12 月。木芙蓉喜阳光充足、温暖湿润、土壤肥沃的环境；木芙蓉的耐湿性较好，但耐寒和耐旱性均较差。

（2）食用价值：木芙蓉的花有很好的食用价值，可用木芙蓉的花和豆腐一起煮，色泽艳丽，味道鲜美。

（3）药用价值：木芙蓉的花朵、叶片和茎皮都可以入药。有清热解毒、消肿止血、止痛的功效，可用来治疗痈疽肿痛、目赤、月经不调和虫蛇咬伤等症；另外，可用木芙蓉的花煎制的水来洗头发，有滋润头发的作用。

（4）净化功能：木芙蓉对一些有毒气体有比较强的吸收作用，如硫化氢、氟化氢和氯气等，有较强的净化空气的作用。

（5）摆放要点：可以露地栽种在庭院里；也可以盆栽摆放在居室内，如摆放在书房、客厅和过道等处。

47. 紫荆

紫荆因为颜色是紫色，植株形态像黄荆而得名。另外，紫荆还有红荆、满枝红、满条红等别名。

（1）生态习性：紫荆是豆科紫荆属落叶灌木。植株南北差异较大，在南方可以长成高大的乔木，在北方则多长成灌木。花期在 4 月，开红色的花；果期在8~9月。紫荆喜阳光充足、土壤肥沃的环境。有较强的耐寒性。

（2）药用价值：紫荆的皮和花梗是很好的药材。有清热解毒、消肿去痛、化痰和活血的功效。可以用来治疗风湿性关节炎、痰多、无名肿毒等症，用水煎煮紫荆花或树皮治疗风湿病；也可用酒加水煎煮紫荆的树皮治疗无名肿毒。

（3）净化功能：紫荆对空气中的氯气有比较强的抵抗作用，而且有较好的吸尘功能，适宜住宅小区和街道附近的居室绿化。

（4）摆放要点：紫荆有很好的美化居室的作用。可以露地栽种在庭院里，也可以盆栽摆放在居室内，如摆放在书房、客厅和门厅等处。

（5）注意事项：因为紫荆花的花粉会诱发或是加重哮喘症，所以有哮喘病患者的家庭一般不适合栽种。另外，紫荆的皮、花和枝，孕妇不宜服用，紫荆的种子不可以内服。

48．含笑

含笑因为开花时花瓣不完全开放，姿态像是少女在掩口而笑，所以得名含笑；又因为含笑的花香如香蕉味，所以又有香蕉花的名称。

（1）生态习性：含笑是木兰科含笑属常绿灌木或是小乔木。叶片呈椭圆形，花期在4~6月，傍晚开花；果实成熟在9月。含笑喜欢温暖的气候、肥沃的微酸性土壤。不耐干燥、烈日和贫瘠的土壤。

（2）食用价值：含笑的花有很好的食用价值，它里面含有芳香油，可以泡茶；还可以从中得取浸膏，用于食品加工。

（3）药用价值：含笑的花朵和叶片都可以入药。有除淤生新和调经的作用，如用新鲜的叶片煎水，用酒调匀抹擦患处，以治疗跌打损伤。

（4）净化功能：含笑对空气中的氯气有比较强的抵抗作用，而且它散发出的香味可杀灭空气中的结核菌和肺炎杆菌。可见含笑有很好的净化居室的作用。

（5）摆放要点：含笑可以盆栽装饰居室，如摆放在书房、客厅和过道等处；还可以作为插花的材料，制作插花；特别适宜摆放在卫生间作日常清洁之用。

49．海棠

海棠因为是从国外传入中国的，而且它的形状似棠梨，所以得名海棠。海棠还有海棠梨和海红的名称。

（1）生态习性：海棠是蔷薇科苹果属小乔木。植株高度可以达到8米。花期在春季，5~7朵花一起簇生，花色初为红色后变为粉红色。果实呈球形，黄绿色。海棠喜阳光充足、土壤沙质疏松的环境。海棠有较强的耐寒和耐湿性，但不耐阴和干旱。

（2）食用价值：海棠的叶片和果实都可以食用。如海棠的嫩叶可以当作茶叶，所以有些地方又把海棠叫作大叶毛茶、小叶毛茶、冬绿茶、花红茶等。另外，海棠的果实可以新鲜食用，也可以蜜饯或是加工成干果食用。

（3）净化功能：海棠对空气中的二氧化硫有比较强的抵抗作用。

（4）摆放要点：可以露地栽种在庭院里；也可以盆栽或是制作盆景摆放在居室内，如摆放在书房、客厅、卧室和门厅等处。

50．玉兰

玉兰因为它的花色如玉、花香似兰，因而得名玉兰；另外，玉兰还有白玉兰、白兰花、木兰、玉树、玉堂春等别名。

（1）生态习性：玉兰的花期因为各地的气候不同而有差别：南方的花期在2~3月；北方多在4月。玉兰喜湿润、半阴的气候，喜中性肥沃、有良好通透性的土壤。玉兰的耐寒性较强，但忌旱和涝。

（2）食用价值：玉兰的花有很好的食用价值。它的花瓣质地厚而且有清香，可以新鲜食用，也可以用面将花瓣调匀炸熟食用；玉兰种子可以榨油。

（3）药用价值：玉兰的树皮、花蕾都可作药，有明目、润肌的作用；可以用玉兰的花蕾泡水喝，有明目的功效。

（4）净化功能：玉兰对二氧化硫、氯气和氟化氢等有害气体有比较强的抵抗作用和吸收能力。有关数据表明，1千克的玉兰干叶可以吸收2克左右的硫。玉兰对氯气比较敏感，可以用来测定氯气污染。因此，在住宅区和街道附近的居室旁栽种玉兰，可以净化空气、美化环境。

（5）摆放要点：以露地栽种在庭院里，或取其枝作插花的材料。

51．白兰花

白兰花因为花是白色的，而且花香似兰花，所以得名白玉兰；白兰花还有白玉兰、白面花和玉兰棒的别名。

（1）生态习性：白兰花是常绿乔木。植株高度可以达到20米左右。花期在6~8月，开白色或是带有淡黄色的花，花香似兰花。白兰花喜阳光充足、温暖湿润及通风的环境。要求富含腐殖质，肥沃而疏松的微酸性土壤。白兰花的越冬温度应在5℃之上。

（2）食用价值：白兰花的花香甜美，可以用来泡茶，在泡茶时加入一两片的白兰花制作的茶叶，能增加茶叶的清新味道。

（3）药用价值：白兰花的叶片、花朵和根都可以入药。有消肿止痛、芳香化湿、祛痰止咳和利尿化浊的功效，可用来治疗痈疮肿痛、妇女白带、痰多咳嗽和慢性支气管炎、泌尿系统感染等病症。

（4）净化功能：白兰花对空气中的多种有害气体有比较强的清除作用，如二氧化硫、氯气、一氧化碳、二氧化碳等；还可有效地去除室内异味。

（5）摆放要点：白兰花四季常青，花期长，花姿美，花香甜，有很好的美化居室的作用。可以露地栽种在庭院里，有很好的观赏价值；也可制成盆景或插花摆放在居室内，如摆放在书房、客厅、卧室和门厅等处。

52. 合欢

合欢因为花合拢时是成对合拢的，所以得了合欢的美名；另外，合欢还有合昏、夜合和绒花树的别名。

（1）生态习性：合欢是落叶乔木，植株高度可达到 10 米左右。花期在 6~8 月，开的是由几十朵小花聚成的花序；果期在 9~10 月。合欢喜阳光充足、湿润、土壤肥沃且有良好排水性的环境。合欢的适应性较强，可以生长在多种环境中。

（2）药用价值：合欢的药用价值主要表现在皮上，它的皮叫合欢皮，是一种很好的中药材。有除烦、明目、消肿止痛、利尿和驱虫等功效。如用合欢皮研末成粉状治疗跌打损伤；合欢的花和花蕾也有安神、明目的作用，如用合欢花与家畜的肝脏蒸熟食用来治疗一些眼疾，用合欢的花蕾浸酒饮用来治疗虚烦。

（3）净化功能：合欢对空气中的多种有害气体有比较强的清除作用，如二氧化硫、氯气和氟化氢等；合欢有较好的净化空气、绿化、环保的作用，可在住宅区和街道附近的居室旁栽种。

（4）摆放要点：合欢的树冠开阔，红花簇生，有较高的美化作用。主要露地栽种在庭院，有很好的观赏价值；也可以制作插花或是盆景摆放在居室内，如摆放在书房、客厅、卧室和门厅等处。

53. 紫薇

因花色多为紫色而得名。另有白色、红色及蓝紫色者，分别称为白薇、红薇和翠薇；紫薇的花期可长达百日，故又有百日红的称谓。

（1）生态习性：紫薇为落叶乔木。高者可达 10 米左右。花期在 6~9 月。喜阳光和温暖气候。对土壤的排水及肥沃程度要求较高。有较强的抗寒能力。

（2）净化功能：紫薇的花、叶均有良好的净化空气功能，能有效地化解、去除、吸收多种有害气体，如二氧化硫、氟化氢、氯气等。尤其是其叶片有较强的吸收二氧化硫的作用，据测定，每千克叶片能吸收大约 10 克左右的硫化物。除了防治有害气体，紫薇还有除尘功效，在路旁、庭院种植紫薇可有效降低空气中的粉尘颗粒。

（3）摆放要点：紫薇适宜制作成盆景、插花，摆放在客厅、书房、阳台、过道等处。当然也特别适合作为庭院美化的花卉。因其花期长和耐寒冷的特点，特别适合在北方家庭种植。

观赏花卉的怡情作用

1. "岁寒三友"之一的梅花

梅花的品种有很多，我国大约有 300 种，广东、江西、浙江、江苏、湖北等为主要产地。梅花为蔷薇科李属落叶乔木，生长成熟时可达 4~10 米，多在每年 2~3 月间开花。梅花具有较强的抗寒能力，但当温度降至 -15℃时则不宜成活；梅花一般用嫁接法繁殖，也可用其他方法，如播种、扦插和压条等。梅花容易修剪整形，当作为室内观赏时，特别适宜盆景栽培。

梅花在我国有着悠久的种植历史，极富观赏价值和文化含义。

（1）自然形态：梅花在冬末初春绽放，其花形为五瓣；花白、粉、红、黄、紫等多种颜色，真可谓色彩缤纷，赏心悦目；花香浓郁，随风远播，数里之外也能闻到。待其落花之时，犹如雪花飘落，满地铺洒，前人以"香雪梅"誉之。

（2）文化特征：自古至今，各阶层的人士，大多都喜爱梅花。尤其是志向高远的文人志士，更是将梅花与松、竹共誉为"岁寒三友"，以赞美它们的"高风亮节"；并寄寓了爱国、为民、不落凡俗的高尚品格。梅花不但有"岁寒三友"的美誉，同时还与兰、竹、菊并称为"花中四君子"。由此可见，梅花在人们心目中的地位。

（3）体现奋斗精神：梅花以其不畏寒冷、傲然怒放的形象，体现了中华民族不屈不挠的奋斗精神。历史上有许多思想家、文学家都以梅花为题材，写下了不朽诗篇。如北宋著名思想家、文学家王安石在《梅花》一诗中写到："墙角数枝梅，凌寒独自开。遥知不是雪，惟有暗香来。"同是北宋著名爱国诗人陆游，在其居住成都的日子里，也写下了赞美梅花的诗句："当年走马锦城西，曾为梅花醉似泥。二十里中香不断，青阳宫到浣花溪。"当代无产阶级革命家毛泽东曾写过一首充满浪漫色彩的《卜算子 • 咏梅》

一词，词中写到："风雨送春归，飞雪迎春到。已是悬崖百丈冰，犹有花枝俏。俏也不争春，只把春来报。待到山花烂漫时，她在丛中笑。"

2. 被誉为"花王"的牡丹花

牡丹花的种类很多，在我国就有 500 多种，以红色者为上品。我国最出名的牡丹花的产地是河南的洛阳，有"洛阳牡丹甲天下"的说法。其他的较有名的产地是四川的彭州和山东的菏泽。牡丹有较好的耐寒能力，可以抵抗 -20℃ 的低温。牡丹的繁殖方法有多种，如扦插、分株、嫁接和种子繁殖等，但常用的是分株繁殖的方法。室内栽种牡丹时，一般采用庭院栽种的方法。

牡丹因为有优美的姿态，极具观赏价值，在我国的花卉养植史上有1500 多年的历史。

（1）自然形态：牡丹在春末夏初开花，花形有单瓣和重瓣两种，花朵较大，有些有碗般大；花色则很多，有红色、白色、绿色、紫色和黄色等，五彩缤纷，令人眼花缭乱；如洛阳的珍贵牡丹，花大似碗，花色为鹅黄色，花瓣亮丽如着蜡，光彩照人，清香迷人。

（2）文化特征：牡丹花的花语是富贵高雅，为花中之王，古书《本草》有这样的记载："牡丹乃天地之精，为群花之首。"清朝末年的时候，牡丹被定为国花。

牡丹历来都是文人骚客的作诗题词的好题材。如李白的三首《清平调》："云想衣裳花想容，春风拂槛露华浓。若非群玉山头见，会向瑶池月下逢。""一枝红艳露凝香，云雨巫山枉断肠。借问汉宫谁得似，可怜飞燕倚新妆。""名花倾国两相欢，长得君王带笑看。解释春风无限恨，沉香亭北倚栏杆。"刘禹锡的《赏牡丹》诗："庭前芍药妖无格，池上芙蕖净少情。惟有牡丹真国色，花开时节动京城。"北宋的欧阳修也曾赞美牡丹："洛阳地脉花最宜，牡丹尤为天下奇。"

3. 秋天的使者——菊花

全世界的菊花品种约有数千种，多是从中国传过去的；在我国有菊花近 2000 种。菊花是菊科菊属多年生宿根草本植物，植株的高度相差较大，最高者可以达到 2 米。菊花有较强的抗寒性，多在百花凋谢的深秋开放。一年三季都可以开花，有夏菊、秋菊和冬菊。菊花可用于制作盆花、盆景、花篮和插花等。

菊花有千姿百态的花朵，极具观赏价值，在我国的花卉养植史上有近3000 年的历史。在汉代时当作药用植物栽种；晋魏时已是大量栽种，当作观赏花卉；宋代是养植菊花发展的高峰期。

（1）自然形态：菊花的叶片互生，叶的边缘有缺刻；花生长于枝头，有筒状和舌状，其中，舌状的花花朵大，花色艳丽，姿态优美多变。

（2）文化特征：白色菊花的花语是真理，红色菊花的花语是爱我。菊花的不畏严寒，傲霜斗雪的性格是人们所喜爱的，古代的文人骚客多喜用菊花来象征坚强的意志，表达顽强斗争的精神。战国时期的爱国诗人屈原在他的名篇《离骚》中写道："朝中木兰之坠露，夕餐秋菊之落英。"东晋的著名田园诗人陶渊明的《饮酒》是有名的咏菊诗："结庐在人镜，而无车马喧。问君何能尔？心远地自偏。采菊东篱下，悠然见南山。山气日夕佳，飞鸟相与还。此中有真意，欲辨已忘言。"当代无产阶级革命家毛泽东有《采桑子？重阳》一词："人生易老天难老，岁岁重阳。今又重阳，战地黄花分外香。一年一度秋风劲，不似春光。胜似春光，寥廓江天万里霜。"

4．花中美女——兰花

兰花种类很多，全世界约有上万种，中国是兰花主产国，养植有1000多种的兰花，主要品种有春兰、蕙兰、建兰、寒兰和墨兰，以春兰最为名贵。我国产兰地主要是浙江和台湾。兰花是兰科兰属多年生草本植物，花朵为六瓣，花色多为白色或是米黄色，雄蕊和雌蕊合生在一起。适宜在酸性土壤中生长；兰花的特性是"爱朝阳，避夕阳，喜南暖，畏北凉"。

兰花的叶片和花朵都极清秀，且其花香迷人，花姿秀美，具有很高的观赏价值，在我国的花卉养植史上有悠久的历史。

（1）自然形态：兰花的叶片呈带状而且常绿，花朵很奇特，有6瓣，花萼与花瓣一起生长在子房的上面，分为3瓣。兰花上品的花瓣有"梅瓣""荷瓣"和"水仙瓣"的区分。兰花的中心有一小瓣俗称为"鼻"，其上常有紫褐色的斑点，没有斑点的兰花更为名贵，称为"素心"。

（2）文化特征：兰花的花语是美人出谷，意思是洁白忠贞。自古以来，兰花就得到人们的喜爱。有些文人还把它比作美女。如唐代皇帝李世民有赞美兰花的诗："春晖开禁苑，淑景媚兰场。映庭含浅色，疑露泫浮光。日丽参差影，风传轻重香。会须君子折，佩里作芬芳。"宋代的苏东坡有《题杨次公春兰》："春兰如美人，不采羞自献。时闻风露香，蓬艾深不见。丹青写真色，欲补离骚传。对之如灵均，冠佩不敢燕。"清代郑板桥有诗："晓风含露不曾干，谁插晶瓶一箭兰。好似杨妃新浴罢，薄罗裙系怯君看。"

5．四时常开的季花

月季种类很多，全世界有2万多个品种，在我国有500多种，且有很多是优良品种，如绿月季，是世界上唯一的绿色品种的月季。在中国有20多个城市选月季作为市花，如北京、天津、南昌、西安和郑州等。月季有较强的耐寒性，可以忍受 -15℃ 的低温。

月季花的姿态优美，花色繁多，香味浓郁，具有很高的观赏价值；我国是世界上最早栽种月季的国家，在我国的花卉养植史上有悠久的历史。

（1）自然形态：人们称月季是"花中的皇后"。月季是四季开花的，月季花形多较小巧，花瓣一般是5瓣，有40枚花瓣的月季花是最好的；花色多且艳丽，有迷人的香味；月季植株亭亭玉立，枝干上的刺少且大，易看见。

（2）文化特征：月季的花语是美丽长存，幸福爱情。古代文人多赞美月季的花美味甜。如宋代的诗人杨万里有《腊前月季》一诗："只道花五十日红，此花五日不春风。一尖已剥胭脂笔，四破犹包翡翠茸。别有香超桃李外，更同梅斗雪霜中。折来喜作新年看，忘却今晨是季冬。"苏东坡有一首赞月季四季都开花的诗："花落花开不间断，春来春去不相关。牡丹最贵惟春晚，芍药虽繁只夏初。惟有此花开不厌，一年长占四时春。"

6. 杜鹃花与杜鹃鸟

杜鹃花的品种很多，全世界有900多种，中国有500多种，是杜鹃花的主要分布地区，其主要分布在云南（杜鹃花品种最多的地区）、西藏、湖北和四川等地。杜鹃花的主要品种有：映山红、满山红、蓝荆子、白花杜鹃、石岩、大树杜鹃等。杜鹃的越冬温度不可低于 -2℃。杜鹃的繁殖方法有多种：插种、嫁接和扦插。杜鹃的生长环境应是湿润凉爽、土壤酸性。

杜鹃花的开花时间和杜鹃鸟的啼鸣时间是相同的，所以有这样的传说——杜鹃花是由杜鹃鸟啼鸣时流下的血滴落在花上而成。传说杜鹃鸟是古代西南一位蜀王死后所化，它夜夜啼哭，泪尽而滴血。

杜鹃花的种类较多，花色灿烂，极具观赏价值，在我国的花卉养植史上有悠久的历史。

（1）自然形态：杜鹃花在春夏季开花，春杜鹃是先开花后长叶的，夏杜鹃则先长叶后开花。它的花是由几朵小花聚生而成的，花色多样，有红色、紫色、白色和黄色；花形多样，如有呈喇叭状的喇叭杜鹃花。

（2）文化特征：杜鹃花因为有杜鹃鸟啼血染红杜鹃花的传说，有些诗人以此为题作诗，如著名诗人李白，写有《宣城见杜鹃花》："蜀国曾闻子规鸟，宣城还见杜鹃花。一叫一回肠一断，三春三月忆三巴。"白居易有赞颂杜鹃花的诗："九江三月杜鹃来，一声摧得万花开。闲折二枝持在手，细看不似人间有。花中此物是西施，芙蓉芍药皆嫫母。"宋代的杨万里有《杜鹃花》诗："何须名苑看春风，一路山花不负依。日日锦江呈锦样，清溪倒照映山红。"

7. 有"冷胭脂"之称的山茶花

山茶花因为在深冬开花，花形大，花色多为红色，所以得名"冷胭脂"。山茶花是我国的特产花，近代有200余种。我国山茶花的主要产地是云南、浙江、广西、江西、四川等，其中以云南的山茶花种类最多、最好，有"云南山茶花甲天下"的说法。山茶花有较强的抗寒性，历经冰雪、寒风和冰霜后，依然花开如常。

山茶花的树枝优美，花形大，花色艳，而且花期较长，具有很高的观赏价值。山茶花在我国的花卉养植史上有悠久的历史，百岁年龄的山茶树是较常见的。

（1）自然形态：山茶花的植株有3米左右的，甚至有高达20米的。它在1~4月间开花，花期较长；在红梅开花之前吐蕊，在桃李花凋谢之后凋谢；花色较多，有白、红、粉等。山茶花的种类很多，有茶梅、云南山茶花、南山茶、玫瑰连蕊茶等。

（2）文化特征：山茶花的花语是可爱。山茶花可爱，花艳而不妖，花期长，有耐寒的特性，是我国人民喜爱的传统花卉。古代的文人骚客也好以山茶花为题作诗写词。如北宋大诗人陆游曾写诗赞美："东园三月雨兼风，桃李飘零扫地空。惟有山茶偏耐久，绿丛又放数枝红。"明代诗人李东阳也有："古来花事推南滇，曼陀罗树尤奇妍。拔起孤根耸十丈，威仪特整东风前。玛瑙攒成亿万朵，宝花灿烂烘晴天。"苏东坡有诗曰："山茶相对阿谁栽？细雨无人我独来。说似与君君不会，烂红如火雪中开。"

8. 出污泥而不染的荷花

荷花主要有食藕用的莲，食莲子用的莲和观赏用的莲3类。开白色花的荷花主要是产莲藕的，开红色花的荷花主要是产莲子的。荷花在全国各地都有栽种，南方是荷花的故乡。荷花的最适生长温度是25~30℃。它喜水湿、温暖、阳光充足、土壤肥沃的环境。

荷花叶片圆绿，花大美丽，有清香，极具观赏价值，在我国的花卉养植史上有悠久的历史。

（1）自然形态：荷花的叶片较大，而且呈圆形，深绿色。花大且有清香，花色有白、红和粉红等色，一般是白天开花，夜间闭合，第二天清晨又重新开放。荷花一般是栽种在池塘中的，此时，碧绿的荷叶大片地铺在池塘上，无穷无尽，妖红的荷花从绿丛中突出，叶美花美，花叶成映，别有风味。

（2）文化特征：荷花的花语是纯洁和高尚。它自古就得到了人们的喜爱，被称为"花中君子"。古代的文人喜欢以荷花作诗，来表达特立独行的志向和高尚情操或是别的情感。如杨万里在《晓出净慈寺送林子方》一诗中咏荷："毕竟西湖六月中，风光不与四时同，接天莲叶无穷碧，映日荷花别样红。"李白在《折荷有赠》一诗中用荷花来表达爱情："涉江玩秋水，爱此红蕖鲜。攀荷弄其珠，荡漾不成圆。佳人彩云里，欲赠隔远天。相思不因见，怅望凉风前。"李商隐有一首《赠荷花》："世间花叶不相论，花入金盆叶作尘。惟有绿荷红菡萏，卷舒开合任天真。此花此叶常相映，翠减红衰愁煞人。"

9. 友好吉祥的象征——桂花

桂花在我国广泛地栽种，云南、四川和广东等地有野生的桂花，广西和四川有栽培的桂花。桂树是木樨属常绿阔叶乔木，植株可以高达 15 米；花期在 9 ~ 10 月。桂花的耐低温能力比较强，可以在 −15℃ 的环境中生长。广西把桂花当作区花，桂林和杭州把桂花定为市花。

桂花的植株全年常绿，花小而美，极具观赏价值，在我国的花卉养植史上有悠久的历史。

（1）自然形态：桂花的花小如粟，有迷人的香味。桂花的主要品种有：叶片大而且长，黄花香浓的金桂；叶片小而且略圆，白花香浓的银桂；叶片厚而且密集，花色红，开花少的丹桂；叶片大而且肥厚，花色乳白香味淡的四季桂。

（2）文化特征：桂花的花语是吉祥如意，它是吉祥友好的象征。古代的人常将桂花当作礼物送人；有些地方的人用"折桂"来表示考中了科举；广西少数民族的青年人喜欢在月下漫步桂树下，有"一枝桂花一片心，桂花林下结终生"的意思。桂花的花期在秋季，代表了秋天，又有月下桂树的传说，所以，古人都喜欢以桂花为题入诗。如唐代诗人皮日休有《天竺寺八月十五日夜桂子》："玉颗珊珊下月轮，殿前拾得露华新。至今不会天中事，应是嫦娥掷与人。"宋代诗人曾几的《岩桂》："粟米粘枝细，青云剪叶齐。团团岩下桂，表表木中樨。江树风萧瑟，园花气惨凄。浓薰不如此，何以慰幽栖。"宋代的杨万里也有一首《岩桂》："不是人间种，疑从月中来。广寒香一点，吹得满山开。"

10. 冰清玉洁的"水中仙子"——水仙花

水仙花是用球茎来繁殖的，是石蒜科水仙属多年生宿根草本植物。叶片碧绿，一般长 30 ~ 80 厘米；水仙夏季休眠，喜欢温暖湿润的环境。我国的水仙多分布在福建、湖南、湖北、江苏和浙江等地，以福建漳州的水仙花最为著名，有"漳州水仙甲天下"的美称。福建省将水仙花列为省花。

水仙花有青翠的长叶、文雅清香的花，有很高的观赏价值，水仙花是从国外传入中国的，在我国的花卉养植史上有1200多年的历史。

（1）自然形态：水仙花的叶片与韭菜、大蒜的叶片很像；春天发芽，茎似洋葱头；在茎头上开花，花大小如簪头，形状像酒杯，花有 5 瓣，花心是黄色的，花色雪白晶莹，有清雅的香味。

（2）文化特征：水仙花的花语是尊敬，自古就受到人们的喜欢，很多诗人都以它为题写诗。如北宋诗人黄庭坚有赞美水仙花的诗："凌波仙子生尘袜，水上盈盈步微月。是谁招此断肠魂，种作寒花寄愁绝。含香体素欲倾城，山矾是弟梅是兄。坐对真成被花恼，出门一笑大江横。"宋代杨万里写《水仙花》一诗："额间拂煞御袍黄，衣上偷将月姊香。待倩春风作媒妁，西湖嫁与水仙王。"清代康熙皇帝是这样赞美水仙花的："翠帔缃冠白玉珈，清姿终不污泥沙。骚人空前吟芳芷，未识凌波第一花。冰雪为肌玉炼颜，亭亭玉立藐姑山。群花只在轩窗外，那得移来几案间。"

11. 灿烂的太阳花——向日葵

向日葵在世界各地均有种植，而且是俄罗斯、秘鲁和玻利维亚 3 国的国花。向日葵为菊科向日葵属一年生草本植物，植株高在 2 米左右，可以在各种土壤环境中生长。向日葵的种子叫葵花子，炒熟的葵花子是人们喜爱的日常小零食。

向日葵有张长得像太阳的大大的脸，而且可以放射出金灿灿的光芒，还永远跟着太阳的方向转动，极具观赏价值，原产于北美洲和墨西哥北部，在我国的花卉养植史上有 300 多年的历史。

（1）自然形态：向日葵的花像太阳，早晨太阳从东边升起的时候，向日葵的花朝向东边；中午太阳居于天空的正中时，向日葵的花抬头直面天空；傍晚，太阳下山时，向日葵的花也随着夕阳转向西边。

（2）文化特征：向日葵的花语是爱慕。向日葵因为它的金灿灿的花盘和它的向阳性，得到古今中外的文人和画家的喜爱。明代的钱士升有《秋葵》一诗："太阳岂是曾私照？何独此花感旧恩？日暮古风惨淡里，依依犹欲送黄昏。"现代著名文学家郭沫若也有一首咏向日葵的诗："我们当然没有牡丹那样高华。但和死不了一样到处开花。老百姓们谁个不知道向日葵？我们向着太阳，也向着农家……"荷兰著名画家凡? 高画有一幅名为《向日葵》的油画，世界闻名，价值连城。

12. 充满阳刚之气的鸡冠花

鸡冠花原产于印度，在世界各国都有栽种，我国是在唐朝时从印度传入的。鸡冠花为苋科青葙属一年生草本花卉，植株高度不一，在40～100厘米范围内生长。开红色、紫红色和玫红色等颜色的花。

鸡冠花的花朵与鸡冠几乎一样，有较高的观赏价值，在我国的花卉养植史上也有较长的历史。

（1）自然形态：鸡冠花的鸡冠状的花序是由许多的小花聚生而成的。有许多种类，如扫帚鸡冠、扇面鸡冠、璎珞鸡冠、一朵花有紫黄两色且两色各半的鸳鸯鸡冠、一朵花有紫白粉红3色的三色鸡冠以及植株较矮小的寿星鸡冠等。

（2）文化特征：我国古代有在农历七月十五日（中元节）时，用鸡冠花祭祀祖先，表达缅怀的习俗；宋代《枫窗小牍》记载："汴中谓之洗手花，中元节前儿童唱卖，以供祖先。"因为鸡冠花的花序和花色都与鸡冠相似，历来都有诗人作诗赞美它，如宋代赵企的《鸡冠花》："秋光及物眼犹迷，着叶婆娑拟碧鸡。精彩十分佯欲动，五更只欠一声啼。"元代有诗人赞曰："何处一声天下白，霜华晚拂绛云冠。五陵斗罢归来后，独立秋亭血未干。"

13. 被誉为"草中仙"的雁来红

雁来红因为在秋天大雁南飞时，叶片会变成红色，所以得名雁来红。雁来红是苋科苋属一年生草本植物。它的植株高度在1米左右。雁来红的生命力较强，有自然繁衍的能力，可以盆栽或是露地栽种。

雁来红的叶片在秋季时会变红，色彩美丽，极具观赏价值。

（1）自然形态：雁来红的叶片卵圆形，茎叶暗红色；花期秋季，花腋生，由几朵小花集成一花序，自然下垂。

（2）文化特征：因为雁来红在秋季时叶片变红，叶片妖艳美丽，很是得到文人骚客的喜爱和赞美。如杨万里有《雁来红》："开了元无雁，看来不是花。若为黄更紫，乃借叶为葩。藜苋真何择，鸡冠却较差。未应犀菊辈，赤脚也容他。"明代的陆树声有《老少年》（老少年即指雁来红）一诗："何事还丹可驻年？一枝真作草中仙。霜华洗尽朱颜在，不学春花弄巧妍。"

14. "天神之花"——曼陀罗

曼陀罗在全国各地都有栽种，它是茄科曼陀罗属一年生草本植物，植株的高度在1米左右，花期在夏秋两季。曼陀罗的适应性强，喜欢温暖湿润的环境，它的种子有自然的繁衍能力。

曼陀罗的植株高大，花大似喇叭，素洁清雅，极具观赏价值。

（1）自然形态：常见的曼陀罗的观赏品种有白花曼陀罗、红花曼陀罗和大花曼陀罗等。曼陀罗茎是绿色的，叶片碧绿，似茄叶。8月的时候曼陀罗开花，花为6瓣，像牵牛花般大，早晨开花，夜晚闭合。

（2）文化特征：道教有这种说法，天空北斗上有一曼陀罗星使者，手中就是拿着这花的，所以取名为曼陀罗花。因为与宗教有关，所以曼陀罗又有"天神之花"的美誉。宋代诗人陈与义写有一首赞美曼陀罗花的诗："我圃殊不俗，翠蕤敷玉房。秋风不敢吹，谓是天上香。烟迷金钱梦，露醉木槿妆。同时不同调，晓月照低昂。"

15．忠贞爱情的见证——牵牛花

牵牛花是旋花科牵牛属一年生或多年生缠绕草本植物。秋季开花，主要有裂叶牵牛花、大花牵牛和日本牵牛等品种。

牵牛花有优美的花形，是缠绕草本植物，可以栽种在墙底，让它自然上长以装饰墙面，极具观赏价值。

（1）自然形态：牵牛花的花大，形似漏斗，喇叭形；有紫色、蓝色、红色和白色等颜色；花早晨开放，花期为1天。牵牛花的花朵可以变色的，那是因为原本蓝色的花朵，在阳光的照射下，花瓣由碱性变为酸性，花色就从蓝色变为了红色。

（2）文化特征：古人以牵牛花喻每年七夕牛郎与织女的相会，是忠贞爱情的见证。另外，它的花形像小喇叭，早晨开放时，犹如雄鸡歌唱，让人能从中体会到勤奋努力的气息。我国著名艺术家梅兰芳就对牵牛花很是喜爱。我国古代有很多诗人写有赞美牵牛花的诗篇。如杨万里的："素罗笠顶碧罗檐，晓卸蓝裳着茜裳。望见竹篱心独喜，翩然飞上翠琼簪。"同为宋代诗人的林逋山有《牵牛花》诗："圆似流水碧剪纱，墙头藤蔓自交加。天孙摘下相思泪，长向深秋结此花。"

16．会跳舞的花——虞美人

虞美人是罂粟科罂粟属一年生草本植物，植株高度在40～80厘米，花期在5～6月。虞美人的同属植物有100种，我国大约有7种。虞美人与罂粟花不仅花朵相似，而且结的蒴果也长得极其相像，但虞美人不含有鸦片酊。虞美人喜温暖、阳光充足、肥沃的沙质土壤，有较强的耐寒能力。

虞美人有优美的姿态，多彩的花色，具有很高的观赏价值。

（1）自然形态：虞美人的花是圆形的，有各种的颜色。它还是一种会跳舞的花卉，当虞美人受到外界的声音和光照的刺激时，它的叶片就会舞动起来，像是在"跳舞"，所以给它取名为虞美人。虞美人不仅是在有声音的条件下会"跳舞"，而且在白天有较强光照的情况下，虞美人也会跳舞。

（2）文化特征：据传，虞美人是项羽的爱妾虞姬的化身，传说虞姬殉情后，血流的地方长出了这种鲜红色的花，于是，人们称它为虞美人。古代的文人墨客也喜欢作诗赞颂它，如宋代易幼学有一首咏虞美人的诗："霸业将衰汉业兴，佳人玉帐醉难醒。可怜血染原头草，直至如今舞不停。"清代的吴嘉纪也写有赞美虞美人的诗——《虞美人花》："楚汉今俱没，君坟草尚存。几枝亡国恨，千载美人魂。影弱还如舞，花娇欲有言。年年持此意，以报项家恩。"

17. 美丽多彩的凤仙花

凤仙花全世界一共有 500 多种，多栽种在印度、马来西亚和中国的南部。凤仙是凤仙花科凤仙花属一年生草本花卉。花期在 7～9 月。凤仙花有自播的能力。

凤仙花的叶片绿色如碧玉，花朵姿态优美，颜色多彩，极具观赏价值，在我国的花卉养植史上有较长的历史。

（1）自然形态：凤仙花的植株高在 70 厘米左右，茎有红色和白色两种；叶片长而且尖，像柳叶那样；开花在夏初至秋末，花朵大，花色多；果实如樱桃般大，成熟时是黄色的，碰之即裂，里面含有小的褐色的果实。

（2）文化特征：凤仙花有浓郁的香味，艳丽的色彩。历代文学家都喜欢赞美凤仙花。如唐代的吴仁壁作有《凤仙花》一诗："香红嫩绿正开时，冷蝶饥蜂两不知，此际最宜何处看？朝阳初上碧梧桐。"宋代的杨万里也有一首《金凤花》诗："细看金凤小花丛，费尽司花染作红。雪里白边袍色紫，更饶深浅四般红尸？"同为宋代的晏殊作了一首《金凤花》赞美凤仙花的倔强精神："九苞颜色春霞翠，丹穴威仪秀气攒。题品直须名最上，昂昂骧着倚朱栏。"

18. 貌似金钱的半支莲

半支莲是马齿苋科马齿苋属一年生草本植物，植株的一般高度为 15 厘米，花期在 2～3 月。半支莲在我国各地都有栽种，它喜好温暖干燥而且阳光充足的环境，适应性比较强，生命力强，可以在一般的土壤中成活。半支莲的繁殖方法有播种、扦插，可自播繁衍。

半支莲的花色美丽，花形优美，极具观赏价值。

（1）自然形态：半支莲的花朵艳丽如莲花，但花比莲花小，有红、黄、白等各种颜色；有些半支莲的花是金黄色的，呈圆形，像中国古代的金钱，所以古人把它又叫作金钱花。

（2）文化特征：因为古代的人把半支莲又叫作金钱花，所以古代诗人都喜欢用半支莲来比作金钱，借以表达一定的情感。如唐代的文学家皮日休有《金钱花》一诗："阴阳为炭地为炉，铸出金钱不用模。漫向人前逞颜色，不知还解济贫无？"唐代另有一首《咏金钱花》诗："也无棱郭也无神，露洗还同铸出新。青帝若教花里用，牡丹应是得钱人。"

19. 纯洁无瑕的百合花

全世界百合花的品种一共是 80 多种，在中国就有 40 余种。可见，中国是百合花的主要产地，而且，我国也是百合花的原产地之一，在内蒙古、陕西和河北等地都有栽种。百合花是百合科百合属多年生草本植物。花期在 6 ~ 8 月。主要品种有麝香百合、卷丹、王百合等。

百合花的花姿秀美，花香幽美，叶片青翠娟丽，极具观赏价值，在我国的花卉养植史上有悠久的历史。

（1）自然形态：百合花的花形有 3 种：花朵仰开的朝天型；花朵侧开，形如喇叭的倒开型；花朵下垂的下垂型。百合花的花形硕大美丽，花香迷人。如卷丹，以它的花形奇异而得到人们的喜爱。卷丹的花呈橙红色，上有紫褐色的斑点，花片向外反卷成球状。

（2）文化特征：百合的花语是百年好合。其中黄色百合的花语是快乐；白色百合的花语是纯洁谦逊。在内蒙古，有一叫山丹花的百合花的品种，被内蒙古人视为美丽和爱情的象征。西方人一直把百合花当作圣洁的象征，经常出现在欧美人的婚礼上。我国古代的文人也常写诗赞美百合，如宋代诗人杨万里的《山丹花》："春去无芳可得寻，山丹最晚出幽林。柿红一色明罗裙，金粉群虫集宝簪。花似鹿葱还耐久，叶如芍药不多深。青泥瓦斛移山花，聊著书窗伴小吟。"陆游也写有赞美百合花的诗："芳兰移取偏中林，余地何妨种玉簪。更乞两丛香百合，老翁七十尚童心。"

20. 游子的情怀——忘忧草（萱草）

忘忧草又称萱草，世界上萱草的品种一共有 15 种，我国就有 12 种，是世界上萱草种类最多的国家。我国的萱草主要栽种在东北、西北和秦岭以南的地区。萱草为百合科萱草属多年生宿根草本植物，植株可以达到 1 米，花期在 6 ~ 7 月。萱草的生命力和适应性都比较强，喜欢阳光和温暖的气候，有较强的耐寒和耐旱能力。

萱草的花色鲜艳，开花的初夏，更显光彩照人，极具观赏价值，在我国的花卉养植史上有 3000 多年的历史。

（1）自然形态：萱草的叶片长而且像蒜的叶片，四季都是青翠的；五月开花，早晨开放，傍晚凋谢，每个花葶有几朵或是十几朵花；花有红、黄、紫 3 色。现在有一种大花种的萱草，色彩更为艳丽，使人心旷神怡、流恋忘返。

（2）文化特征：萱草有可以使人忘忧的传说，所以又名忘忧草。古人认为萱草的本质是君子的特性。萱草又是象征母亲的，历来都是诗人喜欢作诗的题材。如唐代白居易有一首《酬梦得比萱草见赠》："杜康能散闷，萱草解忘忧。借问萱逢杜，何如白见刘。"宋代苏东坡写有一首赞美萱草的诗："萱草虽微花，孤秀能自拔。亭亭乱叶中，一一芳心插。"宋代大儒朱熹有《萱草》一诗："春条拥深翠，夏花明夕阴。北堂罕悴物，独尔淡冲襟。"

21. 仙人的饰品——玉簪花

玉簪花原产于我国，在东北、西北和华北等地有生长。玉簪是百合科玉簪属多年生草本植物。常见玉簪花有花色为淡紫色的紫花玉簪；叶片狭长的花色为淡紫色的狭叶玉簪；花色也是淡紫色的波叶玉簪。玉簪的生命力强，耐寒、耐旱、耐热、耐阴，但是畏阳光直射。

玉簪是观叶赏花类花卉，具有很高的观赏价值，在我国的花卉养植史上有较长的历史。

（1）自然形态：玉簪的叶子如人的手掌般大，呈心形，叶片上有纹理，颜色为青白色，娇莹美丽。夏初时，从叶片丛中长出花茎，上有十几朵花，没有开花时就像是白玉的搔头簪。开花时微绽四出，有黄色花蕊，香味幽雅。

（2）文化特征：我国古代传说玉簪花是王母娘娘在瑶池开宴会时，醉酒不慎掉落人间，化为了玉簪花。古代的诗人多以此为题作诗赞美玉簪花。如宋代诗人黄庭坚作的《玉簪》诗："宴罢瑶池阿母家，嫩琼飞上紫云车。玉簪堕地无人拾，化作江南第一花。"王安石也有一首《玉簪》："瑶池仙子宴流霞，醉里遗簪幻作花。万斛浓香山麝馥，随风吹落到君家。"唐代文学家罗隐作有一首《玉簪》；"雪魄冰姿俗不侵，阿谁移植小窗阴。若非月姊黄金钏，难买天孙白玉簪。"

22. 最古老的名花——郁金香

郁金香是世界上最古老有名的花卉之一，几千万年前即有这个花卉品种。我国是郁金香的原产地之一，荷兰是现在世界上郁金香的主要生产国。郁金香是百合科郁金香属多年生草本植物。郁金香的品种有 8000 多种。球根可以忍受 -35℃ 的低温。

郁金香的花美丽而有幽香，极具观赏价值。

（1）自然形态：郁金香的花单生于茎顶，花大呈直立的杯形，上有条纹且有斑点，一朵花一般可以有半个月的花期。

（2）文化特征：红色的郁金香的花语是爱的宣言。郁金香在荷兰代表着爱情和美好。每年的 5 月 15 日是荷兰的"郁金香节"，那天，荷兰人民都会欢庆这个节日。二战后，荷兰把郁金香奉为国花，现在，荷兰栽种的郁金香已经超过了 2700 多种，成为荷兰的国宝和象征。

23. 垂悬生长的花——吊兰

吊兰为百合科吊兰属多年生常绿宿根草本植物，原产于非洲南部，多是附生在林间的树干上，生长的适宜温度是 20～24℃，不可在 6℃ 以下的环境中生长。吊兰的品种大约有 100 种，我国只有 4 种，多分布在华南和西南的几个省。

吊兰垂悬生长，四季常青，在我国的花卉养植史上有较长的历史。

（1）自然形态：吊兰植株小巧，姿态优美，叶片狭条呈带状，绿如翡翠，枝叶自然下垂，开白色的小花。在居室内的摆放一般都是悬挂式、壁挂式的。吊兰在栽种过程中，会发生变种，可有白色叶缘的银边吊兰、叶脉中淡黄色边的金心吊兰、金黄叶缘的金边吊兰。

（2）文化特征：吊兰是极好的观赏类植物，是品格高尚的象征。有些诗人以它为题作诗。如元代的谢宗可有一首《挂兰》的诗："江浦烟丛困草莱，灵根从此谢栽培。移将楚畹千年恨，付与东君一缕开。湘女久无尘土梦，灵均旧是栋梁材。午窗试读离骚罢，却怪幽香天上来"。

24. 吉祥如意的象征——万年青

万年青原产于我国，在江南的山野和林间均有野生的。它喜欢温暖湿润而光照强度不太高的环境；耐寒性强，可以在南方露地过冬。万年青是百合科万年青属常绿草本。

万年青的叶片和果实都有较好的观赏价值。

（1）自然形态：万年青的叶片碧绿如玉，四季常绿，叶片的边缘呈波浪形，肥厚；果实红色，累累挂在枝上，经冬不落。

（2）文化特征：万年青自古就得到人们的喜爱，一直作为观赏植物。万年青象征着吉祥如意。古时的江南一带以万年青为吉祥如意的象征，古书所记："一切喜事，无不用之。"另外，万年青还象征着长寿，是送给老人家的较好的生日礼物。

25. 纯洁坚贞的象征——雪莲花

雪莲花主要分布在我国的青海、新疆和西藏等地，俄罗斯也有。雪莲生长于高原雪山上，花朵长得与莲花相似。雪莲花是菊科凤毛属多年生草本植物。植株高度在15～30厘米，花期在7～8月。雪莲花是极为耐寒的，可以忍受－30℃的低温。

雪莲花既是名贵的药材，又具有极高的观赏价值。

（1）自然形态：雪莲花生长于海拔2800～4000米的高山冰岩上，性格顽强，有傲霜斗雪的英雄气概。它的花朵大如莲花，像雪那样白，如玉般美，香味迷人，如有风起几十米远的地方即可闻到；雪莲花的花朵只在阳光普照时才开放，当天空中出现云霭时，雪莲花就闭合了。

（1）文化特征：因为雪莲花长在高山上，要想摘取它是比较困难的，所以人们从古代起就把它当作是战胜困难，表达真诚爱情的象征。比如，男青年都希望能摘取雪莲花来表达自己对心爱姑娘的坚贞爱情，为此，他们甘冒生命危险，翻山越岭，穿过冰岩、砾石和雪地，爬上海拔几千米的高山上去摘取爱情之花。

26. 春天的使者——报春花

报春花的种类繁多，全世界一共有500多种，我国有近400种，是世界上栽种报春花最多的国家。报春花以藏报春、四季报春、多花报春、欧洲报春、高山报春等最为出名，主要分布在四川、云南和西藏等地。报春花是报春花科报春花属多年生草本植物。它的植株高度在30厘米左右，花期较长，从12月一直开花到第二年的4月。

我国天然"三大名花"就有报春花，其他两种是杜鹃花与龙胆花，具有很高的观赏价值，在我国的花卉养植史上有较长的历史。

（1）自然形态：报春花的叶片丛生，自下而上开花；它的花形极为美丽，花冠像是漏斗形或是高脚杯形，上部有裂口；它的花姿优美，花色艳丽，有红、紫、白、黄等各种颜色。花期较长，大约有5个月。

（2）文化特征：报春花花色艳丽，姿态优美，而且是在早春季节开花，有唤春的意味，所以自古以来就得到人们的喜爱。宋代著名诗人杨万里有一首《嘲报春花》的诗："嫩黄光碧已多时，呆紫痴红略万枝。如有报春三二朵，春深犹自不曾知。"这里的"嘲"是咏赞的意思，赞报春花的花期长。

27. 亭亭玉立的仙客来

仙客来原产于南欧和地中海一带，喜欢阳光充足、湿润凉爽的气候，不耐高温，夏季休眠。仙客来是报春花科仙客来属多年生草本植物，植株的高度在 20 ~ 30 厘米，花期较长，从 12 月一直开花到第二年的 5 月。

仙客来是著名的冬季盆花，极具观赏价值。

（1）自然形态：仙客来的叶片较大，肉质的，呈心形，正面深绿色，背面紫红色；叶柄褐红色。花 5 瓣，开花时花瓣向上反卷，像是兔子的耳朵，有红色、白色、玫红色等颜色。仙客来的花朵和叶片同样具有观赏价值。

（2）文化特征：民间有这样一个传说：一次，嫦娥带了玉兔一起去会后羿，把兔子放在了门口，玉兔跑到花园里玩，走时，玉兔从耳朵里取出一颗种子送给了园丁。那颗种子经过园丁的精心照顾，长出了叶子，并开了花，花的形状与兔子的耳朵极为相似，翘首相望，像是在等待玉兔的到来，于是，人们就给它取了"仙客来"的名字。许多国家的人都喜欢仙客来，圣马力诺还把仙客来当作了国花。

28. 夏夜的浪漫——夜来香

夜来香为石蒜科晚香玉属多年生球根类草本植物。植株高达 1 米多，花期一般在 7 ~ 10 月，花香浓郁。夜来香原产于墨西哥和南美洲，喜欢阳光好、温暖，土壤肥沃而且湿润的环境。

夜来香的花美味香，是夏季极好的观赏花卉。

（1）自然形态：夜来香的茎是球状的，像洋葱；它的叶片与韭菜的叶片很相似，长而且有纹理；花呈漏斗形，有 6 瓣花瓣，白色，一枝花葶上一般会有 20 朵左右的花，傍晚的时候开花，早晨的时候闭合。

（2）文化特征：夜来香夏季开花，它为夏夜出玩乘凉的人创造了一个浪漫的气氛。我国的诗人喜欢以夜来香为题作诗。如清代的李楣有一首名为《夜来香》的诗："香风吹到卷帘时，玉蕊亭亭放几枝。摘向妆台伴朝夕，清吟端为写幽姿。"

29. 少女的朱颜——一串红

一串红原产于南美洲，它喜好阳光充足、温暖湿润的环境。它可以用播种和扦插的方法来繁殖。一串红是唇形科鼠尾草属多年生草本植物，植株一般高度是 50 ~ 80 厘米，也有比较矮的高度，只有 30 厘米。花期在 7 ~ 10 月。

一串红的花色艳丽，花姿美丽，具有观赏价值。

（1）自然形态：一串红的花葶上长有十几朵成一串的红色的花，花冠和花萼都是鲜红色的；花冠呈唇形，花萼则是钟形。叶片呈卵形，碧绿可爱。

（2）文化特征：一串红的叶片、根茎都是碧绿的，它的花朵是如火般的红颜色，深得人们的喜欢。另外，一串红的花姿像是美丽的少女，且花期比较长，所以有人用一串红来比喻妙龄女子。也有诗人作诗赞美一串红的花期长久，美丽长存。如宋代大文学家苏东坡有一首《长春花》的诗："长春如稚女，飘摇倚轻飔。卯酒晕玉颊，红绡卷长衣。"还有一首赞美一串红的词，是这样写的："叶底枝头红小，天然窈窕。后园桃李漫成蹊，生得春多少。不管雪消霜晓，朱颜长好。年年许诺醉花间，待拼了花间老。"

30. 被称为"花相"的芍药

芍药原产于我国，以江苏扬州、安徽亳州和山东菏泽的芍药为好，以扬州的芍药为最有名，有"扬州芍药甲天下"的说法。芍药被称为"花相"，古书记载："今群芳中牡丹品评为第一，芍药第二，故世谓牡丹花为花王，芍药为花相。"外国人则把芍药当作是"花中皇后"。芍药是毛茛科芍药属多年生宿根草本花卉，花期在5月。

芍药花美味香，极具观赏价值，在我国的花卉养植史上有3000年的历史。

（1）自然形态：芍药的根是肉质的，茎簇生，植株高约1米；叶片呈椭圆形；花单生于枝头；花蕾是桃形的；花朵有千瓣、多瓣、单瓣、冠子、平顶等类型。花色有深红、大红、粉红、紫色、白色和浅黄等颜色。

（2）文化特征：芍药是花相，历代文人都喜欢以它为题作诗，赞美芍药。如唐代韩愈有一首《芍药歌》："丈人庭中开好花，更无凡木争春华。翠茎红蕊天力与，此恩不属黄钟家。温馨熟美鲜香起，似笑无言习君子。霜刀剪汝天女劳，何事低头学桃李？娇痴婢子无灵性，竟挽春衫来比并。俗将双颊一晒红，绿窗磨遍青铜镜。一尊春酒甘若饴，丈人此乐无人知。花前醉倒歌声谁？楚狂小子韩退之。"另外，古时的人们以芍药作为离别时的赠品，所以芍药又名将离、离草。《诗经》中有记载："维士与女，伊其相谑，赠之以芍药"。可见，2000多年前的人们已经以芍药作为礼品赠送给即将分离的情人了。

31. 爱情的象征——紫罗兰

紫罗兰原产于欧洲，现在世界各地均有栽种。紫罗兰喜欢凉爽的气候、肥沃疏松的土壤，有较好的耐寒性，可以忍受 –5℃ 的低温。紫罗兰是十字花科紫罗兰属二年生或多年生草本植物，植株高度在 30 ~ 60 厘米。花期春秋两季。

紫罗兰开花时，微风吹动，舞动似佳人，姿态优美，极具观赏价值，在我国的花卉养植史上有近千年的历史。

（1）自然形态：紫罗兰在春秋两季均开花，花形似蝴蝶，花色有深粉红色和淡紫色两种，开花多而且花色艳丽。紫罗兰有芬芳的香味。紫罗兰的花期长，可以制作盆栽或是制作插花。紫罗兰因为播种季节的不同，有春紫罗兰、夏紫罗兰、秋紫罗兰和冬紫罗兰4个品种。

（2）文化特征：紫罗兰的花语是永恒的美，蓝色紫罗兰的花语是忠诚。紫罗兰是欧洲的名花之一，是希腊和意大利的国花，也是美国四个州的州花。

希腊神话里把紫罗兰当成是女神维纳斯与其夫惜别时掉落在地的眼泪后，地上长出的花，是诚实与爱慕的象征。欧洲人则喜欢在男女恋人间赠送紫罗兰，以表达爱慕的感情。有诗咏颂紫罗兰："湖海飘零酒一卮，偶无聊赖动相思。灵均底事悲香草，情种应归维纳斯。"我国近代一著名作家很是喜爱紫罗兰，作有《如梦令》一首："一阵紫兰香过，似出伊人襟左。恐被蝶儿知，不许春花远播。无那，无那，兜入罗衾同卧。"另还有《一生低首紫罗兰》诗3首，现选1首："幽葩叶底常遮掩，不逞芳姿俗眼看。我爱此花最孤独，一生低首紫罗兰。"

32. 人见人爱的美人蕉

美人蕉原产于美洲，在我国有广泛的种植。美人蕉是美人蕉科美人蕉属多年生草本植物，喜欢高温湿润、阳光充足的环境。它的生命力强，适应性强，可以在任何的土壤中生长。美人蕉开花时期在 6 ~ 10 月，花期较长。

美人蕉的花朵大，花色鲜艳，枝叶繁茂，极具观赏价值。

（1）自然形态：美人蕉的植株高度在 2 米左右，叶片宽大，有碧绿的叶片和棕紫色的叶片两种，叶片呈长椭圆形；开花时，花朵从叶的中心发出，花大色美，有淡黄色、橘红色、大红色和紫色等颜色。红色的美人蕉的红色鲜艳夺目，开花久而不谢，所以又有百日花的名称。

（2）文化特征：美人蕉亭亭玉立，姿态优美，人见人爱。历代文人都喜欢以它为题作诗，赞美美人蕉的美丽壮观。如唐代李绅的《红蕉花》："红蕉花样炎方识，瘴水溪边色更深。叶满丛深殷似火，不惟烧眼更烧心。"

唐代诗人徐凝有《红蕉》诗："红蕉曾到岭南看，校小芭蕉几一般。差是斜刀剪红绢，卷来开去叶中安。"清代也有一首赞颂美人蕉的诗："照眼花明小院幽，最宜红上美人头。无情有态缘何事，也倚新妆弄晚秋。"

33. 感人至深的相思花——秋海棠

秋海棠原产于亚洲，中国和日本栽种得比较多；全世界的种类一共是500多种，在我国野生的就有好几种。秋海棠是秋海棠科秋海棠属多年生草本植物。清代的《广群芳谱》记载："（秋海棠）性好阴恶日，一见日则瘁，喜净而恶粪。"秋海棠的耐寒性较差，冬季时要注意保温过冬。

秋海棠是秋天里的最娇贵的花，花娇柔，叶片青翠小巧，极具观赏价值，在我国的花卉养植史上有较长的历史，大约有1000多年了。

（1）自然形态：秋海棠是秋天里的名贵花卉，叶片的正面是碧绿色的，背面则带有红色的；花色浅红，以黄白色相间者最为名贵。秋海棠花姿优美，花形小巧玲珑，可爱迷人。

（2）文化特征：民间传说秋海棠是一位思夫的少妇盼夫归时，洒落泪水在地上生长出的花，所以它有"相思花""断肠花"的别名。秋海棠被世界各国的人民所喜爱，人们把它当作美德的象征。许多国家都举办了赏秋海棠的展览。如英国每年秋季都有秋海棠展览；比利时每年夏季都要办秋海棠花市。秋海棠的花姿优美高雅，惹人怜爱，许多诗人学者都写诗赞美秋海棠。清代米受新有一首《白秋海棠》的诗："清秋湛露泡琼芳？素影风摇五砌旁。夜静看花人独立，水晶帘外月如霜。"清代女杰秋瑾写有一首赞美秋海棠与秋风搏斗、在万木萧疏的秋季开花的美好情操的诗："栽植恩深雨露同，一丛浅淡一丛浓。平生不借春光力，几度开来斗晚风。"

34. 荷花的姊妹花——睡莲

睡莲在全世界一共有40多种，常见的品种有白睡莲、黄睡莲、蓝睡莲和红睡莲等。我国有较长的栽种睡莲的历史，唐代作品《酉阳杂俎》记载："南海有睡莲。夜则花低入水。"睡莲是睡莲科睡莲属多年生水生草本植物。要求含腐殖质丰富的黏性土壤。

睡莲的花和叶片都有较好的观赏价值，我国汉代就有人在私家花园中栽种睡莲以供观赏，睡莲还有一定的文化意义。

（1）自然形态：睡莲的叶片呈圆形或是卵状的椭圆形，呈浓绿色；花朵大，花色多种，有白、红和黄等颜色，独生于细长的花柄顶端，盈盈秀丽，婀娜多姿。睡莲白天开花、夜间闭合，有"睡美人"的美称；又因为睡莲生长在水中，长得美丽婀娜，所以又得名"水中的女神"的雅号。

（2）文化特征：睡莲姿态优美，秀丽婀娜，得到很多国家的人民喜爱，有些国家还把睡莲当成是国花，如埃及、泰国、孟加拉国和瑞典。泰国人认为睡莲可以给他们带来团结、和平和幸福；古希腊和古罗马最初的时候把睡莲当成女神供奉；古埃及的人民则把睡莲奉为神明之花，睡莲早晨开花，夜晚闭合的特性，以及它的放射性地开花，让古埃及人民把它当成了太阳的象征，在举行圣大仪式时摆放睡莲。

35. 母爱的象征——康乃馨

康乃馨，又名石竹花，原产于南欧，是石竹科石竹属多年生草本植物，植株一般高度在 70~100 厘米。康乃馨夏季开花，喜冬暖夏凉的环境，喜肥沃且排水性好的黏性土壤；栽种康乃馨时要注意四喜，即喜新土、喜干燥通风、喜凉爽、喜湿润的土壤。

康乃馨的姿态优美，花色艳丽，花香迷人，极具观赏价值。

（1）自然形态：康乃馨的叶片是线状的、披针形的；夏季开花，花萼呈长筒状，花瓣呈扇形，花色有大红色、粉红色、白色和俄黄色等颜色，花香淡雅。康乃馨可用于盆栽，或用于插花，还可以制作花篮、花环等。

（2）文化特征：康乃馨的花语是亲情思念，温馨和母亲之爱；在一些国家，康乃馨被称为是母爱之花，也称为“母爱花”，是在母亲节（每年5月的第二个星期日）送给母亲最适宜的礼物，子女在母亲节的时候可以佩带康乃馨，母亲健在的可以带红色的康乃馨；反之，则可以带白色的康乃馨。

因为康乃馨四季常青，而且有优美的花姿，清雅的香味，历来都是人们所喜爱的花卉；古代诗人也喜以它为题作诗。如宋代的张耒作有一首《石竹花》：“真竹乃不花，尔独艳暮春。何妨儿女眼，谓尔胜霜筠。世无王子猷，岂有知竹人！粲粲好自持，时来称此君。”宋代政治家王安石也有一首《石竹花》：“春归幽谷始成丛，地面芬敷浅浅红。车马不临谁见赏，可怜亦解度春风。”

36. 风动香满庭的金粟兰

金粟兰原产于中国，在广东、广西和福建等地都有野生的金粟兰。

金粟兰是金粟兰科金粟兰属常绿多年生草本植物。植株的高度一般在60 厘米左右，花期在 8~10 月。金粟兰喜欢温暖湿润、阴凉通风的环境。要求土壤肥沃，富含腐殖质，有良好的排水性。越冬温度应在 10℃以上。可以用分株、扦插和压条的方法繁殖。

金粟兰的花色是金黄色的，枝叶是青绿色的，花香似兰花的香味，极具观赏价值，在我国的花卉养植史上有较长的历史。

（1）自然形态：金粟兰的叶片的形状像是茶树叶子，椭圆形，边缘有锯齿。金粟兰在秋季开花，花形较小，像是粟米，圆形如珠，所以金粟兰又有珠兰的美名。花香似兰花，浓郁醇甜，没有风的时候就可以闻到浓浓的花香，有风的时候花香就可以飘满整个庭院了。

（2）文化特征：金粟兰的茎和枝叶都是碧绿的，而且四季葱翠；花色金黄色，花香醉人，深受我国古代人们的喜爱。旧时苏州盛产金粟兰，花农采花后就在街头叫卖，为此，有人写了这么一首诗："提筐唱彻晚凉天，暗麝生香鱼子圆。帘下有人新出浴，玉尖亲数一花钱。"清代的诗人王复写有一首赞美金粟兰的娇美香贵的《珠兰十二韵》："缚架支柔干，移盆就画檐。惯滋清露润，不避暑风炎。名字湘潭袭，来程闽海淹。霏微肌粟缀，浅淡额黄添。开处犹疑蕊，繁时欲逗帘。贯思珠瑟瑟，摘想玉纤纤。小扇低承绮，清瓷满贮奁。浴余蝉翅掠，妆罢凤头拈。粉助芙蓉艳，球成茉莉兼。枕幽娇夜合，茗碗斗春尖。软语吹唇密，浓香入梦甜。经时常眷念，肠断莫相嫌。"

37. 极具生命力的仙人掌

仙人掌原产于美洲，墨西哥是仙人掌的主要产地；墨西哥有"仙人掌之国"的雅称，把仙人掌指定为国花；有近千个品种，仙人掌为仙人掌科仙人掌属多肉植物，经常是丛生的，呈现大灌木状。仙人掌喜欢干燥、阳光充足的环境，忌水涝，要求疏松的沙质土壤。仙人掌有很强的耐干旱性，但抗寒性和耐湿性都比较差。仙人掌的繁殖方法多采用扦插，或是剥离子球栽种，有的仙人掌可以结子，可用播种的繁殖方法。仙人掌的茎、花和果都有观赏价值。

（1）自然形态：仙人掌的茎节扁平酷似仙人的手掌，千姿百态，它的茎节上长满细小的刺。仙人掌夏季开花，花单生，花色较多，如鲜黄色，花朵呈漏斗形或是杯子形，大小不一。仙人掌的果实红色或是紫色，呈梨形。仙人掌一般用盆栽来养植。

（2）文化特征：仙人掌的花语是温暖。仙人掌最大的特性是抗旱性强，生命力强。即使一年不浇水也不会死亡，一年不施肥也可以正常生长。墨西哥的气候异常，有时可以全年不下雨，但仙人掌仍然在这样恶劣的环境里顽强生长，娇艳绚丽的花朵竞相开放。这是因为仙人掌的根深深地扎在土壤中，可以从地下吸收水分；仙人掌的叶片呈刺状，蒸发作用较小，消耗的水分也较少；仙人掌有蓄水的能力，据统计，10米高的仙人掌可以贮水 1000 千克。

38．难得一见的"月下美人"——昙花

昙花原产于南美洲的热带森林中，喜欢温暖湿润的生长环境，要求腐殖质丰富的沙质土壤。昙花是仙人掌科昙花属植物，呈灌木状，植株高度在 2~3 米。花期在 7~8 月。昙花的繁殖方法多用扦插法。

昙花开放时香味四散，光彩夺目，极具观赏价值。

（1）自然形态：昙花的植株较奇特，枝叶翠绿，分枝呈扁平状；开花时花朵会轻轻舞动，姿态迷人。昙花是在茎叶边缘腋部长出花朵的，花姿优美，呈漏斗状，花的中间有一条白色的花柱，花色为乳白色，淡雅素洁。花香浓郁，四处飘散。昙花开花时的情景很是壮观，可以在居室里盆栽昙花。

（2）文化特征：昙花一般是在晚上开花的。因为昙花原产于墨西哥至巴西的热带森林中，那里的气候很干燥，日夜温差很大，白天高温，午夜后的温度则很低。昙花是不宜暴晒的花卉，为了避免白天的强烈阳光照射，它只好在晚上开花，而且开花的时间较短。在中国，有一句成语叫"昙花一现"。因为昙花开放的时间只有 2~3 个小时，而且是在夜深人静的夜晚上开花，比较少有人可以看见。我国古代的人们根据昙花的这一现象，创造了这个成语，比喻稀有的事物出现的时间很短。

39．景观奇特的长命紫藤

紫藤原产于我国，是豆科紫藤属大型落叶木质藤本植物。植株高度可达十几米，适应性强，生长较快，寿命也较长。紫藤的繁殖方法有播种、扦插、压条、嫁接和分蘖等。

紫藤是攀缘植物，可以用作垂直和棚架绿化，具有较好的观赏价值，在我国的花卉养植史上有悠久的历史。

（1）自然形态：紫藤的茎干有很强的盘曲缠绕的能力。叶片是椭圆形的，像羽毛，枝繁叶茂，可以攀缘上支架构成较大的树阴，夏季时是一个很好的乘凉场所。紫藤是雌雄同株，开淡紫色如同蝴蝶般的花，在春末夏初的时候开花，花期较长，花朵成串地向下垂，犹如成熟的串串葡萄。紫藤花淡淡的芳香，令人心旷神怡。紫藤常常缠绕在已经枯死的大树上，形成虬龙盘柱的美妙景观。紫藤可以做盆景、盆栽和插花。

（2）文化特征：紫藤枝叶繁绿，紫花如蝶，花香醉人；自古就得到人们的喜爱，也是历代文学家做诗的好题材。如李白有一首《紫藤树》："紫藤挂云木，花蔓宜阳春。密叶隐歌鸟，春风流美人。"明代的王世贞有一诗

《紫藤花歌》："蒙耳一架自成林，窈窕繁葩的暮阴。南国红蕉将比貌，西陵松柏结同心。裁霞缀绮光相乱，剪雨萦烟态转深。紫雪丰庭长不归，闲抛簪组对清吟。"

40. 观赏药用两不误的金银花

金银花原产于中国，是观赏和药用两可的花卉。金银花是忍冬科忍冬属多年生常绿或是半常绿藤本植物。因为花期的不同，植株会出现黄白两种颜色的花，所以得名金银花。金银花可以用播种、扦插、压条和分株的方法繁殖。

金银花的藤蔓和花朵都极具观赏价值。

（1）自然形态：金银花是藤本植物，它的枝蔓源绕；夏秋季开花，金银花初开时是白色的，两三日后逐渐变为金黄色。因为花期的不同，植株会出现黄白两种颜色的花。花形奇特，花冠长筒状，花香芬芳迷人，可以在居室的门架、门廊和庭院等地栽种金银花。

（2）文化特征：金银花是一种美丽的花卉，花朵小而香，花色白黄相间，且有药用价值。自古就得到人们的喜爱，历代文人骚客也喜欢以金银花为题做诗。如清代的王夫之有一首《金钗股》："金虎胎含素，黄银瑞出云。参差随意染，深浅一香薰。雾鬓欹难整，烟鬟翠不分。无渐高士韵，赖有暗香闻。"因为金银花的花色与金钱的颜色相同，有人就以它来比喻金钱。清代有这样一首诗："金银赚尽世人忙，花发金银满架香。蜂蝶纷纷成队过，始知物态也炎凉。"

41. 梅花的姊妹花——腊梅

腊梅原产于中国的四川、湖北和陕西等地，现在全国各地均有栽种，以河南鄢陵县的腊梅最为出名，有"鄢陵腊梅冠天下"的说法。主要品种有：素心腊梅、馨口腊梅、红心腊梅和小花腊梅等。腊梅是腊梅科腊梅属落叶灌木。

腊梅严冬时开花，具有较好的观赏价值，在我国的花卉养植史上有悠久的历史。

（1）自然形态：腊梅的开花时间与梅花的开花时间相同，都是在农历腊月，花姿和花香都与梅花极其相像。腊梅冬季开花，先开花尽长叶，花瓣的外层是黄色，内层则是暗紫色，花瓣犹如用蜡做成的，晶莹闪亮；花香浓郁，迷人。可以在居室里盆栽腊梅，或是以它为材料制作插花。

（2）文化特征：腊梅开花在冬季，有傲冬御寒的勇气。腊梅的花黄色且芳香，很受人们的喜爱，诗人们也喜欢做诗赞美腊梅。如宋代诗人晁无咎有一首拟人喻腊梅的诗:"去年不见腊梅开,准拟新枝恰恰来。芳菲意浅姿容淡,忆得素儿如此梅。"宋代著名诗人杨万里也有一首《腊梅》:"天向梅梢别出奇,国香未许世人知。殷勤滴腊缄封却,偷被霜风拆一枝。"

42. 芳香与洁白的象征——茉莉花

茉莉原产于亚洲南部,是热带花卉,喜欢温暖湿润的环境,耐寒力较差,不能在 -2℃ 的低温下生长。茉莉为木樨科茉莉花属常绿小灌木,我国南方可以在庭院里栽种茉莉,北方则适宜盆栽。

茉莉的植株小巧玲珑,花叶都有较高的观赏价值,茉莉花是在汉代时传入中国的。

(1)自然形态:茉莉的植株一般较矮小,有些植株的高度不到 1 米。茉莉的叶片呈卵形,像是杏叶;茉莉的花期较长,从夏季开到秋季,而且在夜间开花,花有很浓郁的芳香,花色洁白。

(2)文化特征:很多人喜欢茉莉花,特别是菲律宾人和印度尼西亚人,这两个国家把茉莉花当作是国花。在菲律宾,每年都要举行"山吉巴达"节(菲律宾语,茉莉花又叫山吉巴达),这天,青年人用茉莉花做成礼物赠送给心爱的姑娘,以表达自己的爱慕之情;女孩子则戴上茉莉花做的花环,唱歌跳舞。

我国人民因为茉莉花有浓郁的香味,美妙的花姿,而深深地喜爱它,诗人们则写下动人的诗篇赞扬茉莉花。如宋代杨万里的《茉莉》:"江梅去去木樨晚,芝草石榴刺人眼。茉莉独立更幽佳,龙涎避香雪避花。朝来天热夜凉甚,急走山僮问花信。一枝带雨折来归,走送诗人觅好诗。"清代陈学洙也有一首《茉莉》:"玉骨冰肌耐暑天,移根远自过江船。山塘日日花成市,园客家家雪满田。新浴最宜纤手摘,半开偏得美人怜。银床梦醒香何处,只在钗横髻鬟边。"

43. 被誉为"花中皇后"的蔷薇花

蔷薇科的种类很多,全世界一共有3300多种,中国约有60余种,如月季、玫瑰和蔷薇。蔷薇是亚热带、温带植物,喜欢阳光充足、半阴的环境。蔷薇的繁殖方法主要是扦插繁殖。蔷薇是蔷薇科蔷薇属落叶灌木,植株高度一般有1米多,花期在4~5月。蔷薇这个花名来源于古希腊,意思是高尚的艺术,后来,一位希腊女诗人赋予了蔷薇"花中皇后"的美称。

蔷薇可以攀缘在墙上、支架上,枝叶蔓垂,花朵成簇,有较好的观赏价值,在我国的花卉养植史上有着悠久的历史。

(1)自然形态:蔷薇成丛生长,茎硬而多刺;叶片有尖端而且薄;开花在四五月，有白色和粉红色的。蔷薇可以采用垂悬式和壁挂式的栽种方法，让它的枝蔓自然下垂，别具风味。

（2）文化特征：蔷薇在一些文明古国里，被赋予了高尚的品格，被当成是真善美的象征；用来代表崇高的爱国情怀、纯洁坚贞的爱情、真诚的信念以及吉祥如意。

白蔷薇特别受到罗马尼亚人民的喜爱，被定为国花。罗马尼亚人民把白蔷薇当作是民族热情、纯洁、高贵和丰收等美好事物的象征。在那里，人们每年都要举行"收获节"，那时，女孩子就会戴着白蔷薇制作成的花环，载歌载舞。

在许多国家，人们把蔷薇视为爱情花。很多诗人都有赞美蔷薇的诗篇。唐代诗人贾岛作有一首《题兴化寺园亭》的诗："破却千家作一池，不栽桃李种蔷薇。蔷薇花落秋风起，荆棘满庭君始知。"宋代诗人徐积有一首以蔷薇为题的爱情诗："春风萧索为谁张，日暖仍熏百合香。遮处好将罗作帐，衬来堪用玉为床。风吹乱展文君宅，月下还铺宋玉墙。好问谢家池上种，绿波深处盖鸳鸯。"

44. 如珍珠美玉般的花——玫瑰

玫瑰与月季和蔷薇同为蔷薇科的观赏花卉，有"蔷薇园三杰"的美誉。玫瑰原产于中国的北方，现在我国的江苏吴县、无锡、铜山，山东平阴，浙江湖州，四川眉山和甘肃永登等地都有种植，以甘肃永登的玫瑰最为出名。玫瑰喜欢阳光充足、温暖、干燥、土壤肥沃且有较好透水性的环境。玫瑰的耐寒性和耐旱性都比较强，但耐涝性较差。玫瑰是蔷薇科蔷薇属落叶灌木。有刺，花期在4~5月。玫瑰的繁殖方法主要有播种、扦插和分株繁殖。

玫瑰枝繁叶茂，花朵美丽，有较好的观赏价值，我国是玫瑰的故乡。

（1）自然形态：玫瑰的枝干较粗，上面长有刺；叶片呈椭圆形，呈羽毛状；花朵美丽如珍珠，香味浓郁，使人流连忘返，花香可以飘得很远。玫瑰和月季的杂交品种称为"茶香玫瑰"和"黄金国家"，这些玫瑰的花朵都比较硕大，花色艳丽，姿态优美。如"黄金国家"，初开花时花色浅黄，花朵的边缘粉红色，以后粉红色逐渐向花心扩展。

（2）文化特征：玫瑰以其美丽的姿态和艳丽的色彩，得到世界各国人民的喜爱。有好些国家把玫瑰当作他们的国花。如英国、意大利、美国、伊朗、伊拉克和罗马尼亚等。欧洲国家的人们把玫瑰看作是纯洁、美好、幸福和爱情的象征。他们认为，玫瑰和爱神维纳斯是同时诞生的，玫瑰象征了爱情；欧洲的诗人、画家和文学家都喜欢以玫瑰为题作诗、绘画和写作，赞美玫瑰。

中国是玫瑰的故乡，古代的人民把玫瑰当作良玉美珠的名字，有这么一句谚语："蛇珠千枚，不及玫瑰。"古人还把玫瑰当作是"友谊之花"和"爱情之花"，他们以玫瑰作为珍贵的礼物赠送给朋友，把鲜红色的玫瑰送给情人，以表达爱意。

45. 洁白美艳的琼花

琼花原产于中国，喜欢温度低而湿润、土壤酸性的环境。琼花是忍冬科半常绿灌木。花期在 4 月。琼花的繁殖方法是播种繁殖。琼花的姿态优美，花似蝴蝶，惹人喜爱，有较高的观赏价值。

（1）自然形态：琼花在夏季开花，花朵大，花瓣厚，花香清雅，花色雪白。整个花序边缘的白花是不孕的花，中心乳白色的花则是可孕的。叶片柔软而且晶莹透亮。

（2）文化特征：我国古代的人们把琼花当作是洁身自爱，不畏权贵的烈女花。有一古诗是这样赞美它的："名擅无双气色雄，忍得一死报东风。他年我若修花史，合传琼妃烈女中。"宋代著名诗人秦观也有一首《琼花》诗："双无亭上传觞处，最惜人归月上时；相见异乡心欲绝，可怜花与月应知。"

46. 别名最多的花——瑞香

瑞香的别名很多，大约有 20 多种，例如蓬莱花、蓬莱紫、风流树、山梦花、千里香、夺香花、香花子、雪冻花、雪冬花、山棉花、红总管、甲露、瑞兰等。

瑞香是瑞香科睡香属常绿灌木。原产于中国，多分布在南方。瑞香喜欢阴凉通风、土壤肥沃的环境。明朝的王象晋著《群芳谱》记载了瑞香的生长习性："性畏日晒，又恶太湿，尤忌人粪，犯之辄死。头垢拥根，叶落花茂，蚯蚓好食其根，叶萎时即瑞香被害之症。"

瑞香是我国的传统名花之一，它的植株形态优美，在 2～3 月开花，花姿美妙，花香浓郁，有较高的观赏价值。瑞香还有一定的文化意义。

（1）自然形态：瑞香是丛生植物，叶片淡紫色，呈椭圆形；瑞香在早春开花，花序成簇生长，有白色和紫红色两种，花香浓郁。

（2）文化特征：我国古代的诗人都喜欢以瑞香为题作诗。如宋代诗人范成大有一首《瑞香花》："万粒丛芳破雪残，曲房深院闭春寒。紫紫青青云锦被，百叠薰笼晚不翻。酒恶休拈花蕊嗅，花气醉人浓胜酒。大将香供恼幽禅，恰在兰枯梅落后。"同为宋代的著名诗人杨万里有一首《瑞香花新开》："外著明霞绮，中裁淡玉纱。森森千万笑，旋旋两三花。小霁迎风喜，轻寒索幕遮。香中真上瑞，兰麝敢名家？"

第八章　养花的技巧

要养好盆花，主要在养护管理上，要符合花卉生长的习性。初学养花者，不是施肥过多，把苗木"烧死"了，就是浇水过量，把植株"淹死"了。尤其是在浇水上，不视季节、气候、盆土干湿和生长阶段等具体情况灵活掌握，而是每日必浇，浇则甚多，以致浇死植株。初学养花者，首次养花应选择喜湿花卉来栽培，如水竹、竹节万年青、龟背竹和蕨类植物等，它们是不会被浇死的。其次可栽一年生草花，如百日草、凤仙花、一串红、半支莲、翠菊、观赏辣椒等，这些草花也是不易被浇死的。当然这些种类的小苗，也可能被浇死，但仅仅是株草花小苗，浇死了也不可惜，可从中总结经验教训。对初学养花者来讲，因不习惯或者是不记得，有时在夏天也忘了浇水，常使植株因干旱而使生长受到影响或者枯死。为此，除栽喜湿的花卉外，还可栽些既耐湿又耐旱的花卉种类，如夹竹桃、罗汉松、丝棉木、美人蕉等。待有了一点经验后，就栽那些易栽易管的花卉，如紫鸭跖草、冬珊瑚、夜丁香、吊兰、石榴、迎春、天竺葵、四季秋海棠等。等有了一定经验后，才能栽培高级的花卉。

瓶花延寿 13 法

①摘花时间以清晨露水未干时最佳。花枝剪下后宜立即浸入温水，刺激纤管张开，充分吸水，以免干枯。

②剪花枝应在水中进行，可避免空气进入枝条的吸水细孔，影响吸水作用。

③剪切花枝，切口越斜越好。黑松、杜鹃等粗大木本植物，还可将切口处 3 厘米左右的表皮割开，用锤稍微敲裂，以增强其吸水功能。

④菊花、圣诞花、兰花等吸水力较强的花，花枝可长些，吸水力弱的花枝宜短，越近水越好。

⑤将插在花瓶里的鲜花茎端表皮削去 6 毫米左右，涂上凡士林，可延长

花期。

⑥木本花茎的切口处，可用火烧数分钟，或在切口处抹些食盐，以防切口过早腐烂。

⑦若将花枝的茎端在醋中浸一会儿再插瓶，可延长花期。在花瓶中加几滴醋，可使鲜花容易吸水而较长时间地保持生机，醋还有杀菌的作用。

⑧在瓶中放 1 片阿司匹林药片，可延长瓶花的寿命。

⑨花大茎细的鲜花，应用废短枝捆扎成束后插瓶。

⑩鲜花插瓶后，如在早晨以弱光照射 1 小时，有助于保持花色鲜艳。

换水宜勤，最好每天 1 次。换水宜在晚间。若每天晚上将花瓶移置室外凉处吸收露水，次日清晨可看到瓶花会恢复原有的鲜艳之色。

盛夏季节若在花瓶中放点冰块，可使花枝上的叶子保持青翠颜色。

换水时，应除去花枝切口上的黏附物。

花卉浇水 6 法

盆栽花卉浇水，应掌握"不干不浇，见干就浇。不浇则已，浇则浇透"的原则。浇水的具体诀窍是：

1. 普通浇水法

从盆自上向下（土壤）直接浇水。此法简便易行。但缺点是容易使下层盆土长期干燥及造成土壤板结，不利根系发育，所以用此法时，一定要确认水从盘底排水孔溢出方可。

2. 盆底吸水法

将花盆放在另一较大的盛有清水的容器中，使水由盆底湿至盆表。这种方法优点是吸水面大，能防止土壤板结，促进根部发育，尤对深根性花卉更好。缺点是盆土中的盐分会随水上升，积累在盆表和盆缘，造成难看的盐斑。以上两种基本浇水法，宜交替使用，取长补短，效果更佳。

3. 管滴灌法

把塑料管拉开距离，放在各个所需浇水的盆株周围，宜靠近植物茎干处，再在塑料管上用针刺一二个小孔，管子两端封闭，接通水源后，水缓慢由小孔滴出，供给植物水分。

4. 绳吸浇水法

上盆或换盆时，在花盆底部埋一条玻璃纤维绳，绳的一端平铺在盆底，另一端从排水孔里伸出来，盆底垫一盛水盘，绳端浸在水里。当盆土干时，只要往盛水盘里注水，水分便会用绳子自动带入盆里。

5. 沙柱浇水法

在花盆上盆或换盆时，先在空盆中竖几根空心管子，可以为竹筒、玻璃管或金属管，然后填土压实，随即用粗沙填充管子，完毕拔掉空管，盆土中即形成沙柱。沙柱设置的直径大小，依盆大小而定。以后只需向沙柱浇水，使水分通过沙柱均匀地向四周盆土扩散，可避免土壤板结，对枝株生长有利。

6. 家中无人浇水法

爱养花的人，因外出探视或办事十天半月不在家，没人浇花。这时，可将一个塑料袋装满水，用针在袋底部刺一个孔，放在花盆里，小孔贴着泥土，水就会慢慢地渗漏出来润湿土壤。孔的大小需掌握好，以免水渗漏太快。或者在花盆旁放一盛满凉水的器皿，找一根吸水性较好的宽布条，一端放入器皿水中，另一端埋入花盆土里。这样，至少半个月左右土质可保持湿润，花不致枯死。

浇花巧用 5 种水

1. 残茶浇花

残茶水用来浇花，既能保持土质水分，又能给植物增添氮等养料。但应视花盆湿度情况，定期地有分寸地浇，而不能随有残茶随浇。

2. 变质奶浇花

牛奶变质后，加水用来浇花，有益于花木的生长。但水要多一些，使之比较稀才好。未发酵的牛奶不宜浇花，因其发酵时产生大量的热量，会"烧"根（烂根）。

3. 凉开水浇花

用凉开水浇花，能使花木叶茂花艳，并能促其早开花。若用来浇文竹，可使其枝叶横向发展、短生密生。

4. 温水浇花

冬季天冷水凉，用温水浇花为宜。最好将水放置室内，待其同室温相近时再浇。如果能使水温达到35℃时再去浇，则更好。

5. 淘米水浇花

经常用淘米水浇米兰等花卉，可使其枝叶茂盛、花色鲜艳。

用啤酒养花

（1）鲜花插花：插花爱好者插花时，只要在花瓶中倒入一点啤酒，就能使插花的色香比一般情况延长 15～20 天。

（2）盆栽花卉：

①用啤酒擦拭叶片：凡观叶花卉，可用脱脂棉或洁净的软布蘸上啤酒，轻轻擦拭叶片。不仅能除尘杀菌，而且还有叶面施肥的作用，能使叶片更翠绿光洁，叶的质感也较厚。

②用啤酒喷洒叶片：用水和啤酒按 1：1 的比例混合后，用细眼喷壶喷洒文竹、吊兰、伞竹、海棠和天竺葵等叶片细小的花卉，也能收到用啤酒擦拭叶片同样好的效果。

③用啤酒浇花：啤酒是极好的芳香肥料，用其浇花，不仅营养好，而且养分吸收快。

养花换盆须知

旧花盆因长期浇水、施肥，盆壁的微小气孔被封闭，花卉得不到新鲜空气，会因生长不良而死亡。因此，大多数盆栽的花木每年都要换盆一次，而需要养分较多的竹、杉等，则每年需换盆两次。一般来讲，落叶树种大都在早春时期进行换盆；常绿树种，如六月雪、虎刺、栀子等，宜在夏季换盆；罗汉松、柏树除严冬外，任何季节均可。每年换盆两次的竹类，一般在 5 月和 9 月，而杉树宜在 3 月和 10 月。换盆时，应先将植株从盆中轻轻提起，剔除旧土一半，将烂根和过长的根须剪掉后，将植株重新放入盆内，再将事先准备好的新培养土填入，适当浇水即可。需要注意的是，植株入盆前应选用瓦片扣入盆底的排水孔，并以碎石适当打底。

土壤春季消毒 2 法

很多花卉的病害，如炭疽病、黑斑病、褐斑病、灰霉病、立枯病等，是以菌丝体或菌核等在土壤中越冬的。土壤消毒的方法：

1. 药剂消毒

杀灭病菌时可用甲醛、五氯硝基苯等。甲醛又叫福尔马林，杀菌力强。同时，每50克对水2～2.5千克，可喷洒15～20厘米厚的土壤1平方米。喷洒要均匀。喷药后用塑料布盖严，熏蒸四五天，然后去掉塑料布，翻动土壤，使其散去药味，15天后即可栽花。杀灭线虫要用二溴、氯丙烷等。使用时，每平方米用80%二溴丙烷油10克，对水3千克，均匀喷在土上后立即用塑料布盖严，六七天后去掉塑料布，翻动土壤，15天左右即可用来栽种花卉。

2. 高温消毒

最简便的方法是烧土法和炒土法。烧土法是把土平摊在地面上，厚度约30厘米，在上面堆放柴草燃烧20分钟以上。炒土法是用破铁锅炒土，温度保持在90℃以上，炒20～30分钟。

光照与植物的夏季养护

南面和西南的阳台光照时间长，气温较高，适宜摆放喜阳光、耐热的花木，如茉莉花、含笑、松、柏、仙人掌等花种；君子兰、茶花、杜鹃、月季、兰花等好阴或怕热，应移至北面或东面阳台，避免过强的阳光暴晒。

兰花、高温梅、月季、米兰、仙人掌类植株夏季护养。

1. 兰花

夏季为兰花生长旺季，要保证生长所需的水分和养分。

2. 高温梅

易发生炭疽病，除改善通风透光外，发生病害时，可用托布津每10天喷治1次。

3. 月季

喜肥水，要保证水肥的充足供应。每隔半月施腐熟的豆饼水或鱼肥水1次。7月中旬停止施肥。夏季易发生白粉病，用波尔多液或用多菌灵，每半月喷浇1次，连喷2～3次。

4. 米兰

喜光喜热。夏季生长旺盛。开花前后，每10天施1次稀薄的矾肥水。气温超过30℃时停肥。要保证水分的供应，经常向叶面喷水，可防止落花落蕾。

5. 仙人掌类

虽耐旱性极强，但气温超过38℃时，仍有被灼伤的危险。高温季节勿施肥并喷水降温。

盆花秋季施肥与修剪要点

秋季多数盆花正处于旺盛时期，必须保证盆花所需的养分，以满足生长需要，追肥时要根据盆花生长状况区别对待。通常情况下，每隔10天追施1次腐熟稀薄液肥。对于秋季开花的盆花如桂花、菊花、大丽花等，要少施氮肥，多施磷钾肥，促其花繁叶茂。

秋季盆花出生的嫩芽很多，不能任其全部发展，除部分保留外，其余要全部摘去，以免徒耗养分。修剪时对于保留的枝条，应进行留叶抠芽处理。对于长势较强的植株要重剪，生长弱的要轻剪。对于夏秋季节孕育花蕾的盆花，如梅花、腊梅、杜鹃等，为保护已形成的花枝，不宜重剪，修剪可进行摘心处理。

观叶植物室内巧越冬

观叶植物多产于热带、亚热带地区，其生长温度需保持在25～30℃。在四季变化明显的地区，寒冷时节常会因低温面造成植物被冻死或枯萎。因此，要使观叶植物在这些地区顺利越冬，须注意：

1. 培养适应性

若在放入室内前，先让观叶植物在室外充分接触初秋时节的低温气候，以增强抗寒能力，就能逐渐适应低温环境。因此，从初秋到晚秋时节，应让植物充分接触逐渐降低的气温。

2. 浇水量

随着气温的下降，植物生长变得缓慢，到了严寒时节，几乎停止生长。这时应减少盆土浇水次数。冬季浇水的标准，以盆土表面干燥2～3天后再浇为度。但在有暖气和能保持一定温度的房间，仍应随时注意浇水。

3. 室内湿度与温度

当冬季到来时，移入室内，尤其是移入有暖气的房间内的观叶植物，要时常向叶面喷洒雾状水，以提高空气湿度。房间内的昼夜温差应尽可能小些，黎明的室内最低温度不能低于 5~8℃，白天应达到 1~20℃。若能达到上述要求，一般是可以顺利越冬的。此外，同一房间内，房屋上、下空间之间也会产生温差，因此，可将抗寒能力弱的植物放在书架等高处。放在窗台的观叶植物，最容易遭受冷风侵袭，以使用厚窗帘为宜。

4. 光照

冬季日光斜射，光照强度是夏季的一半，一些喜阳的观叶植物就应放在向阳的南窗附近。在室内和遮阴处放置过久的观赏植物，切忌突然放在室外直射光下，以免引起叶片灼伤。

茉莉花的栽种

茉莉花是热带植物，喜暖、喜光、不耐寒，平时应照足阳光。温度降至 10℃ 以下时，就应将花盆移到室内，防止受冻。肥料应多施薄肥，每隔 1 天即需施 1 次。以腐熟的鸡粪、鸽粪水、豆浆、牛奶残汁、淘米水、蛋壳里余留的蛋清汁为好。茉莉喜疏松、肥沃的微酸性土壤，盆土要湿，入冬后盆土有些湿润即可。浇水宜在清晨进行，施肥则以傍晚为好。夏天阵雨后及阴雨天，要防止盆内积水。如果一旦发现枝叶上有小虫，可用旧牙刷沾上肥皂水，把害虫刷掉。此外，还应注意茉莉不能久放室内，不然，会叶黄脱落，花蕾枯萎，严重的还会死去。

茉莉花的花期比较长，从 5 月到 9 月都可以开花。但是，如果管理不当，就会出现开花稀少的现象。怎样使茉莉花开不断呢？

1. 及时打顶

茉莉花为顶上花序，每个花序上一般有 2~5 朵花。当花序上的最后一朵花凋谢时，就可以打顶，位置以在花序下第二对叶处为宜。

2. 加强管理

茉莉花喜阳光、炎热、潮湿的气候。根据它的习性，要合理浇水、施肥。茉莉花打顶以后，要及时浇水、追肥，以促花芽的形成。肥料以浸泡腐熟的捌巴水为好，适当加一些骨粉、磷肥。一般 3~4 天浇施 1 次肥料。每天浇 1 次水，以保持盆内湿润为宜。夏季为茉莉的盛花期。晴日用清水喷洒叶面，能明显地起到刺激开花的作用。在此期间，水肥要充足，有利于叶茂花繁。

由于盆栽茉莉的根系上层较薄，生长范围不大，故而保暖条件较差，极易受冻而死，所以茉莉的"越冬"一向是花卉爱好者深感棘手的难题。

下面介绍茉莉进室过冬期应注意的3个问题：

①在花期即将结束的寒露过后，要清除盆内的杂物，再将泥土弄平之后施以稀薄的一层氮肥，过几天之后再移入室内。

②将花置于室内保暖和光照条件较好的地方，越冬期间，20天左右浇水1次，要掌握"慢淋浇透"的原则。

③当室内温度降至 −3℃时，盆花的枝条便有冻伤的危险。此时，要采取相宜的保温措施，如用薄的塑料膜和竹条、铜丝等物，扎成圆柱形的膜罩，使盆花处于相对封闭的状态。但需注意，温度不可过大，如见有水珠出现，应及时打开薄膜，进行通风降温，然后再重新罩好。

盆栽月季复壮更新法

盆栽月季日渐老化后，便不再开花，此时可采取如下措施，更新复壮。

1. 截干、修剪

可于冬季进行一次截干处理，仅留基部茎干15厘米左右，其余全部截去。春季选取基部萌生新条重新培养枝干。春季萌生的花枝要进行短截，每枝仅留2~3个芽，并疏去病虫弱枝、枯死重叠枝。这可使株势均衡、养料集中，不仅能重新开花，且花儿多，品质好。

2. 翻盆换土修根

每年春季或秋季进行翻盆换土修根1次。将月季由盆中倒出，削去土球的1/2，并修剪去老、腐根。盆底垫基肥。换上富含腐殖质的土重新栽植，以促发新根，增强吸水作用。

3. 加强肥水管理

月季喜光喜肥水，要给予充足的光照，保证充足的肥水供应。除及时浇水外，每隔10天施1次腐熟稀释的豆饼液肥或鱼杂肥水，并注意盆土不能积水。

4. 防治病害

月季易遭受黑斑病、白粉病的侵害。发病时除将病枝叶摘除烧毁外，还可用多菌灵及托布津每隔半月喷治1次。

秋菊冬养护 2 法

1. 宿根保存法

花谢后剪掉老根，然后浇 1 次透水，放在有阳光的冷室内，室温以 0 ~ 3℃为宜。严格控制浇水，盆土不太干燥不要浇水，浇水时水量也宜少不宜多，盆土保持微潮即可，但要防止风干。至来年 3 月份天气渐暖后，逐步适当增加浇水量，移到室外向阳处养护，促进老根萌发新芽，可分株繁殖，也可留作扦插用。

2. 存芽法

秋末冬初，选根芽第一代新芽进行扦插。选芽时要选芽头丰满抱头的芽，用利刀深入土中约 2 厘米处连同土泥一起挖出，插入用培养土和细沙土各半的筒子盆中，插后放在有光照的冷室内，室温保持在 3℃左右，少浇水，使盆土保持微潮。来年 3 月中旬移到室外，放背风向阳处 7 ~ 10 天，即可分盆或地栽。

防止吊兰叶尖枯萎

吊兰适宜在半阴环境下生长，故室内栽培吊兰，应避免阳光直射，还要注意保持叶片的湿度。每日清晨，午间后要喷 1 次水，增加叶片的湿度。同时要格外避免吊兰直接与墙壁、铁架、窗框等建筑物接触。还要注意浇水适宜，夏季可每天浇 1 ~ 2 次。冬季可每周浇水两次，以保持稍干为宜，并停止施肥，这样就会避免吊兰叶尖枯萎。

预防兰花水腐病方法

立夏前后是兰花发芽的旺盛期。这期间出的兰苗壮实，而且长得快。但是，如不注意合理浇水和控制盆土湿度，则易使兰苗得水腐病，以至造成死苗。预防此病的办法如下：

①将兰花种成馒头形，即中间的土垒高，盆边的土下陷，使水分往下渗透。

②兰苗的嫩叶抽长开口时，不要喷水，同时不要让水滴滴入嫩叶中，以保持嫩叶叶心清洁无污染。

③浇水从盆边浇下去，不要往兰花中心浇水，同时，控制浇水量，浸

盆或漫灌，水线到盆半腰即可。

如何使茶花在室内多开花

要使茶花在室内多开花，先要在夏季将它放在露天的蔽阴处，到9月，将它移入比较凉爽、阳光充足的室内。到盆土干燥后就浇水，以后每隔一段时间将盆的下半部没于水中，使茶花的深根从盆底排水孔吸足水分。在平时，要经常在植株叶面进行喷雾。花蕾出现后，把氮、磷、钾三成分按15：30：15的比例，每月施肥1次，延缓3个月。还应注意，茶花要栽植于偏酸性的腐殖质土壤中。如在培养土中掺着腐叶土，则更佳。为使花开得大些，每枝上只能留一个花芽，多余的都剥去。

夜丁香的养护

夜丁香喜肥、喜水、喜阳光，不耐寒冷和积水。6月下旬至10月陆续开花，3~4周开1次花。花期每月施1~2次稀薄有机肥水。浇水原则是盆土见干时即浇透水，夏秋高温时应在傍晚喷水。夜丁香常受蚜虫危害，可用1000倍的敌敌畏药液喷1~2次进行防治。花谢后1~2周内，进行重剪，移于室内。入室后不再施肥，浇水量减半。翌年5月份进行扦插繁殖，当年可开花。

栀子的选购和养护

选购栀子时，应择主干粗壮、无黄叶，花蕾8个以上，花大、重瓣、浓香的植株。

从外地买来的栀子，花盆口径都较小。买到家中之后，要换到口径大一些的盆里，加进去的培养土必须是酸性的。换盆后，浇1次透水，放在阴凉通风处养护一两天，再移到疏阴下见些阳光，每天淋水2次，每周浇1次透水，并以1：500的硫酸亚铁溶液浇灌。栀子喜肥，以薄肥勤施为佳。花期要及时摘除败花，不使结子实，促其继续旺开盛花。每年5~7月间修剪1次。春季翻盆换土，盆不要太大，覆以瓦片，以利排水。冬季室温不低于6℃即可越冬。栀子枝条极易发根，可在4月或10月扦插繁殖，条长10厘米，将叶片剪掉 2/3，插入河沙和草炭的基质里，放在阴处，每天四周洒水增加空气湿度。春季 10 天生根，秋季 45 天生根。

夏天养好君子兰

①防阳光直射，勿暴晒：夏季的君子兰应全天遮避强烈光照。每天清晨利用太阳斜射光照晒一会，足可满足光合作用。

②防高温，勿干燥：君子兰夏季的适应温度是 18～25℃，放入装有空调的室内最好，阳台遮光通风处也较理想；浇水时必须用晒过两三天的自来水，每天下午 6 点钟后浇 1 次，不要使盆土过干或过湿。

③防徒长（旺长），勿施肥：夏季是君子兰的休眠期，应停止施肥，适度浇水，控制湿度是有效措施。如盆土已施肥或肥效较大，应将花盆上半部分的土倒出，换上掺入 1/3～2/3 的沙子拌匀装回盆，不仅降低肥效，还起到降温作用。

④防粉尘污染，勿浇脏水：君子兰叶面应保持清洁，每周用细纱布蘸清水，拧干轻擦 1 次；浇脏水会造成根叶腐烂变黄。

⑤防盆土板结，勿用黏土（黄土）上盆：君子兰适应在疏松、透气、渗水、肥沃（主要在秋冬春季）、pH 值在 7.0 左右的腐殖土壤中栽培。

⑥防病害，勿感染：在换土或擦叶片时，动作要轻，防止根叶破伤，流出汁液，引发感染造成溃烂。

⑦夏季易发的"夹箭""抹头""高烧（热）病"等，只要在通风、控温、停肥、保湿等方面得当处理即可避免。如发生虫害，可用 0.1% 的乐果溶液喷洒灭除。

君子兰的秋季分株

秋季换盆，用盆株法繁殖君子兰，分后两年左右即可开花。具体操作方法为：将生有侧芽的君子兰从盆中倒出，用手握住母株的根茎部分，另一只手捏住子株的基部轻轻把子株掰开。侧芽生长时可用利刀割下，母株和子株的伤口都要涂草灰木，以防腐烂。待伤口干燥后，母株及有根的子株可直接放到培养土中。无根的子株栽入清洁的沙中进行催根后栽培。培养土要疏松、通气性好、肥沃且呈微酸性，分后 1 个月内控制水肥，以后逐渐转入正常管理。肥料宁淡勿浓，以腐熟的豆饼肥、麻渣肥为主。开花前1个月内以施磷肥为主。

烂根君子兰巧挽救

君子兰烂了根后应立即将君子兰取出，用水将根冲净，然后放在高锰酸钾水中浸泡10分钟，再用水将根洗净，埋入用水洗干净的沙子里，等长出较长的嫩根后，再放回土里继续培育。

君子兰观叶胜观花，叶片保护十分重要。但有时会不慎将叶片碰折或碰断。经过抢救，完全可以做到断叶再植。如果叶片仅仅是伤而未断，用透明胶布包扎好即可。如果叶片已被折断，可先用适当大小的玻璃片固定，再用透明胶布包扎，因玻璃和透明胶布都透光，不影响叶片的光合作用。但包扎前一定要把断叶位置对正，并要用脱脂棉将断叶上的浆水彻底擦净。

扶桑花的管理

①扶桑喜光喜温暖，应保证充足的光照。在花期中每天应有一两个小时的光照，这样可以使株体强壮、花形纯正、花色鲜艳。

②扶桑喜肥水，每隔7~10天施腐熟稀释的液肥水1次，并应当增施一些氮磷肥。每月浇水1次。但在炎热的夏天，每日应浇水2次。

③扶桑萌枝力强，应适当进行修剪，疏去多余的枝条及病虫枝。

④扶桑易遭受介壳虫、蚜虫的危害，可用布抹除，必要时也可用氧化乐果进行喷治。

文竹怎样整形

文竹，其枝叶平出如云层，枝干如竹，故又名云竹。为保护文竹枝叶层叠，苍翠清秀姿态，就必须适时合理地进行整形修剪。播种1年的文竹苗，不会长出具有攀缘性的新茎，因此一般不必修剪，只需适当绑扎即可。生长2年的文竹，开始长出攀缘性的新茎，就可根据需要进行不同的处理；可以让其攀附生长，也可修剪整形。修剪整形主要是对老茎进行不同高度的修剪，使从上面叶片处发出新枝叶来，以产生不同层次的整形效果。为保证文竹植株长势良好，株形美观，在生长中还需将过密枝、枯枝、弱枝剪去，以利通风进光。

文竹开花并不罕见，它不仅能开白色的小花朵，而且还会结出圆形的小果实。那么怎样使文竹开花并结果呢？把4年生以上的文竹，种植在花棚或温室向阳的一角（缸栽或地栽均可），按照它的特性，通过架索，引它自然地攀引生长。在春夏秋季的生长期中，除浇水防干和防止烈日暴晒外，每月施入1~2次氮磷钾复合薄肥。这样到秋季8~9月间就能分批开花，至12月份果实成熟，呈紫绛色时采下，于次年3月间播种。一般通过喷水防干后，约30天左右就发芽生根，后再移植分种即可。家庭盆养文竹，若使之开花结果，可参考上述方法。但要注意的是：第一，要放置在窗外半阴处，忌烈日照晒和防寒冻。第二，在开花时期中，不随意移动盆栽位置，如必须移的话，要轻搬轻放，不要让微小的花朵掉下落地，否则就不会结子了。

冬天巧防文竹叶黄

1. 浇水不要过大

文竹虽然喜欢湿润，但冬天盆土中的水分蒸发比较慢，如果浇水过多，文竹不但容易烂根，而且容易黄叶，甚至枯萎。因此，冬天每隔2~3天浇1次水就行，并要将花盆放置在有阳光的温暖处。

2. 勤喷水勤洒水

文竹由于叶片非常细小，冬天室内干燥空气会使其叶片因脱水而发黄。因此，应经常往文竹枝叶上喷水或在花盆周围洒些水，以使花盆周围形成一个潮湿的小气候区。这洋，不但可以防止文竹黄叶，而且还会使文竹生长得枝茂叶美。

3. 防止烟尘危害

烟尘既影响文竹进行光合作用，又给文竹呼吸带来困难，从而使文竹的叶片变黄。因此，应让文竹远离各种烟源，尽量防止灰土落满叶片。

4. 控制室内温度

文竹最适宜生长在12~18℃的环境里，如果室温超过20℃或低于﹣5℃，文竹叶片还会因受热或受冻而变黄。因此，冬天如果室温高于20℃，最好打开窗户进行调温。

如何使文竹结子

播种是繁殖文竹的主要方法，因此人们都非常关心所养的文竹能否结籽。一般来说，生长 3 年以上的大棵文竹就能结子。如果这种本来可以结籽的文竹到时候不结子，那么对其进入花期后的管理，就要注意以下几点：

1. 浇水

平时浇水要适度，不要浇得太多或太少，以防其根系受到伤害。

2. 施肥

可用液体肥料追肥，但注意浓度不要过大，间隔时间不要过长。

3. 光照

最好使文竹接受散射日光。如果让文竹在烈日下暴晒，对其结籽十分有害。

4. 温度

保持在 20℃ 左右为宜，要是不合要求，就要设法调整。

5. 通风

栽培环境保持常有微风，能够加强文竹的同化作用，反之则不利于文竹结子。

6. 湿度

应该提高空气湿度，可酌情在文竹栽培处的周围喷水。

盆栽铁树管理法

铁树喜温暖、通风良好的环境，适宜偏酸性肥沃的沙质土壤。平时要放在阳光充足处。在生长期内，每隔 20 天施腐熟稀释的豆饼液肥水 1 次。为使叶片润泽浓绿，可在肥水中加少量的硫酸亚铁。浇水要适中，忌积水，以免烂根叶黄。铁树每 3 年应翻盆换土 1 次。可在盆内放些废铁，以增加铁质，可使枝叶更具风采。铁树易感染煤烟病，可用 1000 倍退菌特溶液防治。平时可常用温布擦拭叶片，不但可保持清洁，增加美观，也可防止病虫害的侵染。

让梅花在节日开放

1. 元旦

可将盆栽梅花小雪时入室，室温为 4℃左右，于 12 月中旬移至室温 15
~25℃阳光处，每天喷水 1 次，不干不浇，届时即可见花。

2. 春节

小雪梅花入室后，室温保持在 4℃左右，春节前 7 ~ 10 天，放至 15 ~
30℃室内，春节即可开花。

3. 五一

可将头一年长满花芽的盆栽梅花放在比 0℃稍高的冷室中，于 4 月上、
中旬逐渐移至室外即可。梅花控制花期，加温后应注意：

①室温不可骤增，需逐渐升高，不然会因叶芽萌发而落蕾，影响开花。

②加温时阳光要充足，否则花色较淡，影响观赏价值。

③升温后，浇水要均匀，否则花色较淡，花朵小，且易落蕾、落花，
并要注意经常喷水。

④含苞待放时，施少量速效性氮肥和磷、钾肥。

让花卉多开花的诀窍

花是由花芽分化形成的，所以要多开花就要求植株形成的花芽尽可能
的多，且饱满健壮。而造成花卉开花不良甚至不开花现象的原因主要是由
于环境条件不良，使得花卉内部营养失调，要使花卉开花多、开花的质量
高，就要掌握 6 个方面的技巧。

①光照对于观赏花卉来说，受光照充足的枝条开花就多，受光照射少
的枝条就开花少。不同种类的花卉有不同的要求，如长日照花卉就要求达
到其所需要的光照时间才能正常开花，否则开花少或不开花。

②温度对花卉花芽的形成也有很大影响。一些 2 年生草本花卉，若苗期
没有经过一个低温作用阶段，到了春天也无法正常开花。各种类的花卉对
温度的要求也不一致，每种花卉都有其适宜的生长温度，如果超出了这个
适宜的范围，花卉就开花少或不开花。

③土壤理化性质好，花卉生长健壮，土壤理化性质差，花卉生长发育

受阻，不能正常开花，甚至导致死亡。如喜酸性土壤的花卉不能种在碱性土壤中，否则生长不良或不能正常开花。

④若氮肥施用过多，容易引起植株徒长，抑制生殖生长从而影响开花。花芽分化期使用适量的磷钾肥，有助于花卉花芽的分化。

⑤水分对于家庭养花来说，主要是盆花浇水的问题，营养生长期浇水适当可以使植株生长健壮，而花芽分化期要"扣水"，即控制浇水量和浇水次数，可以促进花芽的形成。花期要适量浇水，过多易导致落花、落果，过少花色不鲜艳，花期短。

⑥多数的花木开花都是在健壮的枝条上，适期修剪老枝，可以促进萌发新枝，开花多。